U0323654

基层兽医人员指导丛书

畜禽传染病防控技术

齐守军 编著

中国农业出版社

编 委 会 名 单

主 任 委 员：张树方

副主任委员：齐守军　吴日峰　田文霞

编辑委员会：(按姓氏笔画排列)

田文霞　史民康　史耀东　齐守军

邢全福　李志春　吴日峰　宋志勇

张树方　张　敏　郭宇萍　郭再平

郝娟娟　郭艳萍　雷宇平

审　稿　人：赵宇军

本书有关用药的声明

兽医科学是一门不断发展的学问。用药安全注意事项必须遵守，但随着最新研究及临床经验的发展，知识也不断更新，因此治疗方法及用药也必须或有必要做相应的调整。建议读者在使用每一种药物之前，要参阅厂家提供的产品说明以确认推荐的药物用量、用药方法、所需用药的时间及禁忌等。医生有责任根据经验和对患病动物的了解决定用药量及选择最佳治疗方案。出版社和作者对任何在治疗中所发生的对患病动物和/或财产所造成的损害不承担任何责任。

中国农业出版社

序

　　动物疫病是当前困扰养殖业发展和影响人类公共卫生安全的难题之一，特别是近年来禽流感、口蹄疫等重大动物疫病在全球范围暴发，使人们越发认识到加强动物疫病防控工作的重要性。而从事动物疫病防控工作最基层、最直接的是乡镇兽医人员，如何提高基层兽医人员的素质迫在眉睫，这就是编写本套丛书的目的。

　　基层兽医人员要做到"应变迅速、业务精通、技术精湛、防控到位"，必须掌握基本技能，这对动物疫病诊断、治疗和防控具有关键性的作用。只有掌握了兽医基础知识和兽医基本操作技能，才能积极预防畜禽疾病的发生，及时、正确地诊断和治疗各种畜禽疾病，确保畜牧业的健康发展。

　　为适应新时期乡镇兽医人员的工作需要，我们组织专家和长期从事基层兽医工作的同志，编写了《兽医临床操作技巧》、《兽医常用药物安全使用指南》、《动物与动物产品检疫检验技术》、《畜禽传染病防控技术》、《家畜内外科疾病诊疗技术》、《动物产科疾病诊疗技术》、《动物防疫行政执法与案例分析》、《畜禽寄生虫病防治技术》、《兽医防疫消毒技术》九个分册。这套基层兽医人员指导丛书系兽医行业的一项系统工程，每册书各自独立自成体系，从不同的角度解读畜禽常见病、多发病，以及兽医工作相关技术，内容丰富、新颖，语言平实、流畅，易懂易学，融知识性、科普性、实用性和可操作性于一体。希望本套丛书对广大基层兽医人员提高素质、增长知识，推进基层兽医工作，促进畜牧业健康发展和建设社会主义新农村，建立和谐社会起到积极的作用。

山西省农业厅副厅长　董希德

2007 年 4 月 18 日

目　录

第一章 总 论

一、动物传染病的发生与流行

（一）传染病的发生与发展

1. 传染病的发生 病原体侵入动物机体，在一定部位定居、生长繁殖，引起机体产生一系列病理反应的过程叫做传染，或称感染。传染过程的构成必须具备三个因素：病原体、动物机体和它们所处的环境。但是传染过程并不一定发展成传染病。这不仅要看病原体的毒力、数量和侵入途径，更重要的要看动物机体对该病原体的易感性。在多数情况下，动物的机体条件不适于侵入的病原体生长繁殖，或动物体迅速动员自身防御力量将侵入的病原体消灭，从而不出现可见的病理变化和临床症状，这种状态称为抗传染免疫。而只有在动物机体防御能力不足，或病原体毒力强、数量多时，病原体才可在动物机体内生长繁殖，并对动物机体造成损害，机体产生对抗这些损害的防御、适应、代偿等反应，表现为一定的临床症状，即发生了传染病（显性传染）。由此可见，传染病是传染过程中的一种表现，并不是传染或感染后都会发病。

在传染过程中，机体与病原体在一定的环境条件影响下，不断相互作用与相互斗争，可以出现以下五种表现。这五种表现有时可以同时出现或交替出现，也可移行与转化，呈现动态变化。

（1）病原体被消灭或排出体外 当病原体侵入动物机体后，

由于动物机体外部和内部防御力量的作用，使病原体处于不利于其生长、繁殖和生存的环境条件下，病原体在侵袭部位或在动物体内即被消灭，或从鼻咽、气管黏膜甚至肠道、肾脏排出体外。这种防御能力有皮肤黏膜的屏障作用、胃酸的杀菌作用、正常体液的溶菌作用、组织细胞的吞噬作用等。这些综合性的防御力量就是所谓机体的非特异性抵抗力或称非特异性免疫，是动物在进化过程中形成的，并可以遗传给后代。当这种力量处于优势时，机体即不出现任何疾病状态，也就是动物体受到感染而不发生传染病的一种典型表现。这种表现也可发生在已获得对侵入的病原体有特异性免疫的动物。

（2）病原携带状态　包括带菌状态、带（病）毒状态和带虫状态，是指病原体侵入动物机体后，停留在入侵部位，或者侵入较远的脏器继续生长、繁殖，而动物体不呈现任何的疾病状态，但能携带并排出病原体，成为传染病流行期间的传染源。这是在传染过程中机体防御能力与病原体处于相持状态的表现。

病原携带状态一般可分为"健康带菌者"和"恢复期带菌者"两种，前者是指未曾得过传染病的病原携带者。此外，少数急性传染病在潜伏期的最后几天，病原体即可向体外排出成为传染源，称为"潜伏期带菌者"。

（3）隐性感染　也称亚临床感染，是指动物体被病原体侵袭后，损害较轻，不出现或仅出现不明显的临床表现，但通过免疫学的检测，可发现动物对入侵的病原体产生了特异性免疫。隐性感染对防止传染病的扩散有积极的意义。隐性感染增多，动物群对某一种传染病的易感性就降低，当该种传染病流行时，发病率可以降低。但另一方面也应看到，隐性感染者也可能处于病原携带状态，而在传染病流行期间成为传染源。在传染过程中，隐性感染和带菌状态可以在一个动物体中同时出现或交替出现或相互转化。

（4）潜在性感染　也称潜伏性感染。在传染过程中，动物机体与病原体在相互作用的过程中保持暂时的平衡状态，而动物体不出现疾病的表现。但当动物体防御功能一旦降低，暂时的平衡遭到破坏，原来潜伏在动物体内的病原体乘机活跃，引起疾病过程，即成为显性感染（传染病），如结核病和慢病毒感染都可有此表现。需要指出的是，潜在感染和病原携带状态可同时存在。

（5）显性感染　由于动物机体抗病能力与病原体致病力的力量对比，以及外界环境所起的作用，显性感染可呈现轻、重、急、慢等各种类型，彼此间又可移行转化。其结局可能是痊愈，也可能是死亡或慢性化。

2. 病原体的致病力　病原体的致病力通常是指病原体侵入动物机体后能引起疾病的能力。对细菌来说，一定菌株的致病力的大小称为毒力。病原菌的毒力是可以变异的。一种病原菌毒力的大小通常取决于以下两方面：侵袭力和产生毒素的能力。

（1）侵袭力　侵袭力是指病原菌突破机体的防御机构，在动物体内蔓延、扩散的能力。有的病原体很容易在组织内扩散，有的则停留在原侵入部位。侵袭力对机体通常无直接的毒害作用。细菌的侵袭力主要是依靠细菌的酶和荚膜，以及其他表面结构物质的作用。大多数致病性金黄色葡萄球菌能产生一种血浆凝固酶，借以加速血浆的凝固，保护病原菌不被吞噬或受抗体的作用。不少链球菌能产生链激酶，其作用是溶解感染局部的纤维素屏障，促使细菌和毒素扩散。致病性链球菌还能释放链球菌溶血素来溶解血细胞，破坏及杀死中性粒细胞和巨噬细胞，逃避吞噬。链球菌溶血素可使中性粒细胞的颗粒破裂，其中的溶酶体酶被释放到细胞浆内，使细胞凝固、坏死。化脓性链球菌还具有透明质酸酶，可以使结缔组织疏松，通透性增加，使病原菌易在组织中扩散，造成全身性感染的机会增多。许多致病菌能产生脱多聚酶，如黏液酶、脂酶、蛋白酶、核酸酶等。许多细菌及病毒有神经氨酸酶，能分解细胞表面的黏蛋白，使之易受感染。

细菌的荚膜具有抵抗吞噬及体液中杀菌物质的作用。细菌荚膜抗吞噬的机理，可能是吞噬细胞伪足所含类脂的细胞膜与细菌荚膜表面的含水胶体的电荷有相互排斥的作用。

有些细菌表面有能阻止吞噬的其他表面物质，最典型的就是链球菌的 M 蛋白质。在电镜下，M 蛋白质像是覆盖在链球菌表面的一层纤毛，借此可以附着于咽部黏膜上皮，引起传染。其他细菌如产肠毒素大肠杆菌能借助菌毛附着于肠黏膜上皮，引起仔猪的腹泻。

（2）产生毒素的能力　细菌毒素可以分为外毒素和内毒素两种。现在已知外毒素与内毒素的基本区别在于化学结构上，外毒素是细菌在生长繁殖过程中产生，内毒素是细菌外层细胞壁的组成部分，极大部分是在细菌死亡时才释放出来。外毒素是蛋白质，有一些外毒素已被证实为一种特殊的酶。外毒素具亲组织性，能选择性地作用于某些组织和器官，引起特殊病变。外毒素对热比内毒素敏感。内毒素是磷脂-多糖-蛋白质复合物，其主要成分为脂多糖，不像外毒素仅为单纯的蛋白质。外毒素所产生的药理与病理生理反应是专一的，不同外毒素产生不同的反应，而不同来源的内毒素所产生的反应则是相近似的。外毒素具有良好的抗原性，可以刺激机体产生特异性抗毒素。外毒素经甲醛处理后，其毒性丧失，但仍保持抗原性，称为类毒素，可作为预防某些疾病的预防液，如破伤风类毒素。内毒素的抗原性较弱，内毒素复合物中的无毒蛋白质和多糖成分是特异性免疫的物质基础。内毒素的毒性比外毒素弱，其显著作用为发热反应和血管舒张功能紊乱，引起微循环障碍。引起内毒素性热的介质可能是前列腺素 E，不是所有发热都是内毒素引起。内毒素可激活血管活性物质，如 5-羟色胺、激肽释放酶和激肽，使末梢血管扩张，通透性增加，静脉回流血量减少，心脏输出减低，导致低血压并可发生休克。内毒素还可引起糖代谢紊乱，先发生高血糖，转而为低血糖；还可活化凝血系统的Ⅶ因子，同时也活化纤维素溶酶原为纤维素溶酶，分解纤维素，在血小板与纤维素原减少的情况下，出现播散性血管内凝血；还可引起变态反应等。内毒素可用鲎试验来测定，内毒素可使由鲎血液中的变形细胞制成的鲎变形细胞溶解物（鲎试剂）凝固，能测出每毫升含 0.000 1 微克的内毒素，但本试验无特异性，不能分辨内毒素来自何种革兰氏阴性细菌。

构成病原菌致病力因素的侵袭力和毒素，对于某种细菌来说，二者并不一定平行存在。如炭疽杆菌的侵袭力可能起比较明显的作用，而破伤风梭菌则主要以产生的外毒素致病，葡萄球菌、链球菌等则既有相当的侵袭力，也能产生一定的毒性物质。

病毒是严格的细胞内寄生的病原体，它对机体的致病作用直接来源于其对宿主细胞的损害作用。这种损害作用随病毒种类不同而有明显区别。如杀细胞性病毒导致的病变就较严重，而非杀细胞性病毒引起的变化就较轻微，甚至不能被察觉。某些病毒，如痘病毒、小 RNA 病毒，呈现高度的杀细胞作用。病毒侵入细胞后，可使细胞迅速发生代谢障碍而死亡，大量感染性病毒释放到细胞外的体液中，又侵入另一细胞，当被破坏的细胞达到一定数量时，则组织被破坏。病毒引起组织损伤的机制是多种多样的，根据病毒的特性而定。病毒的直接毒性作用，可使机体细胞发生严重的病变，如腺病毒的衣壳就能使被感染的细胞出现变化。病毒对感染细胞生化过程的影响，是病毒入侵细胞后最早出现的作用。病毒侵入易感细胞并经脱壳后，首先合成早期蛋白，它可影响细胞内正常的生物合成过程。因此，在感染性病毒出现以前，被感染细胞即已出现病变。也有些病毒可使感染细胞溶酶体的渗透性失调，从而使溶酶体酶自行渗入胞浆，引起细胞的自溶。包涵体的形成也是病毒作用的结果。某些病毒可使感染细胞形成包涵体，如狂犬病病毒、牛痘苗病毒等。包涵体的形成无论在核内或胞浆，都可对感染细胞的结构和功能发生一定的影响。病毒在感染细胞中的生物合成过程，导致感染细胞的染色体发生畸变，从而影响其正常的分裂，引起感染细胞的畸变。

病毒对细胞的损害作用，除了杀细胞作用外，某些病毒如副黏病毒、某些痘病毒，还有使细胞发生融合形成多核巨细胞的能力。这些病毒称为细胞融合性病毒或合胞病毒。细胞融合是细胞遭受病毒感染时的一种伴随现象，由病毒溶崩了细胞膜部位，为邻接细胞的融合创造了条件，或者是病毒外膜在细胞之间呈现架桥作用，随后由于细胞膜自身酶作用而发生融合，许多细胞的胞浆合而为一，细胞核也相互聚集。

非杀伤细胞性病毒引起的组织病变就很轻微，或根本不显任何病变。这就形成一种持续性感染（或稳定感染），病毒可以在宿主细胞内长期地增殖。某些副黏病毒、披膜病毒或弹状病毒的感染经常出现这种情况。

病毒的感染过程，有的表现为局限性，有的则表现为全身性。有些病毒，如黏病毒、副黏病毒经由入侵门户侵入易感动物的呼吸道后，可在附近的淋巴组织或其他组织细胞中繁殖，产生局限性的病变，造成表面感染或局部感染。经巨噬细胞将病毒清除后，感染即告结束。此即所谓局限性感染。

但在另外一些情况下，病毒侵入机体后，并不停留在侵入门户附近组织，而是通过各种方式传播到全身各组织细胞内，称之为全身感染。这种病毒被巨噬细胞吞噬后，可不被消化，仍能在其中繁殖，并随巨噬细胞循环，造成病毒血症，扩大为全身性感染。有的病毒表现出特异的嗜细胞性。如在口蹄疫感染过程中，病毒经侵入门户进入机体后，可很快形成病毒血症，通过血流到达易感的组织细胞——口腔黏膜和皮肤上皮样细胞，再进行大量增殖，新生成的病毒释入体液及血流中，再度形成病毒血症。

病毒侵入易感细胞并进行复制后，其在细胞之间的传播有两种方式：一是病毒在感染细胞内复制后，即将子代病毒释放于细胞外，再经由病毒感染细胞的常规方式，侵入易感细胞。这种方式是病毒传播的主要方式。二是病毒传播不经由周围环境，而是通过细胞间桥，由甲细胞直接侵入乙细胞，即由细胞间直接传播，如单纯疱疹病毒、带状疱疹病毒、细胞巨化病毒等。应当指出，采取这种方式传播的病毒，也能通过第一种方式进行传播。经第一种方式传播的病毒，必须经由周围环境，因而易于和抗体相遇，所以抗体可对病毒直接发挥作用；而经第二种方式传播的病毒，由于缺乏细胞外阶段，所以病毒可逃避抗体的作用。

3. 机体的抗传染免疫 抗传染免疫简称免疫反应。在正常情况下，免疫反应可以防御病原微生物的侵入并中和毒素，而在异常情况下，它又可以引起变态反应或免疫缺陷病。机体的免疫反应可分为非特异性免疫和特异性免疫两种。在抗传染过程中，首先发挥作用的是非特异性免疫。非特异性免疫主要靠免疫屏障、吞噬细胞以及正常体液中的抗微生物物质三方面的功能来体现。免疫屏障，外部有皮肤和黏膜屏障，内部有血脑屏障和胎盘屏障。吞噬细胞分为固定吞噬细胞和游走吞噬细胞两大类。前者主要指巨噬细胞，存在于各种组织中，且在不同组织、脏器中有不同的名称，如在肝脏称枯否氏细胞或星状细胞，在肺脏称尘细胞，在结缔组织中称组织细胞，等等；后者是一类多形核白细胞，亦称粒细胞，分为中性粒细胞、嗜酸性粒细胞和嗜碱性粒细胞三种。在正常体液和组织中，含有多种抗微生物物质，其中最重要的是补体、溶菌酶、干扰素和 β-溶解素。

特异性免疫包括细胞免疫和体液免疫两方面的免疫作用。

在传染过程中，机体的免疫系统受到病原体的刺激后，由于各种病原体的性质和致病物质不同，机体对不同病原体的免疫反应机理也不完全相同。现将各类传染病的免疫反应特点介绍如下。

（1）病毒性疾病的免疫

病毒抗原：病毒虽然是非细胞形态的微生物，结构比较简单，但其结构的化学组成仍比较复杂，因而其抗原仍具有一定的多样性。病毒抗原的主要部分是病毒的结构组分，如衣壳、囊膜等。此外，还有非结构成分，是病毒复制过程中病毒基因的产

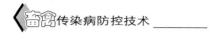

物，如复制酶等。

病毒的中和性抗原在病毒感染中具有极为重要的作用。病毒的中和性抗原是病毒粒子表面的一种糖蛋白。在芽生病毒中，具有中和抗原的病毒很多，如弹状病毒、披膜病毒、流感病毒、副黏病毒、单纯疱疹病毒等。也有些具有中和抗原的病毒，并不具有糖蛋白，属于非芽生病毒。

病毒是专性细胞内寄生物，在其感染宿主细胞的过程中，便可产生许多新的蛋白质。其中有些不必进行修饰便可成为抗原，而有些又可被宿主体内的酶类所糖基化，或是与细胞膜上的脂类结合而形成新的抗原。许多新的表面抗原，常在感染早期出现，在子代病毒尚未产生以前即已出现，如细胞被流感病毒感染后1小时即可产生病毒蛋白，4小时后可检出病毒特异的细胞表面抗原；新城疫病毒（NDV）感染3小时后或疫苗免疫4小时后即可出现新的表面抗原。而有的表面抗原则出现较晚，如牛瘟、犬瘟热等病毒，需在感染后20~24小时出现抗原。

病毒感染的体液免疫：病毒感染后，由于中和性抗原和细胞表面新抗原的作用，可引起明显的体液免疫应答。在许多病毒性传染病中，血清抗体占有重要的地位，对全身性溶细胞性感染（凡能造成易感细胞裂解的病毒感染，称之为溶细胞性感染）和稳定感染，如猪瘟和鸡新城疫等，抗体均起明显的保护作用。但对局部性感染，血清抗体的预防作用则较差，如流感病毒、副流感病毒、鼻病毒等呼吸道病毒感染。

在病毒感染中，除产生主要的血清抗体IgG外，另一主要抗体为IgA。IgA的单体主要来自肠系膜淋巴组织的浆细胞，产生后进入血循环中，成为血清型IgA，它的双体主要产生于局部黏膜的浆细胞，分泌的IgA大部分留在黏膜表面成为分泌型IgA。分泌型IgA对蛋白酶有抵抗作用，可成为消化道和呼吸道预防感染的屏障；它还存在于动物的初乳中，并能经过初乳传给幼畜。分泌型IgA在预防再感染上具有重要作用。当血清中抗体的滴度仍然很低时，而被病毒感染的部位（如鼻黏膜、肺部）的抗体水平却很高，这对预防局部的再感染有很大的意义。

被病毒感染的靶细胞，由于细胞膜表面的改变而出现新抗原。这种新抗原可导致产生抗感染细胞抗体。这种抗体（IgG 或 IgM）可通过补体的介导而使靶细胞溶解。此外，依赖于抗体的细胞介导的细胞毒作用，也可引起靶细胞的溶解。

此外，一般在发生病毒感染后数小时，血中即出现干扰素。干扰素能干扰病毒复制，具有广谱的抗病毒作用，并能迅速扩散到邻近的易感细胞内发挥抗病毒作用，使病毒的扩散遭遇到细胞内的屏障作用。

病毒感染的细胞免疫：当病毒侵入机体后，中性粒细胞对病毒感染似乎无保护作用，而只有吞噬病毒的能力，无杀死消化的功能。激活的巨噬细胞对病毒具有一定的免疫力，能灭活吞入的病毒或抑制病毒的复制，并通过分泌一些活性物质作用于邻近感染病毒的靶细胞，使病毒复制受到抑制。

对于已感染病毒抗原的靶细胞，则由细胞免疫的各种细胞成分，即自然杀伤细胞（NK 细胞）、K 细胞和细胞毒 T 细胞（Tc）来发挥免疫功能。NK 细胞能非特异地杀伤携带有各种病毒抗原的靶细胞，而 NK 细胞与干扰素之间有协同作用。由于病毒感染细胞表面出现病毒抗原，因此 K 细胞可通过抗体依赖性细胞介导的细胞毒性（简称 ADCC）效应对靶细胞发生溶解作用，而细胞毒 T 细胞则能直接对靶细胞发挥细胞毒作用，其结果使靶细胞内的病毒暴露于细胞外，为抗体、补体和巨噬细胞的免疫作用创造了条件。

综上所述，在抗病毒感染中，抗体、补体、干扰素和巨噬细胞在预防病毒再感染和阻止游离病毒在体内扩散中具有十分重要的作用，而对于病毒感染的恢复，则主要依靠细胞免疫的功能。

（2）细菌性疾病的免疫

抗原：细菌与病毒相比，其个体结构相当复杂，每一种结构成分都具有抗原特异性。细菌抗原包括菌体抗原（O抗原）、鞭毛抗原（H抗原）、荚膜抗原（K抗原）、芽孢抗原、菌毛抗原等。

除上述存在于细菌结构上的抗原物质外，细菌的代谢产物，如酶和毒素等也具有抗原性，而且有的还有特别强的抗原性（如外毒素）。这种可溶性抗原在引起宿主发病上，有的甚至起绝对的作用，而结构抗原在宿主与致病菌的关系上却微不足道，如破伤风梭菌和肉毒梭菌等都是以可溶性的毒素抗原作为唯一的致病因素的。

胞外寄生菌感染的免疫应答：对化脓性链球菌、化脓性葡萄球菌、绿脓杆菌及炭疽杆菌等胞外寄生菌的感染，调理素和中性粒细胞在疾病的预防和恢复上起重要作用。血清调理素对吞噬具有特异的促进作用，能显著地加快细菌被清除的速度。但在缺乏补体的情况下，清除的效果则较差。抗体可以把补体结合到细胞表面，有效地提高调理效应。对细菌的吞噬作用特别重要的是外周血中的中性粒细胞，但是淋巴细胞对胞外寄生菌的感染没有明显的决定性的保护作用。

此外，由于溶菌酶能水解革兰氏阳性菌细胞壁肽聚糖的结构，使细菌发生溶解，或者在抗体和补体预先作用下，也可使革兰氏阴性菌发生溶解，从而起到抗感染的作用。

对于由一些侵袭力较弱，但能释放毒性很强的外毒素的病原菌引起的感染，如破伤风梭菌的感染，机体的免疫作用则以特异性抗毒素抗体为主。抗毒素能有效地中和外毒素的毒力，使外毒素对易感组织失去毒性作用。而抗毒素与外毒素结合成的复合物，则被吞噬细胞吞噬清除。

胞内寄生菌感染的免疫应答：胞内寄生菌如结核杆菌、布氏杆菌、鼻疽杆菌引起的感染，属于慢性细胞内感染，机体以细胞免疫为主，体液免疫的作用不大。机体依靠淋巴因子活化的巨噬细胞来发挥抗感染作用。只有当细菌自细胞内释放出来而又未被吞噬细胞吞噬以前，抗体和其他体液因子才能发挥免疫作用。

胞内寄生菌侵入机体后，吞噬细胞虽有吞噬能力，但不具备杀死、消化的功能，因而细菌能较长期地寄生于吞噬细胞内，有的甚至还能在吞噬细胞内生长繁殖，引起细胞死亡，或随游走的吞噬细胞扩散至其他部位，引起更广泛的感染，但在获得特异性免疫的个体内，淋巴因子却能增强巨噬细胞的吞噬作用，被淋巴因子活化后的吞噬细胞表现为细胞增大、溶酶体增多、代谢增强，因而能将吞噬的细菌杀死和消化。

4. 传染病的发展阶段 传染病的发展过程具有一定的规律性，即从一个阶段进展到另一个阶段。每一个传染病从发生、发展以至恢复或死亡，大致可分为 4 个阶段：

（1）潜伏期 从病原体侵入动物机体时起，直至出现最初一些临床症状为止，这一段时间称潜伏期。各种传染病的潜伏期长短不一，即使同一种疾病，其潜伏期也不完全一样，但有一定的幅度。如炭疽的潜伏期，最长为 14 天，最短仅数小时，平均2～3 天；猪瘟的潜伏期，最长为 21 天，最短为 2 天，平均5～8天；鸡新城疫的潜伏期，最长为 15 天，最短为 2 天，平均3～6 天。

潜伏期的长短，除主要与动物体的抵抗力和侵入的病原体数量、毒力有关外，也与病原体的侵入部位有关，如狂犬病的咬伤部位距中枢神经越近，则潜伏期越短。

了解潜伏期的长短，在流行病学上有以下几点实践意义：①以潜伏期为依据，确定检疫期限。如猪瘟的最长潜伏期为 21天，所以检疫期也为 21 天。②根据潜伏期推算感染日期。即从出现临床症状之日向前推一个潜伏期，即为感染日期。③依据潜伏期分析流行过程长短。一般潜伏期短的传染病，多呈暴发型，流行过程短，如口蹄疫等；潜伏期较长的马传染性贫血、布氏杆菌病等，其流行过程也较长。④从潜伏期判断不同病例是否通过共同传播媒介而引起。如动物群中发生某种传染病的许多病例，若其首、末病例发病日期的间距不超过该病的最长潜伏期，则可判断所有病例的感染可能来自同一传播媒介。⑤有些处于潜伏期的动物即可排菌或排毒，因此了解潜伏期的长短，有利于采取相应的防疫措施。⑥潜伏期是确定发生传染病的动物群在紧急预防接种后观察期限的依据。如猪瘟的潜伏期最长为 21 天，发生猪瘟后对同群假定健康猪紧急预防接种弱毒疫苗，已经感染、处于潜伏期的猪，注苗后可能发病，所以对猪群注苗后，必须加强观察，一般观察期限以 21 天为准。⑦潜伏期也是解除封锁的重要依据。动物群发生某种烈性传染病被封锁后，在最后 1 头病畜痊愈或急宰、死亡后，经过该病的最长潜伏期，再无新的病例发生时，经过终末消毒后，即可解除封锁。

（2）前驱期　在潜伏期之后，至主要症状出现之前这段时间（数小时到 1～2 天）称前驱期。此期大多数传染病主要呈现一般的临床症状，如体温升高，呼吸、脉搏略增，食欲减少，精神沉郁等，根据这些症状很难确诊。有一些传染病起病急骤，可不出现前驱症状。如猪细小病毒病，常缺乏任何前驱症状，猪突然流产。

（3）症状明显期（发病期）　经过前驱期后，即进入发病期，病情由轻转重，新的症状相继出现，某种传染病的特征性症状或主要症状都表现出来，有利于进行临床诊断。但在这一时期可发生并发症。

（4）转归期　疾病进一步发展为转归期。如果转归良好，则病情好转，主要症状消失，患病动物逐渐恢复健康。但是应当注意，有些传染病临床症状消失后，还可能带菌（毒），在一定条件下还会复发或造成传染。如果转归不良，则患病动物死亡或失去生产价值。

（二）传染病的流行过程与流行特征

动物传染病不仅在动物个体发生，而且能从动物个体感染发病发展到动物群体发病。传染病在动物群中发生、传播和终止的过程，就是传染病的流行过程。具体地说，流行过程是指病原体从传染源排出，经一定的传播途径，侵入另一易感动物体内形成新的传染，并不断传播直至终止的过程。由此可见，传染病在动物群中流行，必须具备传染源、传播途径、易感动物群三个基本环节。这三个环节必须同时存在，并相互联系，才会造成传染病的流行。这三个环节还会受到社会条件和自然条件的影响和制约。若缺少任何一个环节，新的传染就不会发生，流行也不会形成；若切断其中任何一个环节，如传染源被控制（检出、隔离或扑杀），或经消毒、杀虫和灭鼠等切断了传播途径，或经免疫接种将易感动物群变为非易感动物群等，流行过程即告终止。因此，掌握传染病流行的三个基本环节及其影响因素，有助于正确制定防疫对策与措施，控制动物传染病的发生与流行。

1. 流行过程的三个基本环节

（1）传染源 传染源是指机体内有病原体寄居、生长、繁殖，并能向体外排出的动物和人。具体来说，包括以下几类：

患病动物：患传染病的动物，多数在发病期能排出大量毒力强的病原体，其传染性很强，所以是主要的传染源，如急性猪瘟、开放性鼻疽等。但这些患病动物，临床症状明显，易于发现和隔离处理。临床症状不典型的患病动物，如慢性猪瘟、慢性马传染性贫血等，虽然排出的病原体数量较少，但不易被发现，不能及时确认与隔离，也是危险的传染源。

患病动物排出病原体的整个时期称为传染期。传染期因传染病的种类不同而长短不一。各种传染病的隔离期，就是根据各病的传染期长短而制定的。

病原携带者：是指无任何临床症状，但携带并排出病原体的动物或人。根据所携带病原体的种类，称为带菌者、带毒者等。虽然病原携带者排出的病原体数量没有患病动物或人排出的病原体多，但因缺乏临床症状，不易被发现，有时可成为重要传染源。如果检疫不严，还可以随动物运输到其他地区，造成新的传播和流行。因此，研究各种传染病的病原体携带形式和状态，对控制传染源和防止传染病的流行有重要意义。病原携带者一般分为以下三种。①潜伏期病原携带者，是指在潜伏期内就能排出病原体的动物或人。如狂犬病、猪瘟、口蹄疫等。②病后病原携带者，是指在临床症状消失后仍能排出病原体的动物或人。如口蹄疫牛康复后，可带毒数月，有的甚至可达数年。病后病原携带者大多数携带时间短暂，少数可长期携带，个别甚至可延续终身。一般对病后携带期限不超过3个月者称为暂时携带者，超过3个月者称为慢性携带者。③健康病原携带者，是指过去没有患过某种传染病，但却能排出该病病原体的动物或人。一般认为这是隐性感染的结果。健康病原携带者由于带菌（毒）时间短暂、排菌数量少，其作为传染源的意义较小，但是马腺疫、沙门氏菌病、巴氏杆菌病和猪丹毒等的健康病原携带者比较普遍，可成为传染源。

病原携带者携带病原体的时间长短不一，并常间歇性排出病原体。因此，只凭一二次病原学检查阴性结果，很难确定不是病原携带者，应当反复进行多次检查。消灭病原携带者和防止引入病原携带者，是动物传染病防疫工作中艰巨而重要的任务之一。

患人兽共患病的人：患炭疽、布氏杆菌病、结核、钩端螺旋体病等的病人，可通过分泌物、排泄物感染动物，但是比较少见。

应当指出，病原体自动物体排出后，可在排泄物、分泌物内存留一定时间，有的病原体还可在粪便、用具、土壤等处存活，有的甚至可以繁殖。但是在这些地方存活的病原体，一般来说其数量在逐渐减少，所以一般不把它们看做传染源，而应作为传播媒介。

传染源排出病原体的途径，因病而异，主要与病原体在动物体内停留、繁殖的部位有关。有的只有一个途径，有的有几个途径。病原体可随粪便、尿、鼻腔分泌物、眼分泌物、唾液、乳汁、皮肤溃疡分泌物及皮肤脱落物、血液、生殖道分泌物等排出体外。如狂犬病病毒随唾液排出，猪瘟病毒随粪、尿、眼分泌物、唾液、生殖道分泌物、出血时的血液等排出。了解传染源排出病原体的途径，在防疫上具有重要意义。

（2）传播途径　传播途径是指病原体从传染源排出后，经过一定的方式，侵入另一个易感动物所经过的途径。在传播方式上，分为直接接触传播和间接接触传播两种。

直接接触传播：是指在没有任何外界传播媒介参与下，传染源与健康动物以直接接触（如舐咬、交配等）方式而传播。以此为主要传播途径的动物传染病为数不多，具有一定代表性的是狂犬病，通常只有被患狂犬病动物直接咬伤，并随唾液将病毒带入伤口才能发病。通过直接接触传播的动物传染病，其流行特点是具有明显的连锁性，一个接一个地发生，很容易控制，一般不会造成广泛流行。

间接接触传播：在外界因素的参与下，病原体通过传播媒介使易感动物发生传染的方式，称为间接接触传播。参与传播病原体的各种外界因素称为传播媒介或传播因子。传播媒介有两类：一类是生物，称为媒介者；另一类是无生命的物体，称为媒介物。

大多数传染病，如口蹄疫、猪瘟、鸡新城疫等，都是以间接接触传播为主要传播方式，同时也可以通过直接接触而传播。两种方式都能传播的传染病，也可称为接触性传染病。间接接触传播一般通过下列几种途径。

经空气（飞沫、飞沫核、尘埃）传播：这是呼吸道传染病的主要传播方式。如患猪气喘病、鸡传染性喉气管炎、结核、牛肺疫等时，呼吸道内存有大量病原体，当病畜（禽）咳嗽、喷嚏及鸣叫时，病原体随飞沫散布于空气中，大滴的飞沫迅速落地，微小的飞沫在适宜的温度、湿度条件下，能在空气中飘浮数小时，被健康易感动物吸入后，即可发生传染，称之为飞沫传播。飞沫的水分蒸发变干后，成为由蛋白质和细菌或病毒组成的飞沫核，大的飞沫核落地较快，小的飞沫核能在空气中飘浮较长时间，被易感动物吸入后可引起传染，称之为飞沫核传播。飞沫传播的距离较近，一般认为在距离病畜2米以内。在干燥、温暖、光照和通风良好的环境中，飞沫飘浮时间较短，病原体死亡较快，不利于疫病传播；相反，潮湿、低温、阴暗和通风不良的环境中，则飞沫在空气中存留时间较长，有利于疫病传播。

在外界生存力较强的病原体，如结核分枝杆菌、炭疽杆菌等，可随病畜的分泌物、排泄物和处理不当的尸体散布在物体上和地面上，干燥后与尘埃一起飞扬于空气中，被易感动物吸入可引起传染，称之为尘埃传播。

经空气飞沫传播的传染病，其流行特点是传播迅速，发病率在短时间内迅速升高；多数有明显的季节性，一般以冬、春季节多发；发病与密集饲养的程度有关。

经饲料、饮水传播：这是最常见的一种传播方式。从传染源排出的病原体污染饲料、牧草、饮水，被健康动物采食后引起传染。

经土壤传播：有些病原体进入土壤后，能生存较长时间，当易感动物接触土壤时，可发生传染，如炭疽、气肿疽、破伤风、坏死杆菌病、猪丹毒等。草食动物粪便中常含有破伤风梭菌和恶性水肿梭菌，其芽孢抵抗力很强，能在土壤中长期生存，如果动物伤口被土壤中的芽孢污染，就可引起传染。猪丹毒杆菌虽不形成芽孢，但对干燥、腐败等外界因素的抵抗力较强，在土壤中能生存较长时间，这是造成猪丹毒暴发的原因之一。

经媒介动物传播：媒介动物包括节肢动物和某些野生动物。节肢动物有蚍类、厩螫蝇、蚊、蠓、蜱和家蝇等，野生动物有狐、狼、吸血蝙蝠、鼠类等。

节肢动物传播病原体的方式分为机械性传播和生物学传播。

前者是指病原体在节肢动物体内或体表并不繁殖，仅是机械地携带或传递，如虻传播马传染性贫血和炭疽等；后者是指病原体必须在节肢动物体内发育繁殖后才能感染动物，如某些蜱类传播立克次氏体病等。

野生动物传播也分两种情况：一是本身对病原体具有易感性，在被感染后起传染源的作用，如狐、狼、吸血蝙蝠等传播狂犬病，鼠类传播钩端螺旋体病、布氏杆菌病及伪狂犬病等；另一是本身无易感性，但可机械地传播疾病，如鼠类传播猪瘟、鸡新城疫及口蹄疫等。

经人类传播：饲养人员、畜牧兽医人员以及其他与动物直接接触的人员，有可能机械地传播病原体。

经用具传播：是指病原体经被污染的饲养管理用具、栏舍、刷拭用具、鞍挽具、诊疗器械、工作服及鞋等而传播，如流行性淋巴管炎经污染的饲槽、刷拭用具等传播，鼻疽通过污染的饲槽、水桶传播等。

应当注意，传染病流行时，其传播途径十分复杂，不仅因病而异，即使同一种疾病，往往也有几种传播途径，如炭疽可经饲料、饮水传播，也可经污染的空气传播，还可经媒介节肢动物传播。

传播途径尽管复杂多样，但就目前所知，病原体在更迭其宿主时只有三种方式：垂直传播、水平传播和 Z 型传播。

垂直传播是指母体内的病原体，直接经卵巢、胎盘传给子代，如鸡白痢沙门氏菌、鸡白血病病毒、禽腺病毒等，可经卵巢传播；猪瘟病毒、黏膜病病毒、蓝舌病病毒、布氏杆菌等，可经胎盘传播；动物白血病病毒可经初乳传播。

水平传播是指病原体经上述空气、饲料、饮水、土壤等途径，在同一世代动物之间的传播。

Z 型传播是指水平传播与垂直传播交替出现的一种传播方式。

（3）易感动物群　易感动物群是指一群动物作为一个整体对某种传染病病原体容易感受。它的易感程度取决于构成该动物群的每个动物的易感状态和易感者在该动物群中所占比例。动物群中易感者比例大，则动物群的易感性高，反之则低。动物易感性的高低，主要是由动物的遗传特征、特异免疫状态等因素决定的，外界环境，如季节、气候、饲养管理等因素，对动物群的易感性也有一定影响。

动物的遗传特性不同，易感性有很大的差异，如马属动物不感染牛瘟，牛、羊等不感染马传染性贫血。不同品系的动物对同一种病原体的易感性也有差异，如白来航鸡较其他品系的鸡对雏白痢沙门氏菌的抵抗力强，蓝色水貂对阿留申病较其他品系的貂易感。同一种病原体使不同动物感染而引起不同的表现，也是由于遗传特性不同所致，如多种动物患猪丹毒时的临床表现与猪不同，在绵羊呈现败血症，羔羊呈现肺炎，水牛呈现致死性败血症，犬呈现心内膜炎，禽类呈现败血症或持续性衰弱，在人呈现类丹毒症状。

动物群的特异免疫状态直接影响动物群的易感性已被实践所证明，应当特别引起注意。动物群不论通过何种方式获得特异性免疫力，都可使动物群的易感性明显降低，这些动物所生的后代，通过获得母源抗体，在幼年期也有一定的免疫力。一定年龄的动物对某些传染病易感性的高或低，也常与动物的特异免疫状态有关，如幼小动物对大肠杆菌、沙门氏菌的易感性较高；青年动物对传染病的易感性较高，但老龄动物则较低。

动物群的外在因素，如季节、气候、饲养管理和兽医卫生状况等，也能在一定程度上影响动物群的易感性。如饲料质量差、数量不足，饲养管理不当，动物舍卫生差、潮湿、通风不好，动物群拥挤等，都可降低动物对传染病的抵抗力，促进传染病的发生与流行。

2. 疫源地与自然疫源地　疫源地是指传染源及其排出的病

原体可传播到达的地区。它包括传染源活动的场所及被其污染的物体、房舍、水源、牧地，以及该范围内有感染可疑的动物和贮存宿主等。在防疫工作中，对疫源地必须采取综合性防疫措施，才能控制疫源地内传染病的传播和防止新的疫源地出现。

（1）疫源地的范围 疫源地范围的大小，不但因病而异，即使同一种疾病，在不同条件下，其范围大小也有差别。疫源地范围的大小，主要根据传染源的分布和污染范围，以及周围动物的免疫状况等具体情况而定，通常分为疫点和疫区。疫点一般是指患病动物所在的厩舍、圈栏、饲养户、草场和饮水地点等。疫区一般指某种传染病正在流行的地区，其范围通常比疫点大，是由许多在空间上相互连接的疫源地所组成，除患病动物所在地点外，还包括动物群在发病前后于一定时间内曾经到过的地方和可能被病原体污染的场所等。疫区周围的邻近地区，随时都有遭到疫区内传染病侵袭的可能，因此通常称为受威胁区。

（2）疫源地存在时间和消灭条件 疫源地存在时间的长短是由很多因素决定的，但主要的是根据传染源存在的时间及外界环境中病原体存活的时间来确定。疫源地的综合性防疫措施过早结束，疫情可能重燃；盲目延长结束时间，又会浪费人力物力。所以必须根据疫源地消灭的条件，适时结束疫源地的综合性防疫措施。证明疫源地已被消灭的条件有三：①传染源已被消灭，包括扑杀、死亡或治愈；②传染源排到外界的病原体已被彻底消除；③所有易感动物经过该病的最长潜伏期没有新病例出现。

（3）自然疫源地 自然疫源地是指自然疫源性感染所在的地区，是一种特殊的疫源地。自然疫源性就是病原体、传播媒介（主要是媒介昆虫）和宿主动物在自己的世代交替中无限期地存在于自然界的各种生物群落里，组成各种独特的生态系统。不论在它们以往的或现阶段的进化过程中均不依赖于人。当人和家畜进入人烟稀少的原始荒野地区（如原始森林、沙漠、草原、深山、荒岛等）可能感染某些自然疫源性疾病。这些病的传染源是野生的温血动物，其传播媒介主要是节肢动物（蜱、螨、蚊、蠓、白蛉、蚤、虱等）。这些传染病一直是在野生动物群中传播着的，当人、畜由于开荒、从事野外作业等闯进这些生态系统时，仅在一定的条件下，才传给人或家畜，如森林脑炎等。由于那些特定的宿主动物及传播媒介（包括中间宿主）的生存繁殖需要特定的生态环境，因此自然疫源地的分布具有严格的地方性特点。

3. 流行过程的特征 传染病的流行过程是病原体通过一定的传播途径，不断更迭其宿主的过程。这一过程始终保持着时间和空间的连续性，又受到复杂的自然因素和社会因素的影响，因而流行过程表现出如下一些特点：

（1）**流行形式** 即流行强度，是疾病在某一地区一定时期内存在的数量变化，以及各病例间联系程度的标志。描述疾病流行形式的术语有地方流行、流行、大流行和散发流行。

地方流行性：所谓地方流行有两方面的含义：其一是说明某地区动物群体中的某病以通常的、相对稳定的频率发生；其二是表示该地区动物群体中该病的发生在畜群间、时间和空间分布上有一定的规律性。因此地方流行是一种相对稳定状态。如对一个传染病有很好了解，则它的地方流行水平是可以预测的。

流行：流行是指一种传染病或非传染病发生到超过预料的异常水平。某地区的一个畜群在特定时间间隔内发生某种传染病的频率超过预期地方流行水平，就称该传染病发生流行。

大流行：大流行是指散布范围广，群体中受害动物比例大的流行，可涉及几个国家甚至几个大洲。

例如历史上发生的牛瘟大流行和口蹄疫大流行，以及近年来发生的高致病性禽流感大流行，都涉及全世界的很多地区，受害动物占比例也很大。

散发流行：散发流行是指无规律和偶然发生某病，通常局限于部分地区，可以指该地区正常情况下不存在的传染病或偶尔出现的单个病例或一组病例。所以散发时发病数目不多，是属于个别地、零星地散在发生。如传播比较不容易的一些疾病（破伤风、恶性水肿、肉毒梭菌中毒等）、潜伏期特别长的传染病（绵羊痒病等）大多呈散发；此外，动物群对某种传染病的免疫水平较高，或该病的隐性感染比例较大时（如日本乙型脑炎），也呈散发形式。

必须指出，上述几种流行形式的划分是相对的，不是固定不变的。如呈地方流行性或流行性发生的动物传染病，当某一环节受到限制时，常可转为散发。

（2）时间分布

季节性：某些疫病在每年的一定季节内出现发病率升高的现象，称为季节性。根据季节性表现程度不同，可分为以下几种：

严格季节性：病例仅集中在一年中的某个季节或某些月份，其他季节或月份不见发病。经吸血昆虫传播的疫病，常呈严格季节性。如日本乙型脑炎只发生在蚊虫大量孳生、活动的夏秋季节。

明显季节性：有些疫病虽全年均可发生，但在某个季节或某些月份的发病数明显地升高。如马传染性贫血在全年都可发生，但以虻类孳生、活动频繁的7～9月发生较多。

无明显季节性：有些疫病一年四季都可发生，从病例出现的数量对比来看，无明显的季节或月份差别。如结核、副结核等。

动物传染病出现季节性的原因是，由于季节对活的传播媒介的影响；季节对病原体在外界环境中生存和散播有一定影响；季节可影响动物的活动和抵抗力，如冬季舍饲期间，动物拥挤、厩舍通风不良，可促使呼吸道传染病的流行。

周期性：某些传染病在一次流行后，有规律性地经过一定间隔期（常常以数年计），再次出现流行。这种发病率呈现周期性的上升和下降现象，称为传染病的周期性。

传染病出现周期性的原因是，在流行期间，易感动物除死亡、扑杀或淘汰以外，其余动物由于康复或隐性感染而获得免疫力，使疫病停止流行。但经过一定时间后，免疫力逐渐消失，新的一代出生，或引进外来的易感动物等，又使动物群的易感性再度增高，因而引起传染病的重新暴发流行，如牛流行热、日本乙型脑炎、口蹄疫等。但必须指出，在牛、马等大动物，动物群饲养周期长，每年更新的数量不大，经数年后易感动物的比例逐渐增大，疫病才能再度流行，因而周期性比较明显；而猪及家禽等动物，因饲养周期短，每年更新快或流动的数量很大，疫病可能年年流行，周期性不太明显。

动物传染病的季节性和周期性，是指在没有任何因素影响下的一种自然规律现象。如果采取适当的综合性防疫措施和改善饲养管理，就可以改变或制止它的发生。

（3）地区分布　有些传染病由于受生态环境的影响（如地理条件、气温、雨水、植被、传播媒介等），常局限于一定地理范围内发生，称为地方性传染病。如类鼻疽多发生在热带地区，特别是东南亚和南亚较多见，我国目前发现有类鼻疽的地方都在北回归线以南。钩端螺旋体病多见于我国南方丛林、水网、稻田地带等。

二、流行病学调查和分析

流行病学调查与分析是研究传染病流行规律的主要方法。其目的在于揭示传染病在动物群中发生的特征，阐明传染病的流行原因和规律，以作出正确的流行病学判断，迅速采取有效的措施，控制传染病的流行；同时流行病学调查分析，也是探讨原因未明的非传染病病因的一种重要研究方法。

流行病学调查是查明传染病在动物群中发生的地点、时间、畜群分布、流行条件等，这是认识疾病的感性阶段；流行病学分析是将调查所获得的资料，归纳整理，进行全面的综合分析，查明流行原因和条件，找出流行规律，即由感性认识阶段上升到理性认识阶段。因此，调查与分析是认识疫病流行规律的不可分割的两个阶段。调查是分析的基础，分析是调查的深入。通过分析可以为进一步调查提供线索。只调查不分析，找不出流行过程的本质，得不出正确的结论。一切防疫措施都是以调查分析的结果为依据，调查分析越充分，措施就越合理，效果亦越显著。

（一）流行病学调查

1. 流行病学调查的种类与内容　根据调查对象和目的的不同，一般分为个例调查、流行（或暴发）调查、专题调查。

（1）个例调查　是指传染病患畜发生以后，对每个疫源地所进行的调查。目的是查出传染源、传播途径及传播因素，以便及时采取措施，防止疫病蔓延。个例调查是流行病学调查与分析的基础。个例调查的内容如下：

核实诊断：准确的诊断是制定正确的防疫措施和进一步调查分析的依据。有些疫病的症状相似，但传播方式、预防方法却完全不同。如果混淆了诊断，会使调查线索不清，防疫措施无效。所以调查时首先必须核实诊断，除临床诊断和流行病学诊断外，尚需进行血清学诊断、病原学诊断和病理学诊断。

确定疫源地范围：根据病畜在传染期内的活动区域，判断疫源地的范围。

查明接触者：通常是将病畜发病前1～2天或从发病之日到隔离之前这段时间曾经与病畜有过有效接触的动物和人视为接触者。所谓有效接触，如与呼吸道传染病病畜拴系在一起，与肠道传染病病畜同槽饲喂、同槽饮水等均属之。

找出传染源：通常根据该病的潜伏期来推断传染源。如系个别散发病例，则传染源调查应首先从确定感染日期开始。感染日期计算一般是从发病之日向前推一个潜伏期，在最长潜伏期与最短潜伏期之间，即可能为感染日期。感染日期确定后，再仔细询问畜主，病畜在这几天里所到过的地方、活动场所及使役情况；是否接触过类似的病畜以及接触方式。当怀疑某畜是传染源时，可进一步调查登记该畜周围畜群中有无类似的病畜发生。若同样发现类似病畜，则该畜为传染源的可能性很大。

如系一次流行或暴发，可根据潜伏期来估计有无共同流行因素存在，以推断传染源。若发病日期均集中在该病最短潜伏期之内，说明它们之间不可能是互相传染的，可能来自一个共同的传染源。

一般情况下，临床症状明显、传播途径比较简单的疫病，如狂犬病等，传染源比较容易寻找；而有些疫病，如结核病、布氏杆菌病等，因有大量的慢性或隐性感染病畜存在，传染源就比较难以查明。

判定传播途径：一般是根据与传染源的接触方式来推断。当传染源不能确定时，可根据可能受感染方式来推断，如钩端螺旋体病可根据有疫水接触史来判断。

调查防疫措施：包括病畜的检疫隔离日期、方法、接触的畜禽及死畜处理情况、有无继发病例、疫源地是否经过消毒，并针对存在的问题，采取必要的措施。

（2）流行（或暴发）调查　是指对某一单位或某一地区在较短时间内集中发生大批同一种传染病病畜所进行的调查。流行时，由于病畜数量较多、疫情紧急，兽医接到疫情报告后，应尽快赶赴现场，及时进行调查。调查一般按如下两个步骤进行。

1）初步调查：

了解疫情：着重了解本次流行开始发生的日期和逐日发病情况，最先从哪些单位或哪种动物中发生的；哪些单位和动物发病最多，哪些单位和动物发病最少，哪些单位和动物没有发病；对比发病与未发病的单位和动物在近期内使役和饲养卫生管理情况等方面有何不同；已经采取的防疫措施；当地居民有无类似疫病发生，等等。

作出初步诊断：根据了解到的情况及在现场对病畜的检查，作出初步诊断，推测流行原因，判断疫情发展趋势。

提出初步防疫措施：根据本次流行的可能原因及流行趋势，结合传播途径特点，有针对性地提出初步防疫措施。

2）深入调查：

病例调查：对已发生的病例作全部或抽样调查，并按事先设计的流行病学调查表进行登记。调查时应注意寻找最早的病畜及其传染源；查明误诊或漏诊的病例；对疑似传染源的病畜或带菌（毒）者，应多次进行病原学检查；根据实际发病数，了解发病顺序，调查各病例之间的相互传播关系，判断可能的传染源和传播途径。

计算各种发病率：根据发病日期绘制时间分布曲线；按患畜单位分布、畜群分布，分别计算发病率，并对比不同组别的发病率，找出相互之间的差异。推测流行（或暴发）的性质是接触传播，还是经污染的饲料、饮水或其他方式传播；是由于一次污染引起，还是长期污染的结果。

流行因素调查：根据不同的病种及特征，有重点地对流行的有关因素进行详细调查。如可疑为经水或经饲料传播时，则可对水源或饲料作重点调查，从而可以判断流行（或暴发）的原因。

制定进一步的防疫措施：针对流行（或暴发）的原因，采取综合性防疫措施，尽快控制疫情。如果调查分析正确，措施落实后，发病应得到控制，经过该病一个最长潜伏期没有新病例发生。反之，疫情可能继续发展。因此，疫情能否被控制，是验证调查分析是否正确的标志。在整个调查过程中，必须与防疫措施结合进行，不能只顾调查不采取措施。

（3）专题调查 在流行病学调查中，有时为了阐明某一个流行病学专题，需要进行深入的调查，以作出明确的结论。如常见病、多发病和自然疫源性疾病的调查、某病带菌率的调查、血清学调查，等等，均属于专题调查。近来越来越广泛地将流行病学调查的方法应用于一些病因未明的非传染病的病因研究，这类调查具有更为明显的科学研究的性质，因此事先要有严密的科研设计。所用的调查方法有回顾性调查与前瞻性调查两种。

回顾性调查：也叫病史调查或病例对照调查，是在病例发生之后进行的调查。个例调查及流行（或暴发）调查均属于回顾性调查。在做对照调查时，首先要确定病例组与对照组（非病例组），在两组中回顾某些因素与发病有无联系，如发生霉玉米中毒时，调查发病的与未发病的有无吃过霉玉米饲料，进行比较，以推测霉玉米与发病的联系。作为对照组，条件必须与病例组相同。回顾性调查不能直接估计某因素与某病的因果关系，只能提供线索。因此，回顾性调查的作用只是"从果推因"。

前瞻性调查：在疫病未发生之前，为了研究某因素是否与某病的发生（或死亡）有联系，可先将畜群划分为两组：一组为暴露于某因素组，另一组为非暴露于某因素组。然后在一定时期内跟踪观察两组某病的发病率和死亡率，并进行比较。前瞻性调查是"从因到果"，它可以直接估计某因素与某病的关系。预防接种或某项防疫措施的效果观察也属于前瞻性调查。

2. 流行病学调查的方法 调查前，工作人员必须熟悉所要调查的疫病的临床症状和流行病学特征以及预防措施，明确调查的目的，根据调查目的决定调查方法、拟订调查计划，根据计划要求设计合理的调查表。调查的方法与步骤如下。

（1）询问座谈 询问是流行病学调查的一种最简单而又基本的方法，必要时可组织座谈。调查对象主要是畜主。调查结果按照统一的规定和要求记录在调查表上。询问时要耐心细致，态度亲切，边提问边分析，但不要按主观意图作暗示性提问，力求使调查的结果客观真实。询问时要着重问清：疫病从何处传来？怎样传来？病畜是否有可能传染给了其他健畜？

（2）查看现场 就是对病畜周围环境进行实地调查。了解病畜发病当时周围环境的卫生状况，以便分析发病原因和传播方式。查看的内容应根据不同传染病的传播途径特点来确定。当调查肠道传染病时，应着重查看畜舍、水源、饲料等场所的卫生状况，以及防蝇灭蝇措施等；调查呼吸道传染病时，应着重查看畜舍的卫生条件及接触的密切程度（是否拥挤）；调查虫媒传染病时，应着重查看媒介昆虫的种类、密度、孳生场所以及防虫灭虫措施，等等，并分析这些因素对发病的影响。

（3）进行必要的实验室检查 调查中为了查明可疑的传染源和传播途径，确定病畜周围环境的污染情况及接触畜禽的感染情况等，有条件时可对有关标本作细菌培养、病毒分离及血清学检查等。

（4）收集有关流行病学资料 包括以下几方面的资料：①本地区、本单位历年或近几年本病的逐年、逐月发病率；②疫情报告表、门诊登记以及过去防治经验总结等；③本单位周围的畜禽发病情况、卫生习惯、环境卫生状况等；④当地的地理、气候及医学动物、昆虫等。

（5）确定调查范围

普查：即某地区或某单位发生疫病流行时，对其畜群（包括病畜及健康动物）普遍进行调查。如果流行范围不大，普查是较为理想的方法，获得资料比较全面。

抽样调查：即从畜群中抽取部分家畜进行调查。通过对部分家畜的调查了解某病在全群中的发病情况，以少窥多，以部分估计总体。此法节省人力和时间，运用合适，可以得出较准确的结果。抽样调查的原则是：一要保证样本足够大；二是保证样本的代表性，使每个对象都具有同等被抽到的机会，不带任何主观选择性，这样才能使样本具有充分的代表性。其方法是用随机抽样法。最简单的随机抽样法就是抽签或将全体畜群按顺序编号，或抽双数或抽单数，或每隔一定数字抽取一个等方法。若为了了解疫病在各种畜群中的发病特点，可用分层抽样，即将全群畜禽按不同的标志，如年龄、性别、使役或放牧等分成不同的组别，再在各组畜禽中进行随机抽样。分层抽样调查所获得的结果比较正确，可以相互比较研究各组发病率差异的原因。

（6）拟定流行病学调查表 流行病学调查表是进行流行病学分析的原始资料，必须有统一的格式及内容。表格的项目应根据调查的目的和传染病种类而定。要有重点，不宜繁琐，但必要的内容不可遗漏。项目的内容要明确具体，不致因调查者理解不同造成记录混乱而无法归类整理。流行病学调查表通常包括以下内容：①一般项目：单位、年龄、性别、使役或放牧、引入时间等；②发病日期、症状、剖检变化、化验、诊断等；③既往病史和预防接种史；④传染源及传播途径；⑤接触者及其他可能受感染者（包括人在内）；⑥疫源地卫生状况；⑦已采取的防疫措施。

（二）流行病学分析

1. 整理资料 首先将调查所获得的资料检查一遍，看是否完整、准确。若有遗漏项目尽可能予以补查。对一些没有价值的或错误的材料予以剔除，以保证分析结果不致出现偏差。然后根据所分析的目的，将资料按不同的性质进行分组，如畜群可按年龄、性别、使役或放牧、免疫情况等进行分组；时间可按日、周、旬、月、年进行分组；地区可按农区、牧区、多林山区、半农半牧区或单位分组。分组后，计算各组发病率，并制成统计表或统计图进行对比，综合分析。流行病学分析中常用的几种统计指标如下。

发病率：是表示畜群中在一定时期内某病的新病例发生的频率。发病率能较完全地反映出传染病的流行情况，但不能说明整个流行过程，因为常有许多家畜是隐性感染，而同时又是传染源，因此不仅需要统计病畜，而且还要统计隐性病畜（感染率）。

$$发病率（\%）=\frac{某期间某病新病例数}{某期间该畜群动物的平均数}\times100\%$$

感染率：是指用临床诊断和各种检验法（微生物学、血清学、变态反应等）检查出来的所有感染家畜头数（包括隐性病畜）占被检查的家畜总头数的百分比。

统计感染率能比较深入地反映出流行过程的情况，特别是在发生某些慢性传染病，如猪气喘病、结核病、布氏杆菌病、雏白痢、鼻疽等时，进行感染率的统计分析，具有重要的实践意义。

$$感染率（\%）=\frac{感染某传染病的家畜数}{检查总数}\times100\%$$

患病率（流行率、病例率）：是指在某一指定时间畜群中存在某病的病例数的比率，代表在指定时间畜群中疫病的数量上的一个侧面。

$$患病率（\%）=\frac{在某一指定时间畜群中存在的病例数}{在同一指定时间畜群中动物总数}\times100\%$$

死亡率：是指某病病死数占某种动物总数的百分比，它能表示该病在畜群中造成死亡的频率，而不能说明传染病发展的特征，仅在发生死亡头数很高的急性传染病时，才能反映出流行的动态。但当发生不易致死的传染病，如口蹄疫等，虽能大规模流行，而死亡率却很小，则不能表示出流行范围广的特征。因此，在传染病发展期间，除应统计死亡率外，还应统计所有发病的家畜（发病率）。

$$死亡率（\%）=\frac{因某病死亡数}{同时期某种动物总数}\times100\%$$

病死率（致死率）：病死率是指因某病死亡的家畜数占该病患畜总数的百分比。它能表示某病临床上的严重程度，因此比死亡率能更精确地反映出传染病的流行过程。

$$病死率（\%）=\frac{因某病致死数}{该病患畜总数}\times100\%$$

$$带菌率（\%）=\frac{携带某传染病病原体的动物数}{被调查动物总数}\times100\%$$

2. 分析资料

（1）分析的方法

综合分析：传染病的流行过程受着社会因素和自然因素多方面的影响，因此其过程的表现复杂多样。有必然现象，也有偶然现象；有真相，也有假象。所以分析时，应以调查的客观资料为依据，进行全面的综合分析，不能单凭个别现象就片面作出流行病学结论。

对比分析：是流行病学分析中常用的重要方法。即对比不同单位、不同时间、不同畜群等之间发病率的差别，找出差别的原因，从而找出流行的主要因素。

逐个排除：类似于临床上的鉴别诊断。即结合流行特征的分析，先提出引起流行的各种可能因素，再对其逐个深入调查与分析，即可得出结论。

（2）分析的内容

1）流行特征的分析

发病率的分析：发病率是流行强度的指标。通过对发病率的分析，可以了解流行水平、流行趋势，评价防疫措施的效果和明确防疫工作的重点。如从某农场近几年几种主要传染病的年度发病率的升降曲线进行分析，可以看出在当前几种传染病中，对农场畜群威胁最大的是哪一种，防疫工作的重点应放在哪里。又如分析某传染病历年发病率变动情况，可以看出该传染病发病趋势，是继续上升，还是趋于下降或稳定状态，以此判断历年所采取的防疫措施的效果，有助于总结经验。

发病时间的分析：通常是将发病时间按小时或日、周、旬或月、季（年度分析时）为单位进行分组，排列在横坐标上，将发病数、发病率或百分比排列在纵坐标上，制成流行曲线图，以一目了然地看出流行的起始时间、升降趋势及流行强度，从中推测流行的原因。一般从以下几个方面进行分析：若短时间内突然有大批病畜发生，时间都集中在该病的潜伏期范围以内，说明所有病畜可能是在同一个时间内，由同一个共同因素所感染。对围绕感染日期进行调查，可以查明流行或暴发的原因。即使共同的传播因素已被消除，但相互接触传播仍可能存在。所以通常有流行的"拖尾"现象，而食物中毒则无，因病例之间不会相互传播。若一个共同因素（如饲料或水）隔一定时间发生两次污染，则发病曲线可出现两个高峰（双峰型），如钩端螺旋体病的流行，即出现两个高峰，这两个高峰与两次降雨时间是一致的，因大雨将含有钩端螺旋体的鼠（或猪）尿冲刷到雨水中，耕畜到稻田耕地而受到感染。若病畜陆续出现，发病时间不集中，流行持续时间较久，超过一个潜伏期，病畜之间有较为明显的相互传播关系，则通常不是由共同原因引起的，可能畜群在日常接触中传播，其发病曲线多呈不规则型。

发病地区分布的分析：将病畜按地区、单位、畜舍等分别进行统计，比较发病率的差别，并绘制点状分布图（图上可标出病畜发病日期）。根据分布的特点（集中或分散），分析发病与周围环境的关系。若病畜在图上呈散在性分布，找不到相互联系的关系，说明可能有多种传播因素同时存在；如果病畜呈集中分布，局限在一定范围内，说明该地区可能存在一个共同传播因素。

发病畜群分布的分析：按病畜的年龄、性别、役别、匹（头）数等，分析某病发病率，可以阐明该病的易感动物和主要患病对象，从而可以确定该病的主要防疫对象。同时结合病畜发病前的使役情况及饲养管理条件可以判断传播途径和流行因素。如某单位在一次钩端螺旋体病的流行中，发病的畜群均在 3 周前有下稻田使役的经历，而未下稻田的畜群中，无一动物发病，说明接触稻田疫水可能是传播途径。

2）流行因素的分析 将可疑的流行因素，如畜群的饲养管理、卫生条件、使役情况、气象因素（温度、湿度、雨量）、媒介昆虫的消长等，与病畜的发病曲线结合制成曲线图，进行综合分析，可提示两者之间的因果关系，找出流行的因素。

3）防疫效果的分析 防疫措施的效果，主要表现在发病率和流行规律的变化上。一般说，若措施有效，发病率应在采取措施后，经过一个潜伏期的时间就开始下降，或流行季节性的消失，流行高峰的削平。如果发病率在采取措施前已开始下降，或措施一开始发病立即下降，则不能说明这是措施的效果。

在评价防疫效果时，还要分析以下几点：①对传染源的措施，包括诊断的正确性与及时性、病畜隔离的早晚、继发病例的多少等；②对传播途径的措施，包括对疫源地消毒、杀虫的时间、方法和效果的评价；③对预防接种效果的分析，可对比接种组与未接种组的发病率，或测定接种前后体内抗体的水平（免疫监测）。

通过对防疫措施效果的分析，总结经验，可以找出薄弱环节，不断改进。

三、动物传染病防疫的基本内容

（一）传染病的诊断

1. 临床诊断　临床诊断是传染病诊断中最基本、最简便易行的方法，也是疫病诊断的起点和基础。对某些具有特征性症状的典型病例，通过临床诊断一般可以确诊。但应当指出，临床诊断具有一定的局限性，如对发病初期特征性症状尚不明显的病例和非典型病例，则临床诊断难以确诊，只能提出可疑疫病的大致范围，必须配合其他方法进行诊断。在临床诊断时，要收集发病动物群表现的所有症状，进行综合分析判断，不能单凭少数病例的症状轻易下结论，并要注意与类症鉴别。

2. 流行病学诊断　流行病学诊断与临床诊断是密切相关的，经常把二者联系在一起，称为流行病学及临床诊断。流行病学诊断一般是在临床诊断过程中进行的。由于疫病不同，流行病学诊断的重点也不一样。一般要调查以下几个问题：

（1）了解疫病流行概况　最初发病的时间、地点，传播蔓延情况，目前疫情分布；疫区内各种动物的数量和分布情况，发病动物的种类、数量、年龄、性别；查明其发病率、死亡率和病死率；初步分析判断其流行趋势和表现形式（散发、地方流行性、流行性或暴发）。

（2）调查传染源 本地过去是否发生过类似疫病，是否经过确诊，流行情况如何，有无资料存档，采取过何种防制措施，效果如何。如本地未发生类似疫情，邻近地区曾否发生过，是否经过确诊。在这次发病前，曾否由外地引进动物、动物产品或饲料，引入地有无类似的疫病存在。

（3）调查传播途径和方式 本地动物的饲养管理、使役和放牧情况，饲料、饲草的自给和由外地购入情况，动物流动、调拨、收购及兽医卫生防疫情况，运输检疫、市场检疫和屠宰检验的情况，急宰、死亡动物处理情况，该地区的地理、地形、河流、水源、气候、雨量、交通、植被和野生动物、节肢动物等的分布和活动情况，以及与本次疫病的发生和传播蔓延有无关系，有哪些助长疫病传播蔓延的因素和控制疫病蔓延的经验。

3. 病理学诊断 很多疫病都有程度不同的特殊病理变化，所以病理学诊断有很大价值。尸体剖检必须在死后立即进行，夏季以不超过 5～6 小时，冬季以不超过 24 小时为宜。

4. 病原学诊断 病原学诊断是传染病最重要的诊断方法之一。在进行病原学诊断时，首先要特别注意正确地进行病料的采取、包装及送检，否则会直接影响检查结果的正确性。病料采取要注意无菌操作，防止杂菌污染。病料力求新鲜，尽量在濒死期或死亡后立即采取。根据流行病学、临床及剖检的不完整资料而怀疑的疫病，应按其特性采取含病原体多、病变较明显的脏器或组织。对缺乏流行病学、临床资料，剖检又无明显病变，难以提出怀疑病种时，应按败血症疫病，较全面地采取肝、脾、肾、肺、血液、脑及淋巴结等。此外，最好在发病动物群中多采几例患病动物的病料做检验。常用的病原学诊断方法如下。

（1）细菌学检查法

病料涂片镜检：通常选择有明显病变的不同器官和部位做涂片，固定，染色，镜检。此方法对某些形态上具有特征的病原体，如炭疽杆菌、巴氏杆菌、流行性淋巴管炎囊球菌、钩端螺旋体等可以及时作出诊断，但对大多数疫病，只能提供进一步检查的依据、线索或鉴别诊断时参考。

分离培养和鉴定：是用培养基采取人工培养的方法从病料中将病原体分离出来，并用规定的方法进行鉴定。分离细菌常用普通琼脂培养基、血液或血清琼脂。为了抑制分离菌以外的其他细菌发育，在培养基内加入色素、抗生素或药物；分离真菌常用沙保劳氏培养基；分离钩端螺旋体用柯氏液体培养基；分离猪痢疾密螺旋体用血清胰酶消化大豆汤（或琼脂）或胰酶消化大豆汤鲜血琼脂等。分离出的病原体要根据其形态特征、培养特性和生化特性等进行鉴定。

动物接种试验：一般选用对该传染病病原体最敏感的动物进行。如诊断炭疽选用豚鼠或小鼠；巴氏杆菌病选用小鼠及家兔等。依据接种动物的症状、病理变化特点，由死亡动物采取病料进行涂片、染色、镜检，以及进行分离培养鉴定等，以求进一步确诊。

（2）病毒学检查法　有条件的实验室应先将送检的病料进行电子显微镜检查，初步提出有无病毒存在，属于哪一科的病毒，从而为病毒分离培养提供根据或线索。动物病毒性传染病在分离培养病毒时常用的细胞和实验动物见表1-1。

电子显微镜技术：电子显微镜（电镜），比光学显微镜具有更高的分辨率和放大倍数，它是以电子束为光源，以电磁场为透镜的一种高精密度的、大型的超微观世界的显示器，它是现代病毒学和病毒病研究中不可缺少的有力武器。

为了有效地观察样品，必须将样品加工处理，才能更好地观察。根据观察的目的和要求不同产生了许多制样技术，常用的方法有以下几种。

1) 超薄切片　将动物组织或培养细胞样品在离体后 1 分钟内放入 2.5％～5％戊二醛液中预固定 30 分钟及 1％四氧化锇（OsO_4）后固定 30 分钟，经缓冲液冲洗后，用逐级浓度的乙醇或丙酮脱水，环氧树脂浸透和聚合包埋，修整包埋块，用超薄切片机切片，通常切成 50～70 纳米厚的切片，打捞在载有 Formvar 膜的铜网上，醋酸铀和硝酸铅双重染色，使其获得足够的反差，进行电镜观察。一般包埋方法，需时较长，甚至长达 1 周左右，李成等曾研究出适于口岸动物检疫和临床快速诊断病毒病的快速包埋方法。该法具体操作步骤：①固定：4％戊二醛固定 10 分钟，0.2M 磷酸盐缓冲液（PBS）pH 7.4 冲洗数次，1％OsO_4 固定 10 分钟，PBS 冲洗 1 次；②脱水：70％、90％、100％丙酮各需 5 分钟，内含无水硫酸钠的 100％丙酮换 2 次；③浸透：1 份 100％丙酮加 1 份包埋剂（Epon 812 6.5 毫升、DDSA 4.0 毫升、MNA 3.75 毫升、DMP‑30 按全量的 2％加入国产环氧树脂 6 181.0 毫升、DDSA 1.0 毫升、DMP‑30 按全量的 2％加入）在 37℃温箱中浸透 10 分钟，纯包埋剂浸透 10 分钟；④聚合包埋：将样品用牙签挑入胶囊或模具的底部，然后灌注包埋剂适量，置于 95℃烤箱中，经 1 小时聚合，待冷却后切片。

2) 负染色　也叫阴性反差染色法。负染技术是利用重金属元素比生物材料中的轻元素散射电子能力强的原理，将重金属盐（常用磷钨酸）溶液与病毒悬液混合，重金属盐类即沉积在样品四周，使样品周围有很强的散射电子的能力，在电镜照片上呈黑色；样品本身则呈浅色。这样，样品可以容易辨认出来。由于这种染色效果是在深色背景上呈现浅色样品，故称负染色。该法优点：①操作简单，用样品量少；②制样快，一般从滴样到观察只需几分钟，可以随做随观察；③能较好地保存生物结构；④反差强。常用方法有一滴法、两滴法和喷射法。一滴法是将病毒悬液与染液等体积混匀，用吸管吸取混合液滴在带膜的铜网上，静置片刻后，用滤纸除去多余液体，在空气中自然干燥后立即观察，这个方法要求样品与染液必须等渗，否则会改变或破坏样品结构；两滴法操作原则上与一滴法相同，只是样品悬液与染液不要事先混合。方法是先在载网上滴一滴样品，稍待片刻用滤纸除去多余液体，待样品将干而未完全干燥时加一滴染液，染色 1 分钟左右，再用滤纸除去多余染液，在室温自然干燥后，立刻镜检；喷射法所用装置较复杂，效果也不比前两种方法好，所以较少采用。

3）离子交换捕捉技术　该技术是一种纯化病毒技术。常用于从粪便样品中纯化病毒。该技术原理至今不太明了，一般认为通过磷酸氢钙（$CaHPO_4$）的静电引力将悬浮样品中的蛋白颗粒吸附下来，再用溶解剂 EDTA（乙二胺四乙酸二钠）将 $CaHPO_4$ 溶解，使蛋白颗粒游离下来。其具体方法为：①试剂的制备：$CaHPO_4$ 的制备：将 0.3 摩尔/升氯化钙（11.1 克 $CaCl_2 \cdot H_2O$ 溶解在 200 毫升蒸馏水中）和 0.3 摩尔/升磷酸氢二钠（$14.2Na_2HPO_4$ 溶解在 200 毫升蒸馏水中），以相同流速（120 滴/分钟）分别从两个各自的容器中流入一个盛有 100 毫升蒸馏水的烧杯里，同时用磁力搅拌器搅拌。将粗制的 $CaHPO_4$（呈絮状沉淀）再反复 4 次蒸馏水悬浮和沉淀，最后将沉淀的 $CaHPO_4$ 用 0.15 摩尔/升 PBS pH 7.2 悬浮，保存于 4℃冰箱中待用；乙二胺四乙酸二钠（EDTA）饱和液配制：将 9.8 克 ED-TA 加到 100 毫升蒸馏水中，强烈振荡，溶解后，调 pH 到 7.2，置于 4℃冰箱中备用。②粪样处理。将采自腹泻动物粪便，制成 10%～20%悬液，以 1 000 转/分，离心 10 分钟，取其上清液约 1 毫升，加 $CaHPO_4$ 2 滴，充分搅匀，以同样速率离心，弃上清，取沉淀再加 2 滴 EDTA 饱和液，使 $CaHPO_4$ 溶解。③负染色。将处理后的粪便滴附在碳-福尔马膜上，用 2%磷钨酸（PTA）负染，电镜观察。此法制备样品的纯度相当于超速离心法所制备的样品，电镜下观察，图像背景清晰，杂质少，病毒数量也增多。适用于临床上检测各类病毒而进行快速诊断病毒病。

4）免疫电镜技术　该技术是把免疫化学技术与电镜技术有机地结合起来，使之兼有两方面特性，研究抗原抗体相互作用的一种方法。抗原抗体之间相互作用是免疫化学反应的基础，它具有较高的特异性，而电镜技术为从超微结构水平或分子水平上研究免疫作用提供了良好条件。

Singer（1959）首先提出了用电子散射力强的物质铁蛋白标记抗体的方法。铁蛋白能够和抗体（免疫球蛋白）稳定结合，并且不会使抗体失去其免疫特性，所形成的铁蛋白-抗体复合物具有足够的电子散射力，在电镜下很容易识别，但铁蛋白分子量很大（750 000），形成的铁蛋白-抗体复合物分子量至少要在800 000以上，增加了其穿入组织或细胞的困难，为了解决这一困难，应用冷冻超薄切片等方法克服，但这会使组织或细胞的完整性受到影响，因而它的运用受到了一定的限制。目前，免疫电镜主要包括两个方面：①抗原-抗体直接作用的电镜观察，其中包括液相和固相免疫电镜技术；②标记的抗体或抗原与相应的抗原或抗体相作用的免疫电镜，其中包括铁蛋白、过氧化物酶、胶体金标记等。

5）液相免疫电镜　即常规的抗原-抗体免疫复合物法，就是抗原和相应的抗体特异性结合，形成大分子复合物或聚合物，易于沉淀，便于电镜观察。此法最常用，简便易行。通常将一定量抗原（0.1～0.25毫升）与等量稀释后的抗体混合，37℃作用1小时，高速离心，取其沉淀物，经少许缓冲液悬浮，负染后，即刻观察。本法中值得注意的是：①抗原与抗体的合适比例是关键，因为抗原或抗体过量或不足都不易形成理想的便于观察的大块复合物。为此，常用琼脂扩散试验，预先找出抗原抗体合适比例；②高速离心可用琼脂扩散滤过法代替。其方法如下：将滤纸叠成4～6层，一般为半个载玻片大小，用书钉钉在一起，浸泡于饱和聚乙二醇（30克聚乙二醇溶于100毫升水中）内约数分钟，取出后，置干燥器内防潮备用；制备 1‰琼脂糖板，以 pH 7.2 巴比妥缓冲液或生理盐水加热溶化，取约 1.5 毫升铺于普通玻片上，冷凝后置于潮湿盒内并放在 4℃冰箱中备用；以刀片切取小块琼脂糖板，铺于聚乙二醇滤纸垫上，取小滴抗原抗体复合物滴附在琼脂糖板上，当复合物液相还未被全部吸收完时，用带膜铜网，膜面朝下浮于复合物液滴上，取下铜网，经负染后电镜观察。此法快速，敏感度高，常用于快速诊断病毒病。

6）固相免疫电镜技术　该技术是把抗体固定在固相载体上，在悬浮样品中捕捉相应的抗原（病毒粒子），便于在电镜下观察和鉴定。此法优点在于图像背景比较清晰，无非特异性杂质，病毒粒子容易被发现。尤其近年来，将金黄色葡萄球菌 A 蛋白（SPA）应用在该技术上，克服了抗血清（抗体）直接铺盖铜网膜的缺点，即使效价低的抗血清也会获得较满意的结果。常用两种方法：①直接利用金黄色葡萄球菌作固相载体，因为 SPA 是该菌细胞壁上固有成分，将该菌加热处理后，使其细胞壁上的 SPA 充分暴露出来，而 SPA 具有吸附某些动物血清中 IgG 的特性。其中，以 IgG 分子同 SPA 的反应最强；人、豚鼠、小鼠、狗、猴、水貂等与 SPA 的反应也较强；一般认为马、牛、羊、鸡等动物的 IgG 分子同 SPA 不能反应。根据该特性，可将葡萄球菌包被一层特异性抗体，在悬浮的样品中，它就像滚雪球似的，黏附着一层相应的抗原（病毒粒子），即或含毒量低的样品，通过此法检查也较容易找到病毒粒子。②利用电镜铜网膜作为固相载体，通过 SPA 将特异性抗体固定在铜网膜上，SPA 的浓度为 0.1～0.5 毫克/毫升为宜。具体方法：将稀释后的 1 滴 SPA 滴附在蜡盘上，把铜网膜面向下浮于液滴上；用滤纸吸去多余的 SPA；将 1 滴稀释的抗血清滴附在蜡盘上，再将附有 SPA 的铜网膜面向下浮于抗血清液滴上；用蒸馏水以液滴漂浮法洗 5 次；将悬浮被检样品滴附在蜡盘上，再将吸附抗血清的铜网膜面向下浮于被检样品液滴上，置 37℃温箱中作用 30 分钟，以漂浮法分别在 PBS 液滴上洗 5 次，在蒸馏水液滴上洗 2 次；负染色和电镜观察。

7) 免疫酶电镜技术 该技术是借助酶具有的催化作用，以其作为"标志"对抗原抗体进行超微结构定位。由于酶具有许多独特的性质，使它在诸多方法中具有很强的竞争力。只要用很少量的酶就能使底物发生化学改变，因此，酶具有高度的灵敏性和放大本领。它的分子量相对而言较其他标记物低得多，使它具有较强的穿透性，更易对细胞内部的病毒进行鉴定。简单的鉴定方法是用已知的荧光抗体染色证明病毒抗原。一般常用已知的抗病毒血清做中和试验、补体结合试验、琼脂扩散试验和血凝抑制试验。有条件时，用电镜检查病毒粒子的结构等。必要时做病毒理化学性状检查。

表 1-1 动物病毒性传染病的病毒分离用细胞和实验动物

传染病类别	病原病毒	分离用病料	培养用细胞	实验动物
人兽共患病毒性传染病	狂犬病病毒	脑、唾液	猪肾、仓鼠肾、鸡胚	小鼠、仓鼠、豚鼠、家兔
	伪狂犬病病毒	脑、皮肤病变部、扁桃体	猪肾、PK15	家兔、小鼠、鸡胚
	日本乙型脑炎病毒	脑	鸡胚、仓鼠肾、猪肾、PK15、BHK21、Vero 细胞、Hela 细胞	小鼠、鸡胚
	口蹄疫病毒	水疱液、水疱皮	BHK21、犊牛甲状腺、犊牛肾、猪肾、PK15、IBRS2	乳鼠
猪病毒性传染病	猪瘟病毒	脾、淋巴结、扁桃体	猪肾、PK15	
	非洲猪瘟病毒	脾、肝、血液、淋巴结	猪白细胞、骨髓细胞、猪肾	鸡胚
	猪传染性脑脊髓炎病毒	病初血液、粪便、咽黏液	猪肾	
	猪血球凝集性脑脊髓炎病毒	脑桥、延脑	猪肾、猪甲状腺、PK15	

（续）

传染病 类别	病原病毒	分离用病料	培养用细胞	实验动物
猪病毒性 传染病	猪流感病毒	鼻咽分泌物、肺	猪肾、PK15	鸡胚、小鼠
	猪细小病毒病 病毒	流产或死产胎儿	猪肾、PK15	
	猪水疱病病毒	水疱液、痂皮	IBRS-2、PK15	
	猪痘病毒	水疱液、痘部组织	猪肾、猪睾丸	
	猪传染性胃肠炎 病毒	肠管黏膜、粪便	猪肾、PK15	
	猪流行性腹泻 病毒	肠管黏膜、粪便	胎猪肠上皮、Vero 细胞、CV-1细胞	
禽病毒性 传染病	鸡新城疫病毒	脾、肝、肾、肺、脑	鸡胚、鸡肾	鸡胚
	真性鸡瘟病毒	脾、肺、淋巴结、脑	鸡胚、鸡肾	鸡胚
	马立克氏病病毒	病变部、毛根部、 白细胞、肾	鸡肾、鸡胚、鸭胚	
	禽白血病病毒	肝、脾、骨髓	鸡胚	鸡胚
	传染性法氏囊 病毒	法氏囊、肾	鸡胚	鸡胚
	鸡传染性支气管 炎病毒	气管、肺	鸡胚、鸡肾	鸡胚
	鸡传染性喉气管 炎病毒	气管黏液	鸡胚、鸡肾	鸡胚
	鸡痘病毒	水疱液、痘部组织	鸡胚、鸡肾	鸡胚
	小鹅瘟病毒	脾、肝	鹅胚	鹅胚
	鸭瘟病毒	肝、脾、脑	鸭胚	鸭胚
牛、羊 病毒性 传染病	牛流行热病毒	发热初期血液	仓鼠肾、BHK21、 Vero细胞	乳鼠、乳仓鼠
	茨城病病毒	发热初期血液、脾、 淋巴结	牛肾	
	牛传染性鼻气管 炎病毒	鼻汁、咽黏液	牛睾丸、牛肾、猪 肾、Hela细胞	
	蓝舌病病毒	发热时血液、脾	BHK21、羊或牛肾	鸡胚、乳鼠
	牛黏膜病病毒	发热时血液、脾、 淋巴结	牛肾、牛睾丸	
	牛瘟病毒	脾、淋巴结、扁 桃体	牛白细胞、牛肾、 牛睾丸	

（续）

传染病类别	病原病毒	分离用病料	培养用细胞	实验动物
牛、羊病毒性传染病	牛溃疡性乳头炎病毒	乳头局部病变组织	牛肾、牛睾丸、猪肾、仓鼠肾、BHK21、Hela细胞	
	牛痘病毒	痘部组织、水疱液	牛肾、Hela细胞	鸡胚
	牛白血病病毒	淋巴结、血液中的淋巴细胞	1. 病牛淋巴结细胞和健羊胎脾细胞混合单层培养；2. 病牛淋巴结细胞和末梢血液的淋巴细胞悬浮培养	
马病毒性传染病	马传染性贫血病毒	发热时血液、脾	马白细胞、驴胎皮肤细胞、驴胎骨髓细胞、驴白细胞	
	马流感病毒	鼻汁、咽黏液	猴肾、牛肾、猪肾、仓鼠肾、鸡胚、Vero细胞	鸡胚
	马鼻肺炎病毒	鼻汁、流产胎儿肺、脾、肝	牛肾、马肾、鸡胚	
	非洲马瘟病毒	发热时血液、脾	马肾、绵羊羔肾、仓鼠肾、BHK21、鸡胚肾、Vero细胞	鸡胚、乳鼠
犬、猫病毒性传染病	犬瘟热病毒	脾、血液、脑	犬肾、鸡胚	雪貂、鸡胚
	犬传染性肝炎病毒	肝、肾、肠系膜淋巴结、扁桃体	犬肾、犬睾丸	
	犬细小病毒病病毒	粪便、肠系膜淋巴结	犬肾、猫胎肾	
	猫泛白细胞减少症病毒	粪便、肠系膜淋巴结、脾	仔猫肾、肺或睾丸等	

5. 血清学诊断　血清学诊断是利用抗原和抗体特异性结合的免疫学反应进行诊断的一种常用的特异诊断方法。可以用已知抗原来检测被检动物血清中的特异抗体，也可以用已知的抗体（免疫血清）来检测被检材料中的抗原。血清学诊断广泛用于传染病的诊断、疫情监测和免疫监测。

血清学反应很多，常用的有环状沉淀试验、琼脂扩散试验、免疫电泳、对流免疫电泳、凝集试验、间接血凝试验、反向间接乳胶凝集试验、协同凝集试验、病毒血凝抑制试验、凝集溶解试验、补体结合试验、免疫荧光法、酶联免疫吸附试验、放射免疫检查法、中和试验以及免疫电镜检查法等。

6. 变态反应诊断 态变反应诊断具有特异性强、敏感性高、操作简便的优点，因此是动物传染病诊断中常用的一种方法。主要用于慢性传染病的诊断，如结核病、副结核病、鼻疽、布氏杆菌病、流行性淋巴管炎、牛肝片吸虫病、弓形虫病、犬丝虫病等。

（二）传染病的治疗

对动物传染病进行治疗，主要是为了消除传染源，防止疫病扩散；也是为了挽救病畜，减少经济损失。对各种传染病的治疗方法虽经过长期的研究改进，但进展不大，目前仍有很多疫病尚无有效疗法。对于一般性传染病的患病动物，有治疗方法和治疗价值时，可以隔离治疗，但应设专人护理，注意消毒和粪便发酵处理，严防扩散传染。对危害严重的疫病，或无治疗办法、无治疗价值的疫病，或当地新发现的疫病，应将患病动物淘汰处理，以防蔓延扩散。

（三）检疫

检疫就是运用传染病的各种诊断方法，对动物及其产品进行疫病检查。基层兽医应按国家或地方规定的检疫范围和病种，履行职责，并采取有效措施预防疫病的发生和流行。通过在动物生产、交易、收购、运输、进出口及屠宰过程中的检疫，检出各种患病和隐性感染动物及其产品，以便及时采取有效的措施，防止疫病的发生和传播。因此，检疫是疫病防制的一个重要环节，并直接关系到畜牧业的发展、对外贸易的信誉以及人民健康等，应当特别加以重视。

1. 检疫的范围 按照检疫性质、类别的不同，检疫的范围可分为以下五个方面。

（1）产性检疫 包括规模养殖场的动物或个人饲养的动物等。

（2）赏性检疫 包括动物园饲养的观赏动物、文艺团体的演艺动物等。

（3）易性检疫 包括国家进出口的动物、市场交易的动物及其产品等。

（4）贸易性检疫 包括国际邮包、展品、交换、援助、赠送的以及旅客携带的动物及其产品等。

（5）境检疫 包括通过国境的列车、飞机、车船运载的动物及其产品等。还应包括邻国驱赶过境的动物等。

实施检疫的动物包括各种动物；动物产品包括生毛类、生皮张、生肉、蛋、兽骨、蹄角、鱼粉、蜂蜜等；运载工具包括运输动物及其产品的车船、飞机、包装及铺垫材料、饲养管理用具和饲料等。

2. 检疫的种类

（1）定期检疫 是指在一定期间、一定范围对家畜（禽）饲养场（户）的动物进行的检疫。检疫的病种和时间可根据当地疫病流行情况而定。目前我国定期检疫的疫病主要有马鼻疽、马传染性贫血、牛结核、副结核病、布氏杆菌病、牛肺疫、鸡白痢等。

（2）产地检疫 是指在畜禽生产地区对出售、收购和运出的畜禽或其产品进行的检疫，并要出具检疫证明。这是保证运出的商品动物及其产品的安全无疫病和防止疫病扩散到安全地区的重要措施。产地检疫在地区的疫病防制上具有重要意义。

（3）集市检疫 是指动物交易市场和农贸市场的检疫，是防止动物由于大量集中和流动引起疫病扩散的重要措施。凡上市的动物必须携带乡（镇）以上畜牧兽医防疫检疫机构出具的检疫证明、非疫区证明和预防注射证明，并接受市场检疫人员的检查验证。凡无以上证明或物证不符者，在进行补检或补注疫（菌）苗后，才能进行交易。禁止病畜（禽）及危害人畜健康的肉食品上市。在检疫中发现畜病时，要进行隔离、消毒、治疗或扑杀处理，并报县、市畜牧兽医防疫机构。

（4）运输检疫　是指对运输的动物及其产品，在启运站、中转站和到达地点进行的检疫，以防止通过运输传播疫病。首先在启运地应检验待运动物及其产品的产地检疫证明书；在中转站和到达地应检验运输检疫证明书，并核对运输的品种、数量。发现不符时，应了解动物来源及产地有无疫情；动物经过何种预防接种或检疫；在产地购买、集中、运出过程中的饲养管理情况，有无发病、死亡；从产地运出时间、运出方法、沿途有无疫情等。其次，对成批运输的动物，从启运地至到达地，都应先进行群检。根据群检的结果，将可疑患病动物剔出进行系统的个体检查，对死因不明的动物进行尸体解剖检查，发现传染病时，对患病动物及其尸体，应就地进行严格处理，对装运动物的车辆、船只要彻底清洗消毒，并报告当地兽医防疫机构，在其监督下按国家有关规定进行妥善处理。

（5）国境口岸检疫　是指我国在国境各重要口岸设立的动物检疫机构，对进出国境口岸的动物及其产品进行的检疫。国境口岸检疫，既要防止国外动物疫病的传入，也不准将国内疫病传到国外。根据口岸检疫的性质不同，分述如下。

1）进出口检疫　是指国际贸易时，对动物及其产品进出国境口岸进行的检疫。对动物及其产品进行检疫未发现检疫对象（疫病）时，才能准许进入或输出。如发现输入的动物及其产品有检疫对象（疫病），则应根据疫病的性质进行处理。如为一般性疫病，可将病畜及可疑病畜退回，或扑杀就地烧毁或深埋，或进行治疗和消毒处理，将同群动物在指定地点隔离观察；如发现患有严重疫病的动物，应全群退回或全群扑杀并销毁尸体，动物产品进行消毒或退回、销毁，必要时可封锁国境线交通。根据我国的规定，凡从国外输入动物及其产品时，必须在签订合同前，向对方提出检疫要求。运到国境时，由国家兽医检疫机关按规定进行检疫，合格的方准输入。对输出的动物及其产品，也应由检疫机关按规定进行检疫，合格的发给"检疫证明书"方准输出。

2）旅客携带动物检疫 是指对进入国境的旅客、交通员工携带的或托运的动物及其产品进行的现场检疫。未发现检疫对象（疫病）的可以放行。发现有检疫对象的，不准入境或经消毒处理后放行；无有效方法处理的疫病，应予销毁；在现场不能得出检疫结果时，可出具凭单截留检疫，并将处理结果通知货主。出境携带的动物及其产品，可根据具体情况进行检疫和出具证明。

3）国际邮包检疫 是指对邮寄入境的动物产品的检疫。如发现检疫对象（疫病）时，进行消毒处理或销毁，并分别通知邮局和收寄人。

4）过境检疫 是指对载有动物的列车等通过我国国境时，对动物及其产品进行的检疫。如发现检疫对象（疫病）时，应全群退回或进行消毒处理后放行；无有效方法处理的应予销毁。

3. 检疫的对象 根据《中华人民共和国动物防疫法》第十条规定，公布的一、二、三类动物疫病（中华人民共和国农业部公告第96号令）列为检疫对象。

目前我国规定在国内进行防疫、检疫的疫病分三类共116种。

（1）第一类动物疫病 口蹄疫、猪水疱病、猪瘟、非洲猪瘟、非洲马瘟、牛瘟、牛传染性胸膜肺炎、牛海绵状脑病、痒病、蓝舌病、小反刍兽疫、绵羊痘和山羊痘、禽流行性感冒（高致病性禽流感）、鸡新城疫。

（2）第二类动物疫病 多种动物共患病：伪狂犬病、狂犬病、炭疽、魏氏梭菌病、副结核病、布氏杆菌病、弓形虫病、棘球蚴病、钩端螺旋体病。

牛病：牛传染性鼻气管炎、牛恶性卡他热、牛白血病、牛出血性败血病、牛结核病、牛焦虫病、牛锥虫病、日本血吸虫病。

绵羊和山羊病：山羊关节炎脑炎、梅迪—维斯纳病。

猪病：猪乙型脑炎、猪细小病毒病、猪繁殖与呼吸综合征、猪丹毒、猪肺疫、猪链球菌病、猪传染性萎缩性鼻炎、猪支原体肺炎、旋毛虫病、猪囊尾蚴病。

马病：马传染性贫血、马流行性淋巴管炎、马鼻疽、巴贝斯焦虫病、伊氏锥虫病。

禽病：鸡传染性喉气管炎、鸡传染性支气管炎、鸡传染性法氏囊病、鸡马立克氏病、鸡产蛋下降综合征、禽白血病、禽痘、鸭瘟、鸭病毒性肝炎、小鹅瘟、禽霍乱、鸡白痢、鸡败血支原体感染、鸡球虫病。

兔病：兔病毒性出血病、兔黏液瘤病、野兔热、兔球虫病。

水生动物：病毒性出血性败血病、鲤春病毒血症、对虾杆状病毒病。

蜜蜂病：美洲幼虫腐臭病、欧洲幼虫腐臭病、蜜蜂孢子虫病、蜜蜂螨病、大蜂螨病、白垩病。

（3）第三类动物疫病　多种动物共患病：黑腿病、李氏杆菌病、类鼻疽、放线菌病、肝片吸虫病、丝虫病。

牛病：牛流行热、牛病毒性腹泻/黏膜病、牛生殖器弯曲杆菌病、毛滴虫病、牛皮蝇蛆病。

绵羊和山羊病：肺腺瘤病、绵羊地方性流产、传染性脓疱皮炎、腐蹄病、传染性眼炎、肠毒血症、干酪性淋巴结炎、绵羊疥癣。

马病：马流行性感冒、马腺疫、马鼻腔肺炎、溃疡性淋巴管、马媾疫。

猪病：猪传染性胃肠炎、猪副伤寒、猪密螺旋体痢疾。

禽病：鸡病毒性关节炎、禽传染性脑脊髓炎、传染性鼻炎、禽结核病、禽伤寒。

鱼病：鱼传染性造血器官坏死、鱼鳃霉病。

其他动物病：水貂阿留申病、水貂病毒性肠炎、鹿茸真菌病、蚕型多角体病、蚕白僵病、犬瘟热、利什曼病。

4. 主要检疫对象 口蹄疫、炭疽、猪瘟、鸡新城疫、禽流行性感冒、布氏杆菌病、狂犬病、日本血吸虫病、马传染性贫血、牛肺疫、鸡马立克氏病、猪痢疾、犬和兔钩端螺旋体病、兔瘟、流行性乙型脑炎、奶牛结核病、棘球蚴病（包虫病）、鼠疫、羊痘、鼻疽、猪水疱病等。

5. 国际动物检疫对象 分为两类：A 类 10 种，B 类 79 种。

A 类：口蹄疫、水疱性口炎、猪水疱病、牛瘟、牛传染性胸膜肺炎、结节性疹、裂谷热、蓝舌病、绵羊痘和山羊痘、非洲马瘟、非洲猪瘟、猪瘟（古典猪瘟）、传染性脑脊髓炎、鸡瘟（A 型流感）、鸡新城疫。

B 类：共患疫病：炭疽、伪狂犬病、棘球蚴病（包虫病）、丝虫病、心水病、钩端螺旋体病、Q 热、狂犬病、副结核病。

牛疫病：边虫病、巴贝斯虫病、牛布氏杆菌病、牛生殖器弯曲杆菌病、牛结核病、囊尾蚴病、嗜皮菌病、牛地方性白血病、出血性败血症、牛传染性鼻气管炎、传染性脓疱性外阴阴道炎、泰勒氏梨浆虫病、毛滴虫病、锥虫病。

马疫病：马传染性子宫炎、马媾疫、马流行性感冒（A 型流感）、马焦虫病、马鼻肺炎、马鼻疽、马痘、马传染性动脉炎、马日本脑炎、马疥癣、沙门氏菌病、苏拉病、委内瑞拉马脑脊髓炎。

猪疫病：猪萎缩性鼻炎、囊尾蚴病、猪布氏杆菌病、猪传染性胃肠炎、旋毛虫病。

绵羊和山羊疫病：绵羊布氏杆菌病、山羊和绵羊布氏杆菌病（马尔他布氏杆菌病）、山羊关节炎－脑炎、传染性无乳症、山羊传染性胸膜肺炎、绵羊地方流行性流产、绵羊内罗毕病、肺腺瘤病、沙门氏菌病（绵羊流产沙门氏菌病）、痒病、梅迪－维斯纳病。

鱼疫病：鲑鳟病毒性出血性败血病、鲑鱼传染性胰脏坏死病、鲑鳟黏体虫病、鲤春病毒病。

啮齿动物疫病：兔黏液瘤病、野兔热。

禽疫病：鸡传染性支气管炎、鸡传染性喉气管炎、禽结核病、鸭病毒性肝炎、鸭病毒性肠炎、禽霍乱、禽痘、鸡伤寒（鸡沙门氏菌病）、传染性法氏囊病、马立克氏病、支原体（霉形体）肺炎（慢性呼吸道病）、鹦鹉热（鸟疫）、鸡白痢（雏鸡白痢沙门氏菌病）。

蜂疫病：蜂螨病、美洲蜂幼虫腐臭病、欧洲蜂幼虫腐臭病、蜂孢子虫病、囊状幼虫病。

其他疫病：利什曼原虫病。

（四）隔离

当动物群中发生传染病时，应及时采用临床检查、变态反应诊断，必要时用血清学试验等方法进行临时检疫。根据检疫结果，可将该动物群的动物分为患病动物、疑似感染动物和假定健康动物三类。对患病动物和疑似感染动物要分别进行隔离。

1. 患病动物 是指有典型临床症状或类似症状，或用其他诊断方法检查为阳性的动物。对检出的患病动物应立即送往隔离厩（舍）或偏僻地方进行隔离。如患病动物数量较多时，可隔离于动物舍内，而将少数疑似感染动物移出观察。对有治疗价值的患病动物，要及时治疗；对危害严重、缺乏有效治疗办法或无治疗价值的，应扑杀后深埋或销毁。对患病动物要设专人护理，禁止闲散人员出入隔离场所；饲养管理用具要专用，并经常消毒；粪便发酵处理，对人兽共患病还要注意个人防护。

2. 疑似感染动物 是指在发生某种传染病时，与患病动物同群或同舍，并共同使用饲养管理用具、水源等的动物。这些动物有可能处在潜伏期或有排菌（毒）危险，故应经消毒后转移隔离（应与患病动物分别隔离），限制活动范围，详细观察，及时分化。有条件时可进行紧急预防接种或药物预防。根据该种传染病潜伏期的长短，经一定时间观察不再发病后，可在动物体消毒后解除隔离。

3. 假定健康动物　是指与患病动物有过接触或患病动物邻近畜舍的动物。对假定健康动物应及时进行紧急预防接种，加强饲养管理和消毒等，以保护动物群的安全。如无疫（菌）苗，可根据具体情况划为小群或分散饲养，或转移到安全、偏僻地区。

（五）封锁

当暴发一类传染病或某些流行猛烈、危害性大的疫病时，应立即报告当地政府部门，划定疫区范围进行封锁，以保护广大地区动物群的安全和人的健康。封锁区的划分，必须根据该疫病的流行规律、当时的流行情况和当地的条件，经过充分研究讨论，按"早、快、严、小"的原则进行。"早"是早封锁，"快"是行动果断迅速，"严"是严密封锁，"小"是把疫区尽量控制在最小范围内。封锁是针对传染源、传播途径、易感动物群三个环节采取的措施，具体方法如下。

（1）在封锁区的四周边缘设立明显标志，指明绕道路线，设立监督岗哨，禁止易感动物通过封锁区。在必要的交通路口设立检疫消毒站，以便对必须通过的车辆、人员和动物进行消毒和检疫。封锁区的动物，未经兽医人员许可，不得随便调动。

（2）在封锁区内，对患病动物要严格隔离，进行治疗、急宰或扑杀，对被污染的饲料、用具、畜舍、垫草、饲养场地、粪便、道路、环境等进行严格消毒及杀虫、灭鼠工作；对病死动物尸体应深埋、销毁或化制；暂时停止动物集市交易和动物的集散活动；禁止由疫区输出易感动物及其产品和污染的饲料等；疫区的易感动物应及时进行紧急预防接种；在最后一头患病动物痊愈、急宰或扑杀后，经过该病的最长潜伏期，再无新病例发生时，经过全面的消毒后，可报请原封锁机关解除封锁。但应注意，有些病愈动物在一定时间内仍然带菌（毒），仍有传染性，因此应限制其活动范围，严禁将其运到安全区。

（3）对受威胁区（即疫区周围地区，其划分范围根据疫病性质、疫区周围的自然环境，如河流、山林、草场、交通道路等具体情况而定），应在划定后，对区内的易感动物及时进行预防接种，以建立免疫带；禁止本区内的易感动物出入封锁区，并禁饮由封锁区流出来的水；禁止从封锁区购买动物及其产品、饲料等。

（六）消毒、杀虫、灭鼠

1. 消毒 消毒是指消除或杀灭由传染源排到外界环境中的病原体。它是切断传播途径，防止传染病发生和蔓延的一项重要措施。

（1）消毒的种类

1）预防性消毒 是指尚未发生传染病时，结合平时饲养管理，对畜舍、用具、场地和饮水等进行的消毒。预防性消毒任务广泛，消毒对象多种多样，可根据具体情况进行。

2）疫源地消毒 是在发生传染病后，对目前存在或曾经存在传染源的疫源地进行的消毒，一般分为随时消毒和终末消毒。

随时消毒：是指在发生传染病后到解除封锁期间，疫源地内有传染源存在，为了及时消灭刚由传染源排出的病原体而进行的反复多次的消毒。消毒对象是患病动物及带菌（毒）动物的排泄物、分泌物以及被其污染的畜舍、用具、场地和物品等。

终末消毒：是指疫源地内的患病动物解除隔离、痊愈或死亡后，或者在疫区解除封锁时，为了消灭疫区内可能残存的病原体，而进行的一次全面彻底的大消毒。消毒对象是传染源污染和可能污染的所有畜舍、饲料、饮水、用具、场地及其他物品等。

（2）消毒的方法

1）机械性消除 主要是通过清扫、洗刷、通风、过滤等机械方法消除病原体。本法是一种普通而又常用的方法，但不能达到彻底消毒的目的，作为一种辅助方法，须与其他消毒措施配合进行。

2）物理消毒法

日光消毒法：是利用阳光光谱中的紫外线、热线及其他射线进行消毒的一种常用的方法。其中紫外线具有较强的杀菌能力，阳光的灼热和蒸发水分造成的干燥也有杀菌作用。本法对于牧场、草地、运动场、畜栏、饲养用具及环境等的消毒很有实际意义。但日光消毒受季节、时间、地势、天气等很多条件的影响，因此必须掌握时机，灵活运用，才能收到明显的效果。一般病毒和非芽孢性病原菌在直射阳光下照射几分钟至几小时即可被杀死；抵抗力强的细菌芽孢在强烈的日光下反复曝晒，也可使之毒力减弱或被杀灭。

热消毒法：

焚烧、烧灼、烘烤：是一种简单、易行、可靠的消毒方法。常在发生烈性传染病，如炭疽、气肿疽时，对病畜尸体及其污染的垫草、草料等进行焚烧，对厩舍墙壁、地面可用喷灯进行喷火消毒。金属制品可用火焰烧灼和烘烤进行消毒。

煮沸消毒：是日常最为常用的消毒方法。一般病原菌的繁殖型在 60～70℃经 30～60 分钟或 100℃沸水中 5 分钟内即可死亡。多数芽孢在煮沸 15～30 分钟内即可死亡，煮沸 1～2 小时可以消灭所有的病原体。常用于耐煮的金属器械、木质和玻璃器具、工作服等的消毒。在煮沸金属器械和玻璃器具时，可加 1%～2%苏打或 0.5%肥皂等碱性物质，以提高沸点，增强杀菌效果。塑料、皮革制品易变形，不能煮沸消毒。

热空气消毒：又称干热空气消毒，主要用于实验室玻璃器皿及金属用具的消毒，一般在干热灭菌器内进行。热空气消毒通常160℃保持1小时，才能达到消毒目的。

蒸气消毒：用相对湿度80%～100%的热空气消毒。其消毒效果好，与煮沸消毒相似。在农村可用蒸笼进行。在实验室主要利用高压蒸气消毒，通常在121℃维持30分钟，就可杀死细菌和芽孢。此外，病死动物化制站也利用高压蒸气消毒。

3）化学消毒法　是用化学药物杀灭病原体的方法，在防疫工作中最为常用。选用消毒药应考虑杀菌谱广，有效浓度低，作用快，效果好；对人畜无害；性质稳定，易溶于水，不易受有机物和其他理化因素影响；使用方便，价廉，易于推广；无味，无臭，不损坏被消毒物品；使用后残留少或副作用小等。

根据消毒药的化学成分可分为：①酚类消毒药，有石炭酸、来苏儿、克辽林、菌毒敌、农福等；②醛类消毒药，有甲醛溶液、戊二醛等；③碱类消毒药，有氢氧化钠、生石灰（氧化钙）、草木灰水等；④含氯消毒药，有漂白粉、次氯酸钙、次氯酸钠、三合二、二氯异氰尿酸钠、氯胺（氯亚明）等；⑤过氧化物消毒药，有过氧化氢、过氧乙酸、高锰酸钾、臭氧等；⑥杂环类气体消毒药，有环氧乙烷、环氧丙烷、乙型丙内酯等；⑦醇类消毒药，有乙醇、苯氧乙醇、三氯叔丁醇等；⑧季铵盐类消毒药，有新洁尔灭、洗必泰、杜米芬、消毒净等；⑨其他消毒药，有升汞、抗毒威、维尔康、百毒杀等。

最常用的化学消毒药有以下几种：

漂白粉（含氯石灰）：其主要成分为次氯酸钙。漂白粉的消毒作用与有效氯的含量有关。其有效氯含量一般为25%～35%（通常按25%计算用量）。漂白粉很不稳定，有效氯易散失，即使在密封干燥的容器中保存，放在阴凉通风处，每月仍要损失1%～3%的有效氯，故使用时必须做有效氯含量的测定。凡有效氯不到16%的，则不适于作消毒用。当有效氯含量在16%以上时，可按下列公式计算配制各种浓度漂白粉溶液所需要的漂白粉量。

$$漂白粉需要量 = \frac{25 \times 欲配漂白粉溶液浓度（\%）}{所用漂白粉含有效氯量（\%）}$$

漂白粉溶液不能长时间保存，要现用现配。5%漂白粉溶液可杀死一般性病原菌，10%～20%溶液可杀死细菌芽孢。常用浓度为1%～20%不等，也可用干粉撒布，一般用于畜舍、地面、粪便、车船、水井、污水等消毒。在发生炭疽时，常用10%～20%漂白粉溶液消毒。在消毒棉织物和金属物品时，勿使用过高浓度，作用时间不宜过长，消毒后迅速用水冲洗，因其能破坏棉织品的耐久性和腐蚀金属。使用时还应注意人畜的防护。

氢氧化钠（烧碱或火碱、苛性钠）：对细菌、病毒具有强大的杀灭力，并有腐蚀去垢的作用。常配成1%～2%的热溶液消毒被细菌、病毒污染的畜舍、地面和用具等。如在1%～2%热氢氧化钠溶液中加5%～10%食盐，可提高其对炭疽杆菌的杀菌力。一般对污染的畜舍、地面、场地、用具、车船等常用2%～4%氢氧化钠溶液消毒。氢氧化钠对金属物品有腐蚀作用，消毒完毕要用水冲洗；对皮肤、黏膜有刺激性，消毒畜舍时应先将动物赶出，消毒后隔半天用水冲洗饲槽、地面、墙壁后，方可让动物进舍。

碳酸钠（纯碱或食碱）：常用3%～5%热溶液洗刷用具、饲槽、地面、车船和浸泡衣物等，以达到去污和消毒的目的。

石灰乳：一般用生石灰（氧化钙）1份加水1份制成熟石灰（氢氧化钙或消石灰），然后再加水配成10%～20%的混悬液，即为石灰乳。石灰乳有较强的消毒作用，但不能杀灭细菌芽孢。石灰乳应现用现配，若石灰乳存放过久，吸收了空气中的二氧化碳，变成碳酸钙，则失去消毒作用。常用于消毒地面、粉刷墙壁和圈栏、消毒沟渠和粪尿等。直接将生石灰粉撒在干燥地面上，不但无消毒作用，反而会危害动物蹄部，使蹄部干燥开裂。

草木灰水：用新鲜干燥的草木灰10千克加水50千克，煮沸

20～30分钟（边煮边搅拌），去渣使用。一般用于消毒畜舍地面、场地等。各种草木灰中含不同量的苛性钾和碳酸钾，一般20％的草木灰水的消毒效果相当于1％氢氧化钠。

环氧乙烷：是一种高效广谱消毒药，有很高的化学活性和极强的穿透力，对各种微生物和芽孢具有很强的杀灭能力。可用于各种物品如皮、毛、衣物、医疗器械和仪器等消毒。环氧乙烷穿透力强，常用于包装的羊毛、兽毛、猪鬃、干皮张等的消毒，尤其是对杀灭混在血迹、油脂、泥土等内的芽孢效果好。本品对人畜有毒性，必须有一定的设备才能使用，还应避免明火，以免发生事故。

过氧乙酸（过醋酸）：我国市售消毒用过氧乙酸浓度为20％左右，能杀死细菌、真菌、芽孢和病毒。0.01％～0.5％溶液可在0.5～10分钟内杀死细菌的繁殖体，1％溶液可在5分钟左右杀死芽孢。实践中，常用0.2％溶液浸泡耐腐蚀的物品（塑料、陶瓷、玻璃用具）；用0.5％溶液喷洒畜舍地面、饲槽、墙壁、木质车船等；用5％溶液喷雾消毒密封较好的实验室、无菌室、加工车间等；也可用熏蒸法消毒密封较好的冷库等。过氧乙酸对橡胶、金属制品和棉织品有腐蚀作用，稀释后的溶液，在常温下只能保存2天，高浓度溶液可使皮肤、黏膜发生烧伤，使用时应特别注意。

福尔马林：为含38％甲醛的溶液。常用2％～4％水溶液喷洒畜舍地面、墙壁、饲槽、饲养管理和护理用具等；1％水溶液可用作动物体表消毒；对用0.5％碳酸钠溶液洗过的皮毛，再用4％福尔马林溶液在60℃时浸泡2小时，可以杀死其中的炭疽芽孢。福尔马林也常用于畜舍、孵化器、实验室等的熏蒸消毒。福尔马林对皮肤、黏膜有强烈的刺激作用，使用时应注意人与动物的安全。

来苏儿（煤酚皂溶液）：对一般细菌具有较好的杀菌作用，但对芽孢和结核杆菌的作用小。一般用3％～5％水溶液，消毒畜舍地面、墙壁、饲养管理用具、日常用器械、洗手、动物体表喷雾等。

新洁尔灭、洗必泰、杜米芬（消毒宁）、消毒净：这四种消毒药除新洁尔灭为胶状液体外，其余均为粉剂。其共同特点是，易溶于水，毒性低，性质稳定，能长期保存。无腐蚀性，消毒对象范围广，效力强，速度快，对一般病原菌均有强大的杀灭能力。以其 0.1% 水溶液浸泡器械（为防金属器械生锈，可加 0.5% 亚硝酸钠）、玻璃、搪瓷、敷料、衣物、橡胶制品等。新洁尔灭需浸泡 30 分钟，其余三药经 10 分钟即可达到消毒目的。也可用于皮肤消毒，常用 0.1% 新洁尔灭或消毒净溶液，或用 0.02%～0.05% 洗必泰或杜米芬的醇（70%）溶液，消毒效果与碘酊相同。还可用于伤口及黏膜的冲洗。消毒时应防止与肥皂或碱类接触，以免降低其杀菌效力。

4）生物消毒法　在兽医防疫实践中，常用该法将被污染的粪便堆积发酵，利用嗜热细菌繁殖时产生高达 70℃ 以上的热，经过 1～2 个月可将病毒、细菌（芽孢除外）、寄生虫卵等病原体杀死，既达到消毒目的，又保持了肥效。但本法不适用于炭疽、气肿疽等芽孢病原体引起的疫病，这类疫病的粪便应焚烧或深埋。

（3）主要消毒对象的消毒方法

1）畜舍消毒　先将畜舍内及周围环境的粪便、污物、垫料、污染的物品、用具等清除，污物量大时堆积发酵处理，量少可烧毁或深埋。对地面、墙壁、门窗、饲槽及用具等，一般常用 10%～20% 生石灰乳剂、5%～20% 漂白粉溶液、2%～10% 氢氧化钠溶液、3%～5% 来苏儿溶液、2%～5% 福尔马林溶液、20%～30% 草木灰水等进行严密的消毒或洗刷。用 10%～20% 生石灰乳涂刷畜舍、围栏时，为了消毒彻底，应以 2 小时的间隔涂刷 3 次。消毒药液的用量，一般消毒天棚、墙壁时，每平方米面积用药量为 1 升左右，畜舍地面（厩床）每平方米面积用药

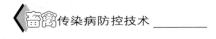

2 升。

2）畜舍内空气消毒　先将动物转移到舍外，然后用以下药物消毒：

过氧乙酸：每立方米用量 1～3 克，配成 3%～5% 溶液，加热熏蒸，在相对湿度 60%～80% 条件下，密闭 1～2 小时。

福尔马林：每立方米用量 15 毫升，加水 80 毫升，加热蒸发消毒 4 小时。

乳酸：每 100 米^3 用乳酸 12 毫升，加水 20 毫升，加热蒸发消毒 30 分钟。

3）粪便消毒

堆积发酵法：见上述生物消毒法。

焚烧法：常用于处理被炭疽、气肿疽等芽孢菌污染的粪便、饲料、污物等。

掩埋法：对数量不多的一般传染病病畜的粪便、污物、残余饲料，可挖 10 米以上深坑掩埋。但在处理炭疽、气肿疽等芽孢菌以及病毒污染的粪便、饲料、物品等时，须挖 2 米以上深坑掩埋，并设标志，长期不能再挖掘。

4）污水消毒　对一般传染病病畜污染的污水，可按污水量加 10%～20% 的生石灰或 1%～2% 苛性钠搅拌消毒。屠宰场、兽医院、生物制品厂等单位，均应设有污水无害处理设备。

5）车船消毒　对运载过一般传染病或疑似传染病的病畜、尸体、畜产品等的车辆、船只，先进行清扫，再用 2% 苛性钠热溶液、0.5% 过氧乙酸或 5% 漂白粉液喷洒洗刷。对运输过炭疽、气肿疽等芽孢菌引起的传染病的病畜、尸体、畜产品等的车船，最好在指定地点，先用消毒液喷洒后再进行清扫，然后用 20% 漂白粉溶液或 10% 苛性钠热溶液进行冲洗，每隔 30 分钟至 1 小时消毒一次，连续 3 次。清扫的粪便和污染物等加以焚烧。

6）皮张、毛类消毒　对传染病病畜的皮张或被污染的皮毛类，用化学药物消毒。对马传染性贫血、马乙型脑炎患畜的皮张，通常置于 10％新鲜热石灰乳内，在 15～20℃温度下，浸泡 24 小时；口蹄疫患畜的皮张，可置于 0.2％苛性钠的食盐饱和溶液中，浸泡 24 小时；猪丹毒病猪的皮张，可置于含 1％盐酸和 25％食盐溶液内，在 15～20℃温度下，浸泡 8 小时；猪痘病猪的皮张，一般放在 50％碳酸钠溶液内，在 17～20℃温度下，浸泡 24 小时。对被炭疽芽孢污染的皮张，通常放置在特制的"消毒袋"或"消毒箱"中，通入环氧乙烷消毒；对口蹄疫污染的毛类，常用福尔马林或硫磺熏蒸消毒，一般按仓库的容积，每立方米用福尔马林 25 毫升，加水 12.5 毫升，放入盛有 12.5 克高锰酸钾的容器内，密闭门窗 16～24 小时；或按仓库每立方米用硫磺 40 克，将烧红的木炭放入硫磺内，使其燃烧，产生二氧化硫气体，封闭门窗 24 小时，均可达到消毒目的。

7）动物体的消毒　对患病动物、病愈动物或解除封锁前的隔离动物等的体表，常用 3％来苏儿溶液、1％福尔马林溶液、1％氢氧化钠溶液或 20％～30％草木灰水等进行喷雾或洗刷消毒。

8）尸体处理　病畜尸体处理在动物疫病防制和维护公共卫生上具有重要意义。病畜尸体通常应及时处理，常用的处理方法如下：

化制：在城市，一般有特设的动物尸体化制厂进行无害处理，而且还可获得工业用油脂、肉粉、骨粉等。

掩埋：简便易行，应用比较广泛。但应注意，掩埋是不彻底的尸体处理方法。掩埋地点应选择高燥，距居民点、水井、道路、放牧地及河流比较远的偏僻地方，尸坑大小以容纳尸侧卧为适宜，深度在 2 米以上，并建立标志。

焚烧：是一种彻底的无害处理方法，但耗费较大，故仅用于炭疽、气肿疽等病畜尸体的处理。

2. 杀虫　很多节肢动物，如蚊、蝇、虻、蜱等是动物传染病和某些人兽共患病的重要传播媒介，因此杀虫在预防和扑灭动物疫病、人兽共患病方面具有重要意义。

（1）杀虫的种类

1）预防性杀虫　是指在平时为了预防疫病的发生，而采取的经常性的杀虫措施。一般是结合爱国卫生运动，按照媒介昆虫生物学和生态学特点，以消灭孳生地为重点，搞好畜舍内卫生和环境卫生，填平废弃沟塘，排除积水，堵塞树洞，改修或修建符合卫生要求的畜舍、畜圈和厕所，发动群众开展经常性的扑杀，并有计划地使用药物杀虫等，以控制和消灭媒介昆虫。

2）疫源地杀虫　是指在发生虫媒传染病时，在疫源地对有关媒介昆虫所采取的较严格彻底的杀虫措施，以达到控制疫病传播的目的。

（2）杀虫的方法

1）物理杀虫法　①人工扑杀。②用沸水或蒸气烧烫车船、畜舍、用具、衣物上的昆虫或煮沸衣物杀死昆虫。③火烧昆虫聚居的废物以及墙壁、用具等的缝隙。④用 $100\sim160℃$ 的干热空气杀灭挽具和其他物品上的昆虫及虫卵。⑤用紫外线灭蚊灯在夜间诱杀成蚊。

2）生物杀虫法　是利用昆虫的病原体、雄虫绝育技术及昆虫的天敌等方法来杀灭昆虫。如利用某种病原体感染昆虫，使其降低寿命或死亡；应用辐射使雄性昆虫绝育，然后释放，以减少该种昆虫的繁殖数量；使用大量激素，抑制昆虫的变态或脱皮，造成昆虫死亡；养柳条鱼等灭蚊，每条鱼一天能吞食孑孓300条左右。生物杀虫法是今后发展的一个方向，因其有不造成公害、不产生抗药性、当年受益等优点。

3）植物杀虫法　常用的有除虫菊、鱼藤、百部、艾、野桃等。

应当指出，上述物理、生物、植物等杀虫方法虽然有效，但其作用是暂时性的，而改造环境、消灭害虫的孳生栖息场所才是防制害虫的永久性根本措施。

3. 灭鼠　灭鼠的方法主要有以下几种：

（1）生态学灭鼠（防鼠）法　是破坏鼠的生活环境，从而降低鼠类数量的措施，是最常用的积极而重要的灭鼠方法。这种方法主要是破坏鼠类的生存条件即隐蔽场所和断绝鼠粮。通常是采取捣毁隐蔽场所和搞好防鼠设备，如经常保持畜舍及周围环境的整洁，清除垃圾，及时清除畜舍内的饲料残渣，将饲料保存在鼠类不能进入的仓库内，这样使鼠类既无藏身之处，又难以得到食物，其繁殖和活动受到了一定的限制，数量可能降低到最低水平。在建筑畜舍、仓库、房舍时，墙基、地面、门窗等均应考虑防鼠。发现鼠洞要及时堵塞。在发生某些以鼠类为贮存宿主的疫病流行地区，为防止鼠类窜入，必要时可在房舍周围挖防鼠沟或筑防鼠墙。

（2）器械灭鼠法（物理灭鼠法）　是指利用捕鼠器械，以食物作诱饵，诱捕（杀）鼠类或用堵洞、灌洞、挖洞等捕杀鼠类的方法。

（3）熏蒸灭鼠法　是指利用经呼吸道吸入的毒气而消灭鼠类的方法。常用化学熏蒸剂和各种烟剂，用以消灭船舱、火车厢、仓库、冷库、货栈、下水道及鼠洞内等的鼠类。常用的药物有以下几种：

二氧化硫：一般是通过燃烧硫磺得到二氧化硫。二氧化硫在常温下为无色气体，其毒力不强，但渗透力颇强，刺激性很大。按每 100 米^3 空间用硫磺 100 克燃烧灭鼠。通常只用于消灭仓库、船舱或下水道中的鼠类。

氯化苦：为油状液体，呈淡黄绿色，在空气中易发挥，常用于熏杀野鼠。一般是用器械直接将氯化苦喷入鼠洞内或吸附于草绳、废棉花球内，然后投入鼠洞内，并立即用土封闭洞口。每洞需要氯化苦 5～10 毫升，主要用于消灭黄鼠和砂土鼠，但在杀灭旱獭时每洞需要氯化苦 50 克。

灭鼠烟剂：是由灭鼠药、助燃剂和燃料等配制而成。目前灭鼠烟剂的配方很多，可就地取材，因地制宜，选择配方自制。烟剂对人畜无害。常用的有闹羊花烟剂、羊粪末烟剂等。

闹羊花烟剂配方：闹羊花（全草）粉末 60 克，硝酸钠或硝酸钾 40 克，混匀即成。

羊粪末烟剂配方：羊粪末 60 克，硝酸钠 40 克，混匀即成。

制成的烟剂可根据需要量装入纸筒内，用时将其点燃后放入鼠洞，再用土堵塞洞口。烟剂的用量，对黑线姬鼠等小型鼠类，每洞用 10～20 克，砂土鼠每洞 30～40 克，黄鼠及兔鼠每洞40～60 克，旱獭每洞 300～500 克。

（4）生物灭鼠法 是指利用鼠类的天敌消灭鼠类，或利用能引起鼠类发病死亡，但对人畜无害的鼠间传染病的流行，以达到消灭鼠类的目的。鼠类的天敌很多，主要有猫、鼬、狐狸、刺猬、鹰、猫头鹰及蛇等，能在一定范围内、程度不同地减少鼠类的数量。因此，保护鼠类天敌是有积极意义的。用人工引起鼠间传染病的流行，从而消灭鼠类的方法，目前各国都在试验中，尚未达到推广应用的程度。如我国有的单位利用鼠痘病毒对小鼠进行实验研究，发现小鼠感染痘病毒后，多呈急性死亡，病死率为 100％。

（七）免疫接种

免疫接种是给动物接种各种免疫制剂（菌苗、疫苗、类毒素及免疫血清），使动物个体和群体产生对传染病的特异性免疫力。免疫接种是预防和治疗传染病的主要手段，也是使易感动物群转化为非易感动物群的唯一手段。

1. 免疫接种的分类 根据免疫接种的时机不同，可分为预防接种和紧急接种两类。

（1）预防接种 是在平时为了预防某些传染病的发生和流行，有组织有计划地按免疫程序给健康畜群进行的免疫接种。预防接种常用的免疫制剂（免疫原）有菌苗、疫苗、类毒素等。由于所用免疫制剂的品种不同，接种方法也不一样，有皮下注射、肌肉注射、皮肤刺种、口服、点眼、滴鼻、喷雾吸入等。随着集约化畜牧业的发展，饲养头（只）数量显著增加，因此预防接种方向也由逐头打预防针改为简便的饮水免疫和气雾免疫，如鸡新城疫疫苗（Lasota 系等）的饮水免疫和气雾免疫，猪瘟兔化弱毒疫苗的气雾免疫，猪丹毒弱毒菌苗、猪肺疫弱毒菌苗和禽霍乱菌苗的饮水免疫，牛、羊布氏杆菌菌苗的饮水免疫和气雾免疫等，均获得了良好的免疫效果，而且节省了人力。

疫苗、菌苗、类毒素接种后，经 1～3 周产生免疫力，可持续半年至 1 年以上。

预防接种应首先对本地区近几年来动物曾发生过的传染病流行情况进行调查了解，然后有针对性地拟定年度预防接种计划，确定免疫制剂的种类和接种时间，按所制定的各种动物免疫程序进行免疫接种，争取做到头头（或只只）免疫。

在预防接种后，要注意观察被接种动物的局部或全身反应（接种反应）。局部反应是动物接种局部出现一般的炎症变化（红、肿、热、痛）；全身反应，则动物呈现体温升高，精神不振，食欲减少，泌乳量降低，产蛋量减少等。这些反应都属于正常现象，只要给予适当的休息和加强饲养管理，几天后就可以恢复。但如果反应严重，则应进行适当的对症治疗。

影响预防接种效果的因素很多，不但与疫（菌）苗的种类、性质、接种途径、运输保存有关，而且也与动物的年龄、体况、饲养管理条件等因素有密切关系。实践证明，活疫（菌）苗接种剂量小，免疫力产生快，持续时间长，产生分泌性抗体，易受母源抗体等体内原有抗体的影响，疫苗的保存时间短；灭活疫（菌）苗接种剂量大，免疫产生慢，持续时间短，不产生分泌性抗体，不受体内原有抗体的影响，疫苗的保存时间较长。给成年、体质健壮或饲养管理较好的动物接种，可产生较坚强的免疫力；而给幼年、体质弱的、有慢性病或饲养管理卫生条件差的动物接种，产生的免疫力就差些，有些还可引起较严重的接种反应。疫（菌）苗由于生产、运输、保存不当，尤其活疫（菌）苗，可使其中的微生物大部分死亡，影响免疫效果。在近日用过大量抗生素或磺胺类药物的动物，体内残存的药物可将接种活菌苗的细菌杀死，也能影响免疫效果。当同时给动物接种两种以上疫（菌）苗，或多价联合疫（菌）苗时，有时其中几种抗原成分产生的免疫反应，可能被另一种抗原性强的成分产生的免疫反应所掩盖，也会影响预防接种的效果。因此，几种疫（菌）苗能否同时注射，或制造多价联合疫（菌）苗是否可用，都必须经过试验来证明。我国已研制成功的多价联苗有猪瘟、猪丹毒、猪肺疫三联冻干苗和羊快疫、猝狙、肠毒血症、羔羊痢疾、黑疫五联菌苗等。这些制剂一针可防多病，防疫效率高，省时省力，是疫（菌）苗生产的发展方向。国外常用的联合苗有鸡新城疫、传染性支气管炎联合疫苗，鸡新城疫、鸡痘联合疫苗，牛传染性鼻气管炎、牛黏膜病联合疫苗，牛传染性鼻气管炎、副流感、巴氏杆菌联合苗，口蹄疫、钩端螺旋体病、布氏杆菌病联合苗，犬瘟热、犬传染性肝炎联合疫苗等。

（2）紧急接种　是指在发生传染病时，为了迅速控制和扑灭疫病的流行，而对疫区和受威胁区尚未发病的动物进行的应急性免疫接种。紧急接种从理论上讲应使用免疫血清，或先注射血清，2周后再接种疫（菌）苗，即所谓共同接种较为安全有效。但因免疫血清用量大、价格高、免疫期短，且在大批动物急需接种时常常供不应求，因此在防疫中很少应用，有时只用于种畜场、良种场等。实践证明，在疫区和受威胁区有计划地使用某些疫（菌）苗进行紧急接种是可行而有效的。如在发生猪瘟、鸡新城疫和口蹄疫等急性传染病时，用相应疫苗进行紧急接种，可收到很好的效果。

应用疫（菌）苗进行紧急接种时，必须先对动物群逐头逐只地进行详细的临床检查，逐头测温，只能对无任何临床症状的动物进行紧急接种，对患病动物和处于潜伏期的动物，不能接种疫（菌）苗，应立即隔离治疗或扑杀。但应注意，在临床检查无症状而貌似健康的动物中，必然混有一部分潜伏期的动物，在接种疫（菌）苗后不仅得不到保护，反而促进其发病，造成一定的损失，这是一种正常的不可避免的现象。但由于这些急性传染病潜伏期短，而疫（菌）苗接种后又能很快产生免疫力，因而发病数不久即可下降，疫情会得到控制，使多数动物得到保护。

在受威胁区进行紧急接种时，其划定范围应根据疫病流行特点而定。如流行猛烈的口蹄疫等，则在周围 5～10 千米进行紧急接种，建立"免疫带"或"免疫屏障"以包围疫区，防止扩散。紧急接种是综合防制措施的一个重要环节，必须与其中的封锁、检疫、隔离、消毒等环节密切配合，才能取得较好的效果。

2. 计划免疫与免疫程序 我国由于饲养的动物种类多、数量大，疫病的种类也较多，这样就给预防接种带来了复杂性和艰巨性。因此，要做好动物预防接种，必须根据我国的具体情况，进行科学的规划和认真的实施。对所有动物要进行传染病的首次免疫（简称首免，即基础免疫）及随后适时地加强免疫，即重复免疫（简称复免），以确保各类动物从出生到屠宰或淘汰全部获得可靠的免疫，使预防接种科学化、计划化和全年化，这就叫做计划免疫。反之，如果不搞计划免疫，必然要出现漏种、错种和不必要的重复接种，影响对疫病的预防效果。

实行计划免疫必须制定免疫程序。所谓免疫程序，就是对某一种动物，根据其常发的各种传染病的性质、流行病学、母源抗体水平、有关疫（菌）苗首次接种的要求以及免疫期长短等，制定的该种动物从出生经青年到成年或屠宰全过程，各种疫（菌）苗的首免日龄或月龄、复免的次数和接种时期等配套接种程序。免疫程序应根据本地区的实际疫情，结合疫（菌）苗的性能制定。因此，世界各国没有统一的动物传染病免疫程序。

我国鸡、肉鸡、鸭、鹅、猪、羊、牛、犬免疫程序参照表

1-2至表1-8，各地区、各场可结合当地的实际情况制定本地区、本场的免疫程序。

表1-2 鸡的免疫程序推荐

蛋鸡和种鸡（供污染严重的鸡场）

1日龄	马立克氏冻干苗或液氮苗 新城疫弱毒活疫苗	3头份颈部皮下注射 点眼、滴鼻
7～10日龄	新城疫IV-H120二联冻干苗	
7～14日龄	H5N1亚型禽流感灭活疫苗（Re-1＋Re-4株）新城疫弱毒活疫苗或禽流感-新城疫重组二联活疫苗（rL-H5株）初免	皮下或肌肉注射 点眼、滴鼻 滴鼻、点眼、饮水及注射
28～42日龄	H5N1亚型禽流感灭活疫苗（Re-1＋Re-4株）或禽流感-新城疫重组二联活疫苗（rL-H5株）	皮下或肌肉注射 滴鼻、点眼、饮水及注射
40～45日龄	新城疫IV-H120二联冻干苗	2头份滴鼻、点眼
35～45日龄	传染性喉气管炎冻干苗	2头份滴鼻、点眼或涂肛
80～90日龄	传染性喉气管炎冻干苗	2头份滴鼻、点眼或涂肛
110～115日龄	新城疫IV系-H52二联冻干苗	2头份饮水
开产前及之后每4～6个月	H5N1亚型禽流感灭活疫苗（Re-1＋Re-4株）	皮下或肌肉注射
其他疫苗免疫根据当地兽医部门的要求进行		
商品肉鸡		
7～10日龄	禽流感-新城疫重组二联活疫苗（rL-H5株）	滴鼻、点眼、饮水及注射
21～24日龄	禽流感-新城疫重组二联活疫苗（rL-H6株）	滴鼻、点眼、饮水及注射
其他疫苗免疫根据当地兽医部门的要求进行		

表1-3 鸭、鹅免疫程序推荐

种鸭、蛋鸭、种鹅、蛋鹅

14～21日龄	H5N1亚型禽流感灭活疫苗	皮下或肌肉注射
免疫后3～4周	H5N1亚型禽流感灭活疫苗	皮下或肌肉注射
每隔4～6个月	H5N2亚型禽流感灭活疫苗	皮下或肌肉注射
其他疫苗免疫根据当地兽医部门的要求进行		

（续）

商品肉鸭		
7～10 日龄	H5N1 亚型禽流感灭活疫苗	皮下或肌肉注射
其他疫苗免疫根据当地兽医部门的要求进行		
肉鹅		
7～10 日龄	H5N1 亚型禽流感灭活疫苗	皮下或肌肉注射
免疫后 3～4 周	H5N1 亚型禽流感灭活疫苗	皮下或肌肉注射
其他疫苗免疫根据当地兽医部门的要求进行		

表1-4　其他禽的免疫程序推荐

散养禽	春秋两季用 H5N1 亚型禽流感灭活疫苗各进行一次集中免疫，每月定期补针
调运家禽免疫	对调出县境的种禽或非屠宰家禽，要在调运前 2 周进行一次禽流感强化免疫
紧急免疫	①发生疫情时，要对受威胁区的所有家禽进行一次强化免疫。②边境地区受到境外疫情威胁时，要对距边境 30 千米的所有县的家禽进行一次强化免疫。

表1-5　猪的免疫程序推荐

每年春秋两季各免疫一次	O 型口蹄疫疫苗	肌肉注射
	猪瘟疫苗	肌肉注射
4～5 月免疫一次	猪乙型脑炎疫苗	肌肉注射
商品猪		
零时（乳前）	猪瘟疫苗	1 头份肌肉注射（有疫情猪场）
15～30 日龄	蓝耳病疫苗	2 毫升/头肌肉注射（有疫情猪场）
20 日龄	猪瘟疫苗	2 头份肌肉注射
20～30 日龄	伪狂犬病疫苗	1 毫升/头肌肉注射
28～35 日龄	O 型口蹄疫灭活疫苗初免	肌肉注射
30～40 日龄	链球菌病疫苗	按说明书剂量使用
30～40 日龄	仔猪副伤寒疫苗	按说明书剂量使用
58～65 日龄	O 型口蹄疫灭活疫苗强化免疫	肌肉注射
60 日龄	猪肺疫苗	按说明书剂量使用
60 日龄	猪丹毒苗	按说明书剂量使用
60 日龄	猪瘟疫苗	按说明书剂量使用（加强免疫）

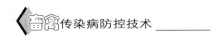

（续）

后备猪		
20 周龄	猪乙型脑炎疫苗	2 毫升/头肌肉注射，5 月份之前间隔 2 周再免疫一次
22 周龄	口蹄疫疫苗	2 毫升/头肌肉注射
28 周龄	细小病毒疫苗	2 毫升/头肌肉注射
30 周龄	猪瘟兔化弱毒疫苗	2 头份肌肉注射
30 周龄	高致病性猪蓝耳病灭活疫苗	4 毫升/头肌肉注射（配种前 15～30 日龄）
生产母猪		
产前 4 周	大肠杆菌疫苗	1 毫升/头肌肉注射
产前 4 周	伪狂犬病疫苗	2 毫升/头肌肉注射
每年三次	口蹄疫疫苗	3 毫升/头肌肉注射
每年二或三次	猪瘟疫苗	2 头份肌肉注射
每年一次	乙脑/细小病毒疫苗	2 毫升/头肌肉注射
公猪		
每年三次	口蹄疫疫苗	2 毫升/头肌肉注射
每年二或三次	猪瘟疫苗	2 头份肌肉注射
每年二次	伪狂犬病疫苗	2 毫升/头肌肉注射
每年一次	乙脑/细小病毒疫苗	2 毫升/头肌肉注射

表 1-6 羊的免疫程序推荐

每年春秋两季各免疫一次	羊三联四防灭活苗	皮下或肌肉注射
每年春季或秋季各免疫一次	山羊痘活疫苗	尾根内侧皮内注射
每年春秋两季各免疫一次	Ⅱ号炭疽灭活苗	山羊皮内注射 0.2 毫升；其他动物一律每只皮内注射 0.2 毫升或皮下注射
配种前 1～2 个月进行	羊布氏杆菌病活疫苗（M5）	山羊或绵羊皮下注射、室内气雾、滴鼻均为 10 亿活菌，室外气雾免疫 50 亿活菌，口服 250 亿活菌
每年春秋两季各免疫一次	口蹄疫疫苗	母羊分娩前 4 周接种一次，羔羊 4 月龄首免（20～30 天后加强免疫一次），6 个月后二免，以后每 6 个月免疫一次。母羊秋季免疫应注意选择在配种前 4 周进行

（续）

羔羊		
28～35 日龄	O型-亚洲 I 型口蹄疫二价灭活疫苗初免	肌肉注射
58～65 日龄，以后每隔 6 个月免疫一次	O型-亚洲 I 型口蹄疫二价灭活疫苗初免	肌肉注射
3 月龄	羊梭菌病三联四防灭活苗	皮下或肌肉注射（第一次）6 个月
3.5 月龄	羊梭菌病三联四防灭活苗	皮下或肌肉注射（第二次）6 个月
3.5 月龄	II 号炭疽芽孢苗	皮下注射　山羊 6 个月，绵羊 12 个月
产羊前 6～8 周	羊梭菌病三联四防灭活苗	皮下注射（第一次）6 个月/12 个月
5 月龄	布氏杆菌病活苗（猪 2 号）	肌肉注射或口服 3 年
7 月龄	口蹄疫 O 型-亚洲 I 型双价苗	肌肉注射　　6 个月
成年母羊		
配种前 2 周	口蹄疫 O 型-亚洲 I 型双价苗	肌肉注射　　6 个月
配种前 2 周	羊梭菌病三联四防灭活苗	皮下或肌肉注射 6 个月
配种前 1 周	羊链球菌灭活苗	皮下注射　　6 个月
配种前 1 周	II 号炭疽芽孢苗	皮下注射　山羊 6 个月，绵羊 12 个月
产后 1 个月	口蹄疫 O 型-亚洲 I 型双价苗	肌肉注射　　6 个月
产后 1 个月	羊梭菌病三联四防灭活苗	皮下或肌肉注射 6 个月
产后 1 个月	II 号炭疽芽孢苗	皮下注射　山羊 6 个月，绵羊 12 个月
产后 1.5 个月	羊链球菌灭活苗	皮下注射　　6 个月
产后 1.5 个月	山羊传染性脑膜肺炎灭活苗	皮下注射　　1 年
产后 1.5 个月	布氏杆菌病灭活苗（猪 2 号）	肌肉注射或口服 3 年
产后 1.5 个月	山羊痘灭活苗	尾根皮内注射　　1 年
公羊可参照母羊免疫注射时间进行免疫		

表 1-7 奶牛常见传染病免疫程序推荐

春秋各一次	口蹄疫 O 型-亚洲 I 型双价苗	肌肉注射
犊牛		
1~6 月龄	牛病毒性腹泻弱毒苗	肌肉注射
90 日龄	口蹄疫 O 型-亚洲 I 型双价苗	肌肉注射
120 日龄；以后每隔 6 个月免疫一次	口蹄疫 O 型-亚洲 I 型双价苗	肌肉注射
4~6 月龄	牛传染性鼻气管炎疫苗	肌肉注射
5~6 月龄	牛布氏杆菌 19 号菌苗	肌肉注射
6~8 月龄	牛副流感 III 型疫苗	肌肉注射
空怀及妊娠母牛		
配种前 40~60 天	牛传染性气管炎疫苗	肌肉注射
配种前 40~60 天	牛病毒性腹泻弱毒苗	肌肉注射
分娩后 30 天	牛传染性鼻气管炎疫苗	肌肉注射
分娩后 30 天	牛病毒性腹泻弱毒苗	肌肉注射
分娩后 30 天	口蹄疫 O 型-亚洲 I 型双价苗	肌肉注射

表 1-8 犬免疫程序推荐

幼犬出生 6~7 周首免	六联苗或七联苗	皮下注射
首免 2 周后二免	六联苗或七联苗	皮下注射
二免 2 周后三免	六联苗或七联苗	皮下注射
1 岁以上（成年后）	每年一次（春）	皮下注射

3. 免疫监测 在影响疫（菌）苗免疫效果的因素中，接种动物体内原抗体（母源抗体和自动免疫抗体）是主要因素之一。实践证明，免疫过的母畜所生的仔畜，可从初乳中获得母源抗体；免疫过的种禽卵所孵出的雏禽，也可获得母源抗体。如初免时机选择不当，就可影响免疫效果。如接种过猪瘟弱毒疫苗的母猪所生的仔猪，从初乳中可获得母源抗体，在 20 日龄以前对猪瘟有较坚强的免疫力，30 日龄以后，母源抗体急剧减少，到 40 日龄以后几乎完全消失，所以提出在 20 日龄左右首次接种猪瘟弱毒疫苗可不受母源抗体的影响，而获得可靠的免疫效果。据报道，初生仔猪在吃初乳前注射猪瘟弱毒疫苗，可不受母源抗体的影响，而获得可靠的免疫力。因此，为了使免疫接种获得可靠的免疫效果，必须建立免疫监测制度，排除对畜禽免疫的干扰因素，以保证免疫程序的合理实施。所谓免疫监测，就是利用血清学方法，

对某些疫（菌）苗免疫动物在免疫接种前后的抗体跟踪监测，以确定接种时间和免疫效果。在免疫前，监测有无相应抗体及其水平，以便掌握合理的免疫时机，避免重复和失误；在免疫后，监测是为了了解免疫效果，如不理想可查找原因，进行重免；有时还可及时发现疫情，尽快采取扑灭措施。如鸡新城疫的免疫监测手段是鸡新城疫血凝抑制试验。为了掌握免疫接种的时机，定期对鸡群抽样采血，将其血清分别与 4 个血凝单位的鸡新城疫病毒（常用弱毒）做血凝抑制试验，测定其平均抑制价（HI 价）。

（八）药物预防

药物预防是对某些传染病的易感动物群投服药物，以预防或减少该传染病的发生。这种群体的利用药物预防的方法又称为化学预防。所谓群体是指包括没有症状的动物在内的动物群单位。药物预防在尚无疫（菌）苗或虽有疫（菌）苗但应用还有问题的传染病的预防上，是一项重要措施。

由于从患病动物群淘汰患病动物或阳性动物很不经济，因此随着群体诊断技术的应用，群体防治已成为高度流行性传染病的一项重要防制方法。群体防治是将安全价廉的化学药物，即所谓保健添加剂，加入饲料或饮水中进行群体化学防治，既可减少损失，又可达到防制疫病的目的。

群体防治是防疫的一个较新途径，对某些疫病在一定条件下采用，可收到良好的效果。随着现代畜牧业工厂化生产的发展，要求做到动物群无病、无虫、健康。而封闭式的饲养制度，又易使动物群发生和流行传染病和寄生虫病，因而保健添加剂在近10 多年来发展很快。常用于生产的有磺胺类和抗生素等药物，可用于预防和治疗鸡和猪的沙门氏菌病、大肠杆菌病、鸡球虫病、鸡传染性鼻炎、鸡败血支原体病、猪萎缩性鼻炎等，将药物拌入饲料或饮水中喂服。药物的比例，磺胺类药物，预防量为 $0.1\% \sim 0.2\%$，治疗量为 $0.2\% \sim 0.5\%$；四环素族抗生素，预防量为 0.01％～0.03％，治疗量为 0.05％。一般连用 5～7 天，必要时也可延长。在饲料中添加土霉素、链霉素等抗生素，不但可以预防猪气喘病、鸡败血支原体病等，而且可以促进猪、禽的生长。但必须注意，马属动物和反刍兽内服土霉素等抗生素时，有时能引起肠炎而导致死亡。

应当指出，长期使用化学药物预防，容易产生耐药性菌株，而影响防治效果。因此，必须根据药物敏感试验结果，选用高度敏感性药物进行防治。另外，长期使用抗生素等药物进行动物疫病的预防，形成的耐药性菌株一旦感染人，常常会贻误疾病的治疗，这样可能对人类健康造成一定的危害。因此，目前某些国家不主张用药物预防的方法防制疫病，而倾向于用疫（菌）菌防制。

利用生态制剂进行生态预防，是药物预防的一条新途径，目前多用在畜禽腹泻病的防治上。所谓生态制剂，即是利用对病原菌具有生物拮抗作用的非致病性细菌，经过严格选择和鉴定后而制成的活菌制剂，如乳康生、促菌生、调痢生等均属之。畜禽内服后，可抑制和排斥病原菌或条件致病菌在肠道内的增殖和生存，调整肠道内菌群的平衡，从而起到预防仔猪黄痢、仔猪白痢、雏鸡下痢、犊牛腹泻等消化道传染病发生，以及促进畜禽生长发育的作用。应当注意，在内服生态制剂时，禁服抗菌药物。

四、动物传染病的防疫措施

动物传染病的防疫措施，一般分为平时的预防措施和发生传染病时的扑灭措施。无论预防措施还是扑灭措施，都是针对传染病流行的三个基本环节的综合性防疫措施。但是，综合性防疫措施也不能把对三个环节的措施等同对待，而必须根据各种不同的传染病及其在不同地区、不同时间的流行特点，找出三个环节中最易控制或切断的环节，作为综合防疫措施的重点。这种措施称主导措施或主要措施。如消灭炭疽、鸡新城疫、猪瘟等应以预防接种为主导措施；牛副结核、马鼻疽、猪气喘病等，则以检疫、控制和消灭病畜为主导措施。

（一）平时的预防措施

1. 建立健全动物的兽医卫生防疫制度 搞好环境卫生与动物舍、运动场、饲料、饮水以及饲养管理用具的卫生管理。做好消毒、灭蚊蝇、灭鼠、粪尿无害化处理等工作。对动物尸体要严格处理。禁止动物群与外人或外单位的动物接触。

2. 加强动物群的饲养管理 科学饲养、合理生产，增强动物的一般抵抗力。坚持"自繁自养"的原则，防止疫病的传入。必须引入动物时，应购自非疫区，并做好产地检疫。新引入的动物要隔离观察，确认健康后方可混群饲养。

3. 认真实行计划免疫 定期进行预防接种，使其做到全年化、计划化。为此，必须根据本地区常发传染病的种类和目前疫病流行情况，制定切实可行的不同动物的免疫程序，按免疫程序进行预防接种，使动物群中从新生到屠宰或淘汰的动物都可获得特异抵抗力，降低对传染病的易感性，以保证全群免疫和常年免疫。为保证免疫质量，还要特别注意科学地保存、运送和使用疫（菌）苗。

4. 坚持做好检疫工作 国境（口岸）检疫、产地检疫、运输检疫、集市检疫和屠宰检疫等，及时了解疫情动态，及时发现患病动物，及时消灭传染源。

5. 积极开展流行病学调查工作 畜牧兽医行政部门要开展疫情调查和研究工作，每年年初要研究上年度疫病的发病、死亡统计及疫情分布情况，制定本年度的防疫计划，并组织好友邻地区的联防。同时对主要疫病要进行疫情监测和调查，以观察其动态及地区分布。

（二）发生传染病时的扑灭措施

1. 疫情报告 当发生国家规定的一些动物传染病时，要立即向上级业务部门报告疫情，包括发病时间、地点、发病及死亡动物数、临床症状、剖检变化、初诊病名及防治情况等。必要时通知友邻地区和单位，以便共同防制。

2. 加强检疫　对发病动物群进行检疫，将患病动物迅速隔离。在发生严重的传染病，如口蹄疫、炭疽等时，则应采取封锁措施。

3. 紧急免疫接种　用疫（菌）苗、抗血清进行紧急预防接种，对某些传染病可用药物预防。对有治愈希望的病畜及时进行治疗。

4. 严格消毒　对被患病动物污染的垫草、饲料、用具、动物舍、运动场以及粪尿等，进行严格消毒。

5. 病畜禽及死亡动物的销毁处理　对死亡动物和淘汰动物，按《家畜家禽防疫条例》处理。

［附］大型机械化、工厂化养猪（鸡）场兽医卫生防疫管理措施的建立原则

一、猪（鸡）场场址的选择　猪（鸡）场应建筑在地势高燥，排水方便，水源充足，水质良好，交通和供电方便，离公路、河道、村镇、工厂500米以外的上风向处，尤其应远离其他畜禽场、屠宰场、畜产品加工厂。场周围应筑围墙，外设防疫沟（宽8米，深2米），在猪场沟外为防疫林带（宽10米）。

二、场内布局和要求

（一）生产区与饲料加工区、行政管理区、生活区必须严格分开。

（二）在猪场，母猪、仔猪、商品猪应分别饲养，猪舍栋间距离为30米左右；在鸡场，原种鸡场、种鸡场、孵化厅和商品鸡场以及育雏、育成车间必须严格分开，距离500米以上，各场之间应有隔离设施，栋舍与栋舍之间的距离应在25米以上。

（三）病猪（鸡）隔离舍，兽医诊断室，解剖室，病、死猪（鸡）无害处理场和粪便处理场都应建在场外的下风向，距离不少于200～500米。粪便须送到围墙外，在处理池内发酵处理。

（四）猪（鸡）场周围不准养狗、猪和禽。本场职工家属，一律不准私自养猪、禽或其他动物。场内食堂用肉或禽、蛋应自给，职工家属用肉、蛋及其制品也应由本场供给，不准外购。已出场的猪或禽、蛋不准回流。

三、建立经常性消毒制度

（一）猪（鸡）场大门、生产区入口，要建宽于门口、长于汽车轮1周半的水泥消毒池（加入适量2％氢氧化钠溶液），猪（鸡）舍入口建宽于门口、长1.5米的消毒池，生产区门口须建更衣室、消毒室和消毒池，以便车辆和人员更换作业衣、鞋后进行消毒。猪（鸡）场谢绝参观，外来人员不得进场。场外运输车辆和工具不准入场，场内车辆不准出场。

（二）猪（鸡）场要严格执行"全进全出"饲养制度。原有的猪（鸡）转出后，要对猪（鸡）舍、饲养用具等进行彻底消毒，空闲1～2周后方可进猪（鸡）。母猪舍更应严格消毒，并注意保温和保护仔猪。孵化室要经常保持清洁，孵化器、种蛋、蛋箱、蛋盘、出雏器、出雏盘、运雏盘等都要进行消毒。

（三）经常保持猪舍内通风良好、光线充足，每天打扫卫生，保持清洁；鸡舍每日打扫，注意通风排氨气，饲槽、饮水器每天洗刷；做好定期消毒。场区的环境应应保持清洁，每年春、秋季各进行一次消毒。鸡场不得栽种高大树木，防止野鸟群集或筑巢。经常开展灭鼠、灭蚊蝇工作和驱狗、猫等动物。

四、建立疫情监测制度

（一）大型猪（鸡）场必须建立兽医诊断室，应用微生物学、寄生虫学、血清学和病理学等方法对传染病和寄生虫病进行检疫和监测。

（二）兽医人员应每天早晚深入猪舍、鸡舍巡视，检查舍内外的卫生状况，观察猪或鸡的精神状态、运动、采食、饮水等是否正常；再结合饲养员的报告，及时将有异常变化的猪或鸡剔出，送隔离舍隔离观察，进行确诊和处理。对死亡的猪或鸡应及时送解剖室解剖和化验，并做好记录和分析研究，以了解疫病动态。

（三）对某些疫病，如鸡新城疫、鸡败血支原体病、鸡白痢、鸡伤寒等，可用血清学诊断方法定期进行疫情监测，以便检出病鸡，掌握疫情动态。

（四）从外地或外国引进场内的猪或鸡，要严格进行检疫，隔离观察20～30天，确认无病后，方准进入猪（鸡）舍。

五、建立计划免疫、驱虫制度

（一）制定切合本场实际情况的猪（鸡）传染病、寄生虫病的免疫程序和驱虫程序。疫（菌）苗可采用注射、饮水（口服）和气雾等方法进行免疫接种。

（二）做好免疫接种前、后的免疫监测，以确定免疫时机和免疫效果；做好驱虫前、后的虫卵和虫体监测，以确定驱虫时机和驱虫效果。

六、建立药物预防制度

通常使用抗生素、磺胺类药物、抗菌增效剂、抗球虫药物、饲料保健添加剂等，预防猪、鸡沙门氏菌病、大肠杆菌病、鸡慢性呼吸道病、曲霉菌病和球虫病等。

七、病猪（鸡）及其尸体的处理

（一）在场内发现病猪（鸡）时，立即送隔离室，进行严格的临床检查和病理学检查，必要时进行血清学、微生物学、寄生虫学检查，以便及早确诊。

（二）尸体直接送解剖室剖检，必要时进行微生物学、寄生虫学检查，加以确诊。然后集中烧毁或深埋，不得乱扔或食用。

八、发生传染病时的措施

在猪（鸡）场发生传染病时，应立即采取检疫、隔离、封锁、消毒、处理病猪（或鸡）及其尸体等综合性扑灭措施。也可根据情况，对发病猪群或鸡群，采取紧急屠宰加工等果断措施，及时控制和扑灭疫病，减少经济损失。

第二章　病原微生物

畜禽的疾病可分为传染病、寄生虫病、内科病、外科病和产科病，其中发生最多、危害最大的是传染病。传染病是由人们肉眼看不见而具有致病性的微小生物——病原微生物引起的。它们包括病毒、细菌、真菌、螺旋体、支原体、立克次氏体、衣原体等。

一、病　　毒

病毒是非细胞型微生物。病毒体微小，其大小以纳米计（1毫米＝1 000微米，1微米＝1 000纳米），最大的病毒如牛痘病毒为300纳米×250纳米×100纳米，最小的病毒如口蹄疫病毒为20～30纳米，中等大的病毒介于上述二者之间，如流感病毒为90～120纳米。绝大多数的病毒体必须应用电子显微镜放大数千倍至数万倍才能用我们的肉眼看见。病毒体的形态多数呈球形或近似球形，少数为杆状、丝状或子弹状、砖块状，细菌病毒则多呈蝌蚪状。

病毒不能独立进行新陈代谢，每一种病毒都必须寄生在对其有易感性的动物、植物或微生物的活细胞内，才能正常地生存和增殖。由病畜（禽）消化道和呼吸道等排出的各种病毒，都是释放在细胞之外的，它们在自然界不能增殖，但能存活数小时至数百天之久，当有机会侵入动物体时，又在活细胞内增殖，引起疾病。

病毒有耐冷的共性，如鸡传染性支气管炎病毒在－20～－25℃时能存活 7 年以上，4℃时存活 142 天，而 56℃时则经15～45 分钟即死亡。常用的有效消毒剂是氧化剂，如过氧化氢、高锰酸钾、漂白粉和过氧乙酸。甲醛水溶液广泛用于病毒疫苗的灭活。由于抗生素及磺胺类药物的作用是破坏细菌的新陈代谢，而病毒靠寄生生存，无自身的代谢，所以所有对细菌有效的抗生素和磺胺类药物对病毒均无效。

二、细　　菌

细菌是一类具有细胞壁的单细胞微生物。细菌的个体微小，须用光学显微镜放大 1 000 倍左右我们才能看见，其形状有球形、杆形、螺旋形等。大多数球菌直径约 1 微米；一般杆菌长约2～3 微米、宽 0.5～1 微米，大杆菌如炭疽杆菌长约 3～10 微米，中等大的杆菌如大肠杆菌长约 2～3 微米，小杆菌如布氏杆菌长约 0.6～1.5 微米。细菌一般是单个散在的如布氏杆菌，而有些球菌和杆菌在分裂之后，仍有一般显微镜下看不到的原浆带相连，从而排列成一定形状，分别称为双球菌、链球菌、葡萄球菌、链状杆菌等。

细菌的结构简单，有细胞壁、细胞膜、细胞浆，无典型的细胞核，只有核质（多在菌体中部），无核膜和核仁，为原核细胞型。有些细菌（如炭疽杆菌）在细胞壁外围包绕一层黏液性物质，称为荚膜，荚膜能保护细菌抵抗吞噬细胞的吞噬，免受各种杀菌物质（如溶菌酶和抗体）的损伤。还有些杆菌在外界环境不利时能形成一个圆形或卵圆形的坚实小体，称为芽孢，若芽孢宽度大于菌体的宽度时，这类细菌称为梭菌。细菌芽孢对热、干燥、化学消毒剂等具有较强的抵抗力，芽孢在自然界可活长达数十年之久，有的在 5% 石炭酸中数日不死，有的可抵抗 150℃的干热 1 小时。

细菌能独立进行新陈代谢，一般病原菌在 10～45℃ 的温度下都可繁殖，以 37℃ 最为适宜，如大肠杆菌在适宜条件下每 20 分钟左右就分裂一次，按此速度繁殖，10 小时后，一个细菌繁殖出 10 亿个细菌。细菌可在人工培养基上进行培养，在固体培养基上培养时，细菌大量繁殖所形成的肉眼可见的聚集物称为菌落，不同细菌的菌落呈不同形态，这也是鉴别细菌和诊断传染病的依据之一。

用革兰氏染色法，能将细菌染成两种颜色，染成蓝紫色的称为革兰氏阳性细菌，染成淡红色的称为革兰氏阴性细菌。因此在临床药理学上采用按抗菌谱分类法将抗生素（抗菌素）分类为 ①主要作用于革兰氏阳性细菌的抗生素，如青霉素、红霉素、头孢霉素等；②主要作用于革兰氏阴性细菌的抗生素，如链霉素、卡那霉素、庆大霉素、新霉素、多黏菌素等；③广谱抗生素，如四环素、土霉素、强力霉素等。

三、真　　菌

真菌是一大类单细胞或多细胞的真核型微生物。具有细胞壁和明显的细胞核，不含叶绿素，无根、茎、叶，以寄生或腐生方式生存，能进行有性或无性繁殖。少数真菌为单细胞，呈圆形或卵圆形，如酵母菌和隐球菌等；多数真菌为多细胞，由菌丝和孢子两部分组成，如霉菌、担子菌等。一根菌丝肉眼看不到，而大量菌丝聚集在一起呈绒状，是人们所常见的。大多数真菌在普通培养基上能生长，一般需要较高的湿度，温度为 20～28℃，需氧，但侵入内脏的病原性真菌则在 37℃ 生长较好。

真菌种类繁多，在自然界中分布甚广。大多数对人无害，如酵母菌无致病性，人们还利用它制酱、酿酒。而少数真菌危害人畜引起某些疾病，称它们为病原真菌，如马发癣菌、鸡发癣菌、须发癣菌、疣状发癣菌、大小孢霉菌、烟曲霉菌、黄曲霉

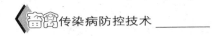

菌、寄生霉菌、白色念珠菌、组织胞浆菌等。

一般真菌在 60℃1 小时即被杀死，对 1‰～3‰ 石炭酸、2.5‰碘酊、0.5‰升汞及 10‰甲醛液比较敏感。用甲醛熏蒸被真菌污染的物品，可达到消毒作用。常用的抗真菌抗生素有灰黄霉素、制霉菌素、两性霉素 B、克霉唑等。

四、支　原　体

支原体过去称为霉形体，是介于细菌和病毒之间，能营独立生活的一类微小的微生物。是原核细胞生物中最小的，大小一般在 0.2～0.3 微米，很少超过 1 微米。支原体没有真性细胞壁，只有极薄的细胞膜，不足以保持固定形状，因而呈多形性，如球形、杆形、星形、螺旋形等。支原体可在人工培养基上生长繁殖，但营养要求高。

支原体在自然界分布广泛，在水、土壤、植物、动物及人体内均有存在。对畜禽有致病性的支原体有猪肺炎支原体、牛肺疫支原体、鸡败血支原体、无乳支原体等。

支原体对热的抵抗力一般与细菌相似，但有些支原体抵抗力较差，在 45℃15～30 分钟或 55℃15 分钟即被杀死。支原体对石炭酸、来苏儿和一些表面活性剂比细菌敏感，但对结晶紫、醋酸铊等的抵抗力比细菌大。多种抗生素如红霉素、四环素、卡那霉素、链霉素等对支原体有效，但青霉素的作用是破坏细菌细胞壁的合成，支原体无真性细胞壁，因而青霉素对支原体无效。

五、螺　旋　体

螺旋体被认为是介于细菌和原生动物之间的一类微生物，为细长、柔软、呈螺旋状、运动活泼的原核单细胞微生物。具有细菌的基本结构，如有细胞壁，无定形核，以二分裂方式繁殖；与原虫类似之处是菌体外无鞭毛，但在细胞壁和细胞膜之间有轴丝，轴丝的屈曲和收缩使其自由活泼运动。

螺旋体在自然界及动物体内广泛存在，对人、畜、禽有致病性的有下列3属：A. 疏螺旋体属，长3～15微米、宽0.2～0.5微米，螺旋弯曲、疏松且不规则，有3～10个螺旋，15～20条轴丝。有致病性的有鹅疏螺旋体、色勒氏疏螺旋体、回归热螺旋体等，常需中间缩主（蜱、虱）传播。B. 密螺旋体属，长5～20微米、宽0.09～0.5微米，有8～16个较细密而规则或不规则的螺旋，3～9条轴丝。有致病性的有苍白密螺旋体、兔密螺旋体及猪痢疾密螺旋体。C. 细螺旋体属，长6～20微米、宽0.1微米，螺旋微细，密而规则，轴丝1～2条，菌体一端或两端屈曲呈钩状，又称钩端螺旋体。致病性钩端螺旋体有多种型别，如黄疸出血群、流感伤寒群、波摩那群、秋季热群、犬群、七日热群等。

螺旋体对抗生素敏感，如青霉素、四环素、红霉素等。

六、立克次氏体

立克次氏体是介于细菌和病毒之间的一类原核细胞型微生物。立克次氏体细小，其大小为0.3～0.8微米×0.3～1.5微米，形态多样，有球形、哑铃状、长杆状或丝状。它有细菌的结构特征，如有典型的细菌细胞壁，除了战壕热立克次氏体外，不能在人工培养基上生长，只能在鸡胚和多种组织培养物等活细胞中繁殖。立克次氏体的抵抗力较弱，加热及灭菌化学药剂都能迅速杀死立克次氏体，但在干燥的蜱粪中能保持传染性达一年半之久。

立克次氏体的自然储存宿主是节肢动物，如蜱、虱、蚤、蝇等，但对它们常不引起任何疾病，当被感染的节肢动物叮咬或其粪便污染人、畜的伤口而能使人或畜致病。对人、畜致病的立克次体有贝纳氏柯克斯体、反刍兽考德里氏体、嗜噬胞埃里希氏体、结膜科尔斯氏小体等。

立克次氏体对抗生素如四环素、土霉素等药物敏感。

七、衣　原　体

衣原体是一类介于细菌和病毒之间，营严格细胞内寄生的原核细胞型微生物。衣原体有细胞壁，以类似一般细菌的二分裂方式繁殖，但不能在人工培养基上生长，必须寄生于细胞内。衣原体颗粒有两种类型：一种小而致密，称为原体，姬姆萨染色呈紫色，形状呈球形，直径 0.2～0.4 微米。另一种较大，致密度较低，称为网状体，呈球形或卵圆形，直径 0.5～1.2 微米。衣原体抵抗力不强，对季胺化合物等特别敏感，在干燥情况下，在外界至多存活 5 周，室温和日光下至多 6 天，加热 60℃ 10 分钟失去感染性。

衣原体是自然界分布最广的病原之一，能在人、哺乳动物和鸟类中引起疾病。致病的衣原体有鹦鹉热衣原体、牛衣原体、羊衣原体等。

衣原体对广谱抗生素如四环素等和高浓度的青霉素敏感，但不受链霉素、卡那霉素、万古霉素、杆菌肽和新霉素等抑制。大多数衣原体对磺胺类药物敏感（鹦鹉热衣原体除外），但容易形成抗药性。

附：革兰氏染色法：

（1）染液

Ⅰ液：结晶紫乙醇饱和液（2 克结晶紫溶于 95％乙醇 20 毫升内）加 1％草酸铵水溶液 80 毫升混匀。

Ⅱ液：碘 1 克，碘化钾 2 克加少量蒸馏水。充分振摇，溶解后加蒸馏水至 300 毫升。

Ⅲ液：95％乙醇。

Ⅳ液：10倍稀释的石炭酸复红或2％沙黄溶液。

（2）染色法　在已制涂片（或组织触片、血液推片）上，滴加Ⅰ液1分钟，水洗；滴加Ⅱ液媒染1分钟，水洗；将玻片上的残水甩掉，滴加Ⅲ液脱色，至无明显紫色继续脱掉为止，水洗；然后用Ⅳ液复染30秒钟，水洗，干燥，镜检。

（3）结果　革兰氏阳性细菌呈蓝紫色，革兰氏阴性菌呈淡红色。

第三章 传染病发生的过程

凡是由病原微生物引起，具有一定的潜伏期和临床表现，并具有传染性的疾病，称为传染病。

一、传染病发生的基本条件

传染病在畜（禽）群中发生和蔓延流行，必须具备三个相互连接的条件，即传染源、传播途径及对传染病易感的动物。这三个条件常统称为传染病流行过程的三个基本环节，当这三个条件同时存在并互相联系时就会造成传染病的发生和蔓延，而只要人为地破坏其中一个条件，就可以避免传染病的发生和蔓延。

（一）传染源（传染来源）

传染源是指某种传染病的病原体在其中寄居、生长、繁殖，并能排出体外的动物机体。具体讲传染源就是受感染的动物，包括传染病病畜（禽）和带菌（毒）动物。而被病原体污染的畜舍、饲料、水源、空气、土壤、用具、衣物等，都不能认为是传染源，而应称为传播媒介。

（二）传播途径

病原体由传染源排出后，经一定的方式再侵入其他易感动物所经的途径称为传播途径。在传播方式上可分为直接接触和间接接触传播两种。

1. 直接接触传播　这是在没有任何外界因素的参与下，病原体通过被感染的动物与易感动物直接接触（交配、舐咬等）而引起的传播方式。如狂犬病的传染，通常只有被病畜直接咬伤，并随着唾液将狂犬病病毒带进伤口的情况下，才有可能引起狂犬病的传染。

2. 间接接触传播　必须在外界环境因素的参与下，病原体通过传播媒介使易感动物发生传染的方式，称为间接接触传播。

（1）经空气（飞沫、飞沫核、尘埃）传播　主要是以呼吸道为侵入途径的传染病。当病畜（禽）咳嗽、喷嚏或鸣叫时喷出带有病原体的飞沫而引起的传染，叫飞沫传染，如结核病、猪气喘病、流感、鸡传染性喉气管炎等；而当病原体随分泌物和排泄物排至环境中去，再随尘埃飞扬而引起传染，叫尘埃传染，如结核病、痘病、炭疽等。

（2）经污染的饲料和水传播　主要是以消化道为侵入途径的传染病，如口蹄疫、猪瘟、猪丹毒、鸡新城疫、沙门氏菌病、结核病、炭疽等。其次是水中含有的病原体可经皮肤、黏膜侵入体内的传染病，如钩端螺旋体病等。

（3）经污染的土壤传播　主要见于那些对外界环境抵抗力较强，能在土壤中长期存活的病原体所引起的传染病，如炭疽、破伤风、气肿疽、恶性水肿、猪丹毒等。

（4）经活的传染媒介而传播　节肢动物中作为家畜传染病的媒介主要是虻类、螫蝇、蚊、蠓、家蝇和蜱等。它们通过在病、健畜间的螫吸血而机械性地传播病原体，如虻类和螫蝇可以传播炭疽、气肿疽、土拉杆菌病、马传染性贫血等病；蚊可传播各种脑炎、猪丹毒、鸡痘等；家蝇虽不吸血，但活动于畜体与排泄物、分泌物、尸体、饲料之间，它在传播一些消化道传染病方面的作用不可忽视。某些病原体（如立克次氏体）在感染家畜前，必须先在一定种类的节肢动物（如某种蜱）体内通过一定的发育阶段，才能致病，这称为生物性传播。

此外野生动物和人类也是重要的传播媒介。如易感动物中的狐、狼、吸血蝙蝠等将狂犬病传染给家畜，鼠类传播沙门氏菌病、钩端螺旋体病、布氏杆菌病、伪狂犬病，野鸭传播鸭瘟等。而一些本身对该病原体无易感性的野生动物，可机械地传播疾病，如乌鸦在啄食炭疽病畜尸体后从粪便内排出炭疽杆菌的芽孢；鼠类可能机械地传播猪瘟和口蹄疫。而与病畜密切接触的兽医和饲养人员，如果不做好消毒工作（如衣帽、注射器、体温计等），就可能成为马传染性贫血、猪瘟、炭疽、破伤风、鸡新城疫等病的传播媒介，必须引起充分注意。

传播途径虽然十分复杂，但就目前所知，病原体在更迭其宿主时，主要有两种方式：第一种方式称水平传播，即上述传播途径大多是在同一世代的动物之间的传播，可经消化道、呼吸道或皮肤黏膜创伤等在同一代动物之间横向传播。第二种方式称垂直传播，即有的传染病可经卵巢、子宫内感染或通过初乳而传播到下一代动物。如可经卵细胞传到下一代的有鸡白血病病毒、淋巴细胞性脉络丛脑膜炎病毒等，可经胎盘感染的有猪瘟病毒、蓝舌病病毒等，可经初乳感染的有哺乳类动物白血病病毒等。

(三) 易感畜 (禽) 群

畜（禽）群中如果有一定数量对某种病原体具有易感性的家畜（禽），这种畜（禽）群称易感畜（禽）群。当病原体侵入易感畜（禽）群时，可引起某种传染病在畜（禽）群中的流行。畜（禽）群的易感性与畜（禽）群中含易感家畜（禽）的数量成正比，而每头（只）家畜（禽）的易感性，又取决于它的饲养管理条件和免疫状态。如果有良好的饲养管理条件，合理使役，并有计划地进行预防接种，则可增强家畜（禽）的正常抵抗力并产生特异免疫力，就可降低畜（禽）群的易感性。在一般情况下，幼龄家畜（禽）较成年家畜（禽）的抗病力低，如大肠杆菌病、马腺疫等主要发生在幼龄畜（禽）群。

二、感染的类型

一种病原微生物侵入动物体后，必然激起动物体防卫系统的抵抗，相互斗争的结果，会出现三种情况：一种是病原体被机体消灭，没有形成感染；第二种是病原体在动物体的一定部位定居并大量繁殖，引起病理变化和表现出症状，这为显性感染；第三种是病原体与动物机体的防卫力量处于相对平衡状态，病原体能够在动物体某个部位定居，只能进行有限的生长、繁殖，仅引起比较轻微的病理变化，但动物不呈现任何症状，这为隐性感染。有隐性感染的动物会较长期地排出病菌（病毒），成为传染源。

三、传染病的发展阶段

传染病的发展过程在大多数情况下可以分为潜伏期、前驱期、明显（发病）期和转归期 4 个阶段。

（一）潜伏期

由病原体侵入机体并进行繁殖时起，直到疾病的临床症状开始出现为止的这一段时间称为潜伏期。潜伏期的长短，与入侵的病原体的毒力、数量及动物体抵抗力的强弱等因素有关。一些主要畜禽传染病的潜伏期如下：猪瘟 2～21 天，猪丹毒 1～7 天以上，猪水疱病 2～6 天左右，猪气喘病 3～30 天，炭疽数小时至 14 天，巴氏杆菌病数小时至 10 天，口蹄疫 14 小时至 11 天，布氏杆菌病 5～60 天以上，结核病 7 天至数个月，破伤风 1～30 天以上，狂犬病 8 天至 1 年以上，坏死杆菌病数小时至 15 天，气肿疽 1～9 天，绵羊痘 2～12 天，鸡新城疫 2～15 天，马鼻疽 3 天至数个月，马腺疫 1～18 天，马传染性贫血 5 天至 3 个月，马流行性淋巴管炎 14 天至 1 年。

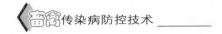

（二）前驱期

从疾病的一般症状出现开始，至疾病全部症状出现为止的这一段时间称为前驱期。动物表现精神沉郁，食欲减退，体温升高，呼吸和脉搏改变。前驱期通常只有数小时至一两天。

（三）明显期（发病期）

此期为疾病的特征性症状逐步明显地表现出来的阶段。不同疾病持续时间长短不同，如口蹄疫为1～2周，马腺疫为1周左右。这一阶段对正确诊断和治疗有着重要意义。

（四）转归期（恢复期）

这是疾病结束阶段，病畜（禽）有的死亡，有的恢复健康。康复的动物在一定时期内对该病具有免疫力，但体内仍残存并向外排放该病的病原微生物，成为健康带菌或带毒者，但最后病原体可被消灭清除。

第四章　畜禽传染病的防疫措施

畜禽传染病的发生和流行是由传染源、传播途径和易感动物三个因素相互联系而形成的。因此，采取适当的防疫措施来消除或切断造成流行的三个因素的相互作用，就可以使疫病不能再继续传播。在采取防疫措施时，要根据每个传染病的特点，对各个不同的流行环节，分别轻重缓急，找出重点措施，以达到在较短时期内以最少的人力、物力控制传染病的发生和流行。为了预防和扑灭传染病，应采取包括"养、防、检、治"四个基本环节的综合性措施。综合性防疫措施可分为平时的卫生防疫工作和发生疫病时的扑灭措施两个方面。

一、平时的卫生防疫工作

在畜禽疾病的防治工作中，一定要贯彻"预防为主，防重于治"的方针。依靠当地党政领导，发动群众，开展群众防治，这样才能把卫生防疫这项工作做好。平时的卫生防疫工作包括以下几个方面。

（一）加强饲养管理，搞好卫生消毒工作

加强饲养管理、搞好卫生消毒工作的目的在于增强畜禽机体的抗病能力。应给予合理的全价饲料（即饲料中的能量、蛋白质、矿物质、维生素等的构成应合理）和清洁的饮水；经常保持厩舍的卫生，粪便采用堆肥发酵法处理（在堆粪的地方挖 20 厘

米深，先放一些杂草，然后再堆粪，粪干时掺些稀粪，粪稀时加些垫草或杂草，堆到1～1.5米高时，粪堆外面抹一层10厘米以上的泥，经2～3个月就可作肥料使用）或用发酵池处理（按粪便的多少挖一简便发酵池，将每天清除的粪便、垫草污物倒入，堆积要疏松，装满时，铺上一层干草，再加一层泥土封好，一般经2～3个月即可），经发酵处理的粪便，能将其中的寄生虫虫卵、幼虫杀死，将非芽孢的病原微生物污染的粪便变为无害；定期对厩舍、运动场等进行消毒，常用的消毒药有30%热草木灰水、10%～20%石灰乳、2%～3%来苏儿、2%～3%克辽林、5%氨水、10%～20%漂白粉、5%碳酸钠、2%氢氧化钠等；做好杀虫、灭鼠工作。

（二）坚持"自繁自养"的原则

自繁自养的目的之一是杜绝疫病传入的机会。当需要从外地购入畜禽时，一定要购入经过兽医检疫部门检疫，并确认为健康的畜禽。购入后经14～90天的隔离饲养后，无异常表现时，经检疫和驱虫后再与原有的畜禽混合饲养。

（三）认真贯彻国家防疫、检疫法规

认真贯彻国家防疫、检疫法规，加强国境检疫、运输监督、市场监督和屠宰检疫等各项工作，以便及时发现并消灭传染源。

（四）定期驱虫

根据各地区、各场的具体情况，掌握各种畜禽寄生虫的种类及其生活史的规律，然后施行有效的定期驱虫，保证畜禽的健康。

（五）定期执行预防接种计划

定期执行预防接种计划，提高畜禽的免疫力。预防接种应根据各地区、各场的具体情况，有目的地制定合理有效的接种计

划，提高畜禽的免疫力，防止传染病的发生。

1. 免疫预防用的生物制品　用微生物（细菌、噬菌体、立克次氏体、病毒、衣原体、支原体、螺旋体等）、微生物代谢产物、寄生虫、动物毒素、人或动物的血液或组织等直接制备或用现代生物技术、化学方法制成，作为预防、治疗、诊断特异传染病或其他有关疾病的制剂通称为生物制品。根据生物制品所采用的材料、制法或用途不同，可分为菌苗、疫苗、抗血清与抗毒素、类毒素、混合制剂、血液制品、诊断制品、生物技术制品及其他等 10 类。

用细菌、支原体、螺旋体等制成的生物制品称为菌苗；用病毒、衣原体、立克次氏体等制成的生物制品称为疫苗；用寄生虫制成的生物制品称为虫苗。在实际应用中，人们已习惯于将这些制品统称为疫苗，其涵义是接种人或动物体后可以获得自动免疫的生物制品。按疫苗的生长繁殖能力和残留毒力，将其分为强毒疫苗、弱毒疫苗和灭活疫苗。

（1）强毒疫苗　强毒疫苗是利用强毒株病毒在饲养条件最好的情况下，使全群动物感染，待康复后，即可留下良好的免疫力。这种疫苗只是在万不得已的情况下使用，如小鹅瘟病毒对雏鹅毒力很强，但对成鹅无致病力，因此免疫产蛋母鹅可使所产蛋孵出的雏鹅获得母源抗体，而抵抗小鹅瘟。另外，发生鸡传染性喉气管炎时，若无弱毒疫苗则可用强毒泄殖腔刷种的方法来控制。

（2）弱毒疫苗（活疫苗、活苗）　目前应用的活疫苗主要是弱毒疫苗，一般所讲的活苗也就是指弱毒疫苗。弱毒疫苗的毒力很低，但仍保持原来的免疫性，并能在动物体内一时性繁殖。弱毒疫苗有的是从自然界直接筛选的，有的是人工致弱的，也有的是异源疫苗（如火鸡疱疹病毒 HVT Fc - 126 冻干苗）。

（3）灭活疫苗（死苗）　灭活疫苗是用化学药品将病原体灭活，使其失去致病性和繁殖能力，但仍保持免疫原性而制备的生物制品，这种疫苗又称死苗。目前灭活病原体最常用的化学药品是甲醛、氧化乙烯等。为了增强灭活苗的免疫效果，常须在疫苗中加入佐剂，如氢氧化铝、磷酸钙、皂素、油乳剂等，根据死苗中添加佐剂的不同，灭活苗又可分为氢氧化铝苗（铝胶苗）、油乳剂灭活苗（油苗）等类型。

2. 疫苗的保存、运输和使用　疫苗有灭活疫苗和活疫苗，对这两种制品的定名原则是：灭活疫苗的"灭活"两字不标明，而活疫苗除习用的外，均应标明"弱毒"，若二者同时存在，则标明"灭活"和"活"的字样。

（1）疫苗的保存　A. 弱毒疫苗：不管是冻干苗，还是湿苗，均应低温保存（-15℃以下），而且温度越低，保存时间越长，如猪瘟冻干苗，在-15℃以下保存1年，0～8℃保存6个月，10～25℃保存10天。在缺乏冷冻冷藏条件的地方，可以利用地窖、窑洞等较凉处贮存疫苗，也可暂时放置在阴凉处，温度最好保持在15℃以下，并应注意有效期限。对于真空冻干苗，还应注意其真空度。鸡马立克氏病"814"弱毒疫苗应在温度-196℃的液氮罐中保存，保存期为2年。B. 灭活疫苗：灭活疫苗的保存要简单得多，一般保存在4～10℃的暗处，不需冷冻。相反，油乳剂灭活苗在冷冻后会出现破乳分层现象，影响其效力。

（2）疫苗的运输　弱毒疫苗（活疫苗）的运输一般要求"冷链"，即需要冷藏工具如冷藏车、冷藏库、保温瓶（箱）等，购买时要弄清各种疫苗保存和运输中要求的条件，运输时装入保温冷藏设备中，购入后立即按规定温度存放，严防在高温和日光下保存和运输。而灭活苗在运输中要防止冻结和曝晒。

（3）疫苗的使用　疫苗是一类特殊的药品，使用时必须按有关程序进行，在使用中应注意下列几点。

①了解本地、本场各种疫病发生和流行情况，依据疫病的种类和流行特点，制定符合本地、本场实际情况的疫病免疫程序。把预防做到疫病来临之前。

②选用质量可靠的疫苗，不要使用没有批号的不正规厂家生产的疫苗，也不要盲目相信进口疫苗，因为这些疫苗中可能污染有其他当地没有的病原体。

③注意畜、禽状况，如健康状态、年龄大小、饲养情况等，如果使用疫苗前即有疫情发生，应结合有关的紧急预防措施进行。

④使用前必须对疫苗进行检查，检查保存方法，有无破损，有效期，色泽、气味或其他物理性状有无异常。当没有瓶签或瓶签模糊不清和过期失效的疫苗，瓶塞松动或疫苗瓶有裂纹及疫苗变化（色泽发黑、制剂发霉等），疫苗瓶失空等时，该瓶疫苗不得使用。

⑤选择最佳的接种方法，严格仔细地进行操作，才能保证预防接种的效果。畜禽疫苗的免疫方法可分为群体免疫法和个体免疫法，前者包括气雾、饮水、拌料、浸嘴法等，后者包括注射、刺种、点眼、滴鼻等。行之有效的措施是详细阅读疫苗使用说明书，选用规定的稀释液，采用最佳的疫苗接种方法，认真操作。

⑥饮水、气雾、拌料接种疫苗的前 2 天和后 5 天之内不得饮用消毒药（如高锰酸钾等）和进行厩舍的喷雾消毒；使用弱毒菌苗的前后各 1 周内不得使用抗微生物药物。

免疫接种的注射器、针头和镊子等用具应严格消毒，做到每头用一个针头，并将换下来的针头浸入酒精、新洁尔灭或其他消毒液中，浸泡 20 分钟后，用清洁的水冲洗后，再经煮沸消毒后重新使用。接种过程也应注意消毒，接种后的用具、空疫苗瓶也应进行处理。

⑦做好接种记录，包括疫苗的种类、批号、生产日期、厂家、剂量、接种方法和途径、接种时间、参加人员、单位和畜主、畜禽种类、品种、年龄、性别、接种反应等，并对接种的检测效果进行记录。

⑧在免疫接种时，若遇到因疫苗引起的过敏反应时，不要惊

慌，应立即处治，即立即注射 0.1‰盐酸肾上腺素，皮下或肌肉注射量：牛、马 2～5 毫升，猪、羊 0.2～1 毫升，犬 0.1～0.5 毫升，猫 0.1～0.2 毫升；静脉或腹腔注射量：牛、马 1～3 毫升，猪、羊 0.2～0.6 毫升，犬 0.1～0.3 毫升。随后注射盐酸异丙嗪（牛、马 0.25～0.5 克，猪、羊 0.05～0.1 克，犬 0.025～0.1 克，肌肉注射）或盐酸苯海拉明（马、牛、犬 0.5～1 毫克/千克，猪、羊 0.04～0.06 克）或地塞米松（牛 5～20 毫克，马 2.5～5 毫克，猪 4～12 毫克，犬 0.12～1 毫克），同时可静脉注射 5%或 10%葡萄糖注射液（牛、马 500～2 000 毫升，猪、羊 100～500 毫升，犬 100～250 毫升）。

⑨预防接种后的 1 周内应对接种的畜禽进行巡视，发现异常应及时处理。

3. 常用疫（菌）苗

（1）猪瘟兔化弱毒湿苗（兔化弱毒湿苗及牛体反应湿苗） 用灭菌生理盐水稀释，不论大小猪一律肌肉或皮下注射 1 毫升。注射后 4 天产生免疫力，免疫期 1 年。

（2）猪瘟兔化弱毒冻干苗 按瓶签注明剂量用灭菌蒸馏水稀释，不论大小猪一律皮下或肌肉注射 1 毫升，4 天后产生免疫力，免疫期可达 1 年以上。若哺乳仔猪进行预防接种，须在其断乳后再注射一次。

（3）仔猪黄、白痢 MM 工程菌苗 按说明书上的剂量给怀孕母猪在产前 15～25 天口服，使母猪免疫，而仔猪通过哺乳获得被动免疫。

（4）猪肺疫氢氧化铝菌苗 断乳后的大小猪皮下或肌肉注射 5 毫升，14 天后产生免疫力，免疫期为 9 个月。

（5）口服猪肺疫弱毒菌苗 不论大小猪一律口服 3 亿个菌，7 天后产生免疫力，免疫期 6 个月。

（6）猪丹毒氢氧化铝甲醛菌苗 10 千克以下的小猪和未断奶猪皮下或肌肉注射 3 毫升，45 天后再注射 3 毫升；10 千克以上断奶猪，皮下或肌肉注射 5 毫升，14～21 天产生免疫力，免疫期为 6 个月。

（7）猪丹毒弱毒菌苗 按说明书稀释注射，7 天后产生免疫力，免疫期为 6 个月。

（8）猪丹毒、猪肺疫氢氧化铝二联苗 用法与猪丹毒氢氧化铝甲醛菌苗相似，注射 14～21 天产生可靠免疫力，免疫期 6 个月。

（9）猪瘟、猪肺疫、猪丹毒三联冻干苗，猪瘟、猪肺疫二联冻干苗 按说明书稀释注射，注射后 14～21 天产生免疫力，猪瘟免疫期 1 年，猪肺疫、猪丹毒为 6 个月。

（10）仔猪副伤寒弱毒菌苗 按瓶签标明头份用 20％氢氧化铝胶生理盐水稀释，1 月龄以上的猪，一律肌肉注射 1 毫升，免疫期 9 个月。如果应用其口服苗，则按说明书使用。

（11）猪气喘病弱毒菌苗 每头份加生理盐水 5 毫升稀释，右侧胸腔注射，断奶后的猪及怀孕 2 个月以内的母猪均可注射，免疫期 8 个月。

（12）猪链球菌氢氧化铝菌苗 不论大小猪一律肌肉或皮下注射 5 毫升，浓缩菌苗则注射 3 毫升，21 天产生免疫力，免疫期 6 个月。

（13）猪链球菌弱毒冻干苗 按瓶签注明头份用 20％氢氧化铝胶生理盐水稀释，双月以上猪一律肌肉注射 1 毫升，7 天后产生免疫力，免疫期可达 12 个月。

（14）仔猪红痢菌苗 母猪分娩前 1 个月，肌肉注射 5 毫升，15 天后再以 8～10 毫升剂量注射一次，使母猪免疫，从而使仔猪通过哺乳获得被动免疫。

（15）猪水疱病乳鼠化弱毒疫苗 每猪肌肉注射 2 毫升，7 天后产生免疫力，免疫期为 6 个月。

（16）猪萎缩性鼻炎灭活菌苗 按说明书使用，免疫期为 6 个月。

（17）无毒炭疽芽孢苗　1岁以上的大动物，皮下注射1毫升；1岁以下的大动物、绵羊和猪，皮下注射0.5毫升，14天后产生免疫力，免疫期为1年。山羊不能使用此种菌苗。

（18）第Ⅱ号炭疽芽孢苗　各种家畜不论大小一律皮下注射1毫升，14天后产生免疫力，免疫期1年。山羊皮内注射0.2毫升。

（19）炭疽芽孢氢氧化铝佐剂苗　一般称浓芽孢苗，其优点是可减少注射反应，用法见瓶签。

（20）布氏杆菌猪型2号弱毒苗　牛饮服500亿活菌；猪皮下注射2次，每次2毫升，间隔30～45天；山羊0.25毫升、绵羊0.5毫升肌肉注射。阳性家畜、3月龄以下羔羊、仔猪、孕羊均不能注射。饮水免疫时，按说明书使用。免疫期，牛、绵羊为1.5年，山羊和猪为1年。

（21）布氏杆菌羊型5号菌苗　按说明书使用，免疫期为1年。

（22）破伤风明矾沉淀类毒素　大动物皮下注射1毫升，幼畜、绵羊、山羊各皮下注射0.5毫升，1个月后产生免疫力，免疫期为1年，第2年再注射一次，免疫期可持续4年。幼畜生后5～6周注射破伤风类毒素，6个月后需再注一次。

（23）肉毒梭菌（C型）菌苗　皮下注射，牛为10毫升、绵羊4毫升、骆驼20毫升，免疫期1年。

（24）气肿疽明矾菌苗　大小牛皮下注射5毫升，6月龄以下牛在满6月龄时再注一次，羊皮下注射1毫升，免疫期约6个月。

（25）出血性败血病氢氧化铝菌苗　牛100千克体重以下皮下或肌肉注射4毫升，100千克以上则注射6毫升，21天后产生免疫力，免疫期9个月。

（26）牛肺疫兔化弱毒疫苗　按说明书使用，注射后3～4周产生免疫力，免疫期1年。

（27）牛瘟兔化弱毒疫苗　按说明书使用，免疫期 1 年以上。

（28）口蹄疫弱毒苗　肌肉或皮下注射，牛 1～2 岁 1 毫升，2 岁以上 2 毫升，1 岁以下不注射，14 天后产生免疫力，免疫期 4～6 个月。本品只预防同型病毒的传染。

（29）口蹄疫灭活疫苗　仅适用于猪。皮下注射 5 毫升，14 天后产生免疫力，本品亦只能预防同型病毒的传染。

（30）牛羊伪狂犬病氢氧化铝甲醛灭活苗　皮下注射，成年牛 10 毫升，犊牛 8 毫升，山羊 5 毫升，免疫期牛为 1 年，山羊为 6 个月。

（31）牛传染性鼻气管炎弱毒苗　按说明书使用。

（32）牛流行热弱毒苗　按说明书使用。

（33）犊牛副伤寒菌苗　按说明书使用。

（34）羊快疫、猝狙、肠毒血症三联菌苗　成年羊和羔羊一律皮下或肌肉注射 5 毫升，14 天后产生免疫力，免疫期半年。

（35）羔羊痢疾菌苗　母羊分娩前 20～30 天皮下注射 2 毫升，在分娩前 10～20 天再皮下注射 3 毫升，第二次注射后 10 天产生免疫力，免疫期母羊为 5 个月，经乳汁使羔羊被动免疫。

（36）黑疫、快疫混合菌苗　羊不论大小均皮下注射或肌肉注射 3 毫升，牛 10 毫升，14 天后产生免疫力，免疫期 1 年。

（37）羊厌氧菌氢氧化铝甲醛五联苗　用于预防羊快疫、羔羊痢疾、猝狙、肠毒血症和黑疫。羊不论年龄大小均皮下或肌肉注射 5 毫升，14 天后产生免疫力，免疫期 6 个月以上。

（38）羔羊大肠杆菌病菌苗　3 月龄至 1 岁的羊皮下注射 2 毫升，3 月龄以下的羔羊皮下注 0.5～1 毫升，14 天后产生免疫力，免疫期 5 个月。

（39）山羊传染性胸膜肺炎氢氧化铝菌苗　皮下或肌肉注射，6 月龄以下的山羊 3 毫升，6 月龄以上 5 毫升，14 天后产生免疫力，免疫期 1 年。

（40）羊链球菌氢氧化铝菌苗　绵羊和山羊不论大小，一律皮下注射3毫升，3月龄以下羔羊于第一次注射后14～21天再重复注射一次，剂量相同，14～21天产生免疫力，免疫期6个月。

（41）羊痘鸡胚化弱毒疫苗　按瓶签记载的疫苗用量，用生理盐水25倍稀释，不论羊只大小一律皮下注射0.5毫升，6天后产生免疫力，免疫期1年。

（42）马传贫驴白细胞弱毒疫苗　10倍稀释后皮下注射2毫升，3个月后产生免疫力，免疫期2年。

（43）沙门氏菌马流产弱毒冻干菌苗　冻干苗用20％氢氧化铝胶悬液稀释成每份1毫升含活菌100亿个，成年马肌注1毫升，1月龄以上幼驹剂量减半，隔4个月后重复注射一次。

（44）钩端螺旋体菌苗　按说明书使用。

（45）流行性乙型脑炎弱毒疫苗　在疫区每年4～5月，对4月龄至1.5岁的马、骡和新从外地购入的马、骡皮下或肌肉注射2毫升，猪0.5～1毫升。

（46）狂犬病疫苗　皮下注射，犬3～5毫升，猪10～25毫升，牛、马25～50毫升，免疫期6个月。

（47）兽用狂犬病BHK21－ERA株弱毒冻干苗　2月龄以上犬肌肉注射1毫升，羊2毫升，牛和马3毫升，免疫期1年。

（48）犬瘟热鸡胚弱毒疫苗、犬瘟热鸡胚细胞培养疫苗　未吃初乳的仔犬应在生后2周接种，正常哺乳的幼犬在断奶后接种，在6月龄时均需进行第二次接种，以后每年接种疫苗一次。按瓶签头份作10倍稀释，皮下或肌肉注射1毫升，2～4周产生免疫力。

（49）犬细小病毒灭活疫苗　幼犬7～8周龄和10～11周龄各进行一次免疫；妊娠母犬产前20天免疫一次；成年犬每年接种两次。

（50）犬细小病毒弱毒疫苗　按说明书使用。

（51）猫细小病毒灭活疫苗　用于免疫幼犬。按说明书使用。

（52）犬传染性肝炎弱毒疫苗　9～12周龄进行第一次接种，于15～18周龄再接种一次，以后每年接种一次。

（53）犬传染性肝炎灭活疫苗　7～8周龄进行第一次接种，间隔2～3周第二次接种，以后每半年注射一次。

（54）犬疱疹病毒灭活佐剂疫苗　按说明书使用。

（55）犬传染性口腔乳头状瘤福尔马林灭活组织乳剂疫苗按说明书使用。

（56）犬瘟热、犬传染性肝炎、狂犬病、犬细小病毒性肠炎、犬副流感五联苗　初次使用皮下或肌肉注射2毫升，经3～4周后再重复注射一次。以后每半年注射2毫升。

（57）兔出血症甲醛灭活疫苗　肌肉注射，1～2月龄0.5毫升，2月龄以上1毫升，免疫期6个月。

（58）兔巴氏杆菌灭活菌苗　皮下或肌肉注射1毫升，注射后7天产生免疫力，免疫期为4～6个月。

（59）兔巴氏杆菌弱毒冻干菌苗　按说明书使用。

（60）兔魏氏梭菌灭活苗　断乳兔、青年兔、成年兔皮下注射1毫升，注射后7天产生免疫力，免疫期4～6个月。

（61）兔魏氏梭菌性肠炎类毒素苗　按说明书使用。

（62）兔出血症、巴氏杆菌、魏氏梭菌三联苗　按说明书使用。

（63）兔出血症、巴氏杆菌二联苗　按说明书使用。

（64）兔魏氏梭菌、巴氏杆菌二联苗　肌肉注射，第一次1毫升，间隔14天后再注射2毫升，免疫期7个月。

（65）兔伪结核多价灭活苗　断乳后的兔皮下或肌肉注射1毫升，免疫期6个月。

（66）兔沙门氏菌灭活苗　母兔在配种前或怀孕初期和仔兔断乳前1周皮下或肌肉注射1毫升，免疫期6个月。

（67）兔波氏杆菌灭活菌苗　每兔皮下或肌肉注射1毫升，注射后7天产生免疫力，免疫期6个月。

(68) 兔葡萄球菌灭活苗　每兔皮下注射1毫升，免疫期6个月。

(69) 兔绿脓假单孢菌多价灭活苗　每兔皮下或肌肉注射1毫升，注射后7天产生免疫力，免疫期6个月。

(70) 兔绿脓假单孢菌单价灭活苗　按说明书使用。

(71) 鸡新城疫Ⅱ系弱毒冻干苗　各种日龄的鸡均可使用，但一般多用于7日龄以上的雏鸡。以灭菌生理盐水或蒸馏水、冷开水将疫苗10倍稀释，用无菌滴管吸取疫苗，滴入鸡鼻孔内2滴（0.05～0.1毫升）；大鸡群可将疫苗稀释，倒入饮水器内，使每只鸡平均饮入实际疫苗量为滴鼻量的3～4倍，让鸡饮服；对雏鸡还可作气雾免疫，用量为滴鼻量的5倍。免疫后7～9天产生免疫力，免疫期：2月龄鸡为3～4个月；初生雏鸡为25～30天，之后再进行一次免疫，至3～4月龄时应再用鸡新城疫Ⅰ系弱毒疫苗免疫一次。

(72) 鸡新城疫Ⅳ系弱毒活疫苗　一般用于7日龄以上雏鸡或经Ⅱ系弱毒活苗免疫过的鸡，如用气雾法免疫，鸡龄应在1月龄以上。其具体用量、用法同鸡新城疫Ⅱ系弱毒活苗。

(73) 鸡新城疫V4株冻干苗　各种日龄的鸡均可使用，但主要用于雏鸡首免。取1瓶600羽份冻干疫苗，用30毫升灭菌生理盐水稀释并混合均匀后，用滴管给每只10～14日龄鸡滴鼻2滴（约0.05毫升）。如果用15毫升灭菌蒸馏水稀释，1瓶600羽份冻干苗可供300只雏鸡饮水免疫。疫苗稀释后，应放冷暗处，因该苗对热比较稳定，当天没用完，第2天仍可使用。疫苗接种后6天产生免疫力，免疫期至少4.5个月。

(74) 鸡新城疫油乳剂灭活苗　可供各种日龄使用。2周龄以内雏鸡颈部皮下或肌肉注射0.2毫升，同时用鸡新城疫Ⅱ系弱毒活苗或Ⅳ系弱毒活苗10～20倍稀释液1～2滴点眼或滴鼻，免疫期可达2～4个月。7～10日龄肉鸡颈部皮下或肌肉注射0.2毫升，同时用鸡新城疫Ⅱ系弱毒活苗或Ⅳ系弱毒活苗滴鼻或点眼，可保护至出售。未经弱毒免疫过的 2 周龄以上鸡注射 0.5 毫升，2 周后可产生免疫力，免疫期可达 10 个月。经弱毒苗免疫过的鸡再注射油乳剂苗后 1 周即可产生抗体。用弱毒活疫苗或者弱毒活疫苗与油乳剂灭活苗共同免疫过的鸡，在开产前 2～3 周注射 0.5 毫升油乳剂活苗，可保护整个产蛋期。

（75）鸡新城疫Ⅰ系中等毒力株冻干苗　专供已用鸡新城疫Ⅱ系弱毒活苗或Ⅲ系弱毒活苗或Ⅳ系弱毒活苗免疫过的 2 月龄以上鸡预防鸡新城疫用，不可用于初出壳雏鸡。按瓶签注明的羽份将疫苗作 100 倍稀释，用灭菌的新钢笔尖蘸取疫苗，在鸡翅膀内侧无血管处刺种两次，或皮下注射 0.1 毫升；点眼 2 滴；或将疫苗作 1 000 倍稀释，在鸡胸部肌肉注射 1 毫升。注射后 3～4 天产生免疫力，免疫期为 2 年，经点眼法免疫的鸡，免疫期为 9 个月。

（76）鸡新城疫（Ⅱ系）、鸡传染性支气管炎弱毒（H120）冻干二联苗　适用于 1 日龄以上的鸡。蒸馏水 10 倍稀释，每只鸡滴鼻 1 滴（约 0.05 毫升）；饮水按实含病毒组织量 0.01 克混入饮水中。第一次免疫后 20～30 日用Ⅱ系 H120 二联苗二免，经 50～60 天再用相同的二联苗进行第三次免疫，以后每隔 4 个月均用该二联苗免疫一次。

（77）鸡新城疫（Ⅳ系）、鸡传染性支气管炎弱毒（H120）冻干二联苗　适用于 7 日龄以上的鸡，用法同鸡新城疫（Ⅱ系）、鸡传染性支气管炎弱毒冻干二联苗。

（78）鸡新城疫（Ⅰ系）、鸡传染性支气管炎弱毒（H52）二联苗　适用于经弱毒苗免疫后 2 个月以上的鸡。经用鸡新城疫（Ⅱ系或Ⅳ系）、鸡传染性支气管炎弱毒（H120）二联苗进行第二次免疫后 50～60 天，用鸡新城疫（Ⅰ）系、鸡传染性支气管炎弱毒（H52）二联苗进行免疫，免疫后 6 个月再用鸡传染性支气管炎弱毒（H52）疫苗饮水免疫一次。用量和方法按瓶签说明使用。

（79）鸡新城疫、鸡传染性支气管炎二联油乳剂苗　16～18周龄蛋鸡或种鸡，胸肌或颈部皮下注射，每只 0.5 毫升。也可和鸡新城疫Ⅱ系（或Ⅳ系）、鸡传染性支气管炎弱毒（H120）冻干二联苗，同时分别进行初次免疫，每只雏鸡 0.2 毫升。

（80）鸡传染性支气管炎油乳剂灭活苗　用于雏鸡和种鸡。用法和用量按瓶签说明使用。

（81）鸡传染性支气管炎弱毒（H120、H52）疫苗　H120疫苗可用于各种品种的初出壳雏鸡，而 H52 疫苗用于 3 周龄以上的鸡，不可用于初出壳雏鸡。用灭菌生理盐水、蒸馏水或冷开水将疫苗作 10 倍稀释，每只鸡滴鼻 1 滴（约 0.05 毫升）；也可按瓶签说明的剂量，用不含氯离子等消毒剂的冷开水或蒸馏水将疫苗稀释成鸡群一次饮水量，供鸡群 1～2 小时饮用。接种后5～8 天产生免疫力，H120 疫苗免疫期为 2 个月，H52 疫苗免疫期为 6 个月。

（82）鸡传染性法氏囊病油乳剂灭活苗　各种年龄的鸡均可使用，尤其适用于无母源抗体的雏鸡和种鸡产蛋前的免疫。带有母源抗体的雏鸡，应在母源抗体消失后使用，或与弱毒活苗同时使用。雏鸡 0.2～0.4 毫升，8 周龄以上青年鸡 0.5 毫升，18～20 周龄种母鸡 1 毫升，皮下或肌肉注射。接种后 10～14 天产生抗体，免疫期：10～15 日龄雏鸡为 2～3 个月；种鸡注射后抗体水平可维持 20～24 周，可使后代雏鸡在 3～4 周内获得较高的母源抗体，不被野毒感染。

（83）鸡传染性法氏囊病弱毒冻干苗　供预防雏鸡传染性法氏囊病使用。按标签说明书用量，将疫苗加入不含氯离子、消毒剂及其他药物的清洁冷水中，充分溶解、摇匀，作饮水免疫。雏鸡接种法氏囊病弱毒苗之后，法氏囊的免疫功能暂时受到影响，在接种该疫苗的同时或其后大约 1 周内，不宜再接种其他疫苗，因此，法氏囊弱毒苗的免疫日期一般应在鸡新城疫Ⅱ系或Ⅳ系疫苗免疫后 7～10 天再进行。在第一次免疫时，可将弱毒活苗和油剂灭活苗同时使用。种鸡在 18～20 周龄时及 40～42 周龄时进行两次油乳剂灭活苗注射，以确保整个产蛋期所产种蛋孵化出的雏鸡均能获得可靠的母源抗体，使其出壳后 3～4 周具有较强的抗传染性法氏囊病免疫力。

（84）鸡痘鹌鹑化弱毒疫苗　6 日龄以上雏鸡和成鸡均可使用。将冻干疫苗按说明用 50％甘油生理盐水或生理盐水 100 倍或 200 倍稀释（每克毒可用 1 000 羽份），摇匀后，用灭菌钢笔尖或刺种针头蘸取疫苗，于鸡翅内侧无血管处皮下刺种。6～20 日龄雏鸡用 200 倍稀释液刺种一次；20～30 日龄小鸡用 100 倍稀释液刺种一次；1 月龄以上鸡用 100 倍稀释液刺种两次。接种后 14 天产生免疫力，雏鸡免疫期为 2 个月，大鸡为 5 个月。

（85）鸡痘鹌鹑化弱毒甘油疫苗　6 日龄以上雏鸡和成鸡均可使用，皮下注射。剂量按瓶签说明使用。免疫期与鸡痘鹌鹑化弱毒苗相同。

（86）汕系鸡痘弱毒疫苗　专供预防雏鸡鸡痘。冻干苗用生理盐水或甘油磷酸缓冲液按 1∶50 倍稀释，剂量按瓶签说明使用。

（87）鸡痘鹌鹑化弱毒细胞苗　用途、用法与用量、免疫期与鸡痘鹌鹑化弱毒疫苗相同。稀释后，用注射器吸取稀释后的疫苗，滴 1 滴于翅内侧无血管处或眉部无毛处，然后用针头在滴疫苗处刺种。20 日龄以下鸡刺种一下，20 日龄以上鸡刺种两下；也可在鸡大腿上拔去几根羽毛，用小棉拭子蘸疫苗或用注射器滴 1 滴疫苗涂拭在毛囊开口处，或用小喷雾器将稀释后的疫苗喷洒在毛囊开口处。接种后 10～14 天产生免疫力，1 月龄以内雏鸡免疫期为 1.5～2 个月，1 月龄以上雏鸡免疫期为 2～2.5 个月。蛋鸡或其他鸡在雏鸡免疫后 60 天再免疫 1 次，效果较好。

（88）鸽痘源鸡痘蛋白明胶弱毒疫苗　适用于各种年龄的鸡。初出壳雏鸡在腿部拔去 20 根左右的羽毛，用煮沸消毒过的毛笔蘸取经 1∶10 倍稀释的疫苗涂搽在毛孔内，6～8 天产生免疫力，免疫期为3～4个月。

（89）火鸡疱疹病毒HVT Fc-126冻干苗　专供预防鸡马立克氏病用，适用于1～3日龄各种品种的雏鸡。用疫苗所附的专用稀释液，按瓶签标明的头份注射量进行稀释，肌肉或皮下注射0.2毫升。稀释后的疫苗，在避光并有冰块的容器内存放，最好在30分钟内用完。接种后10～14天产生免疫力，免疫期1.5年。为了保证免疫效果，避免鸡马立克氏病毒早期感染雏鸡，应尽早提前注射，目前通常要求在出壳后24小时内接种完毕，最好是在12小时内接种完毕。

（90）鸡马立克氏病814弱毒疫苗　各品种1～3日龄雏鸡均可应用。按每批使用说明书和瓶签上注明的头份和剂量，用疫苗稀释液稀释后，每只雏鸡肌肉或皮下注射0.2毫升。接种后8天产生免疫力，免疫期为1.5年。该种疫苗应在－196℃的液氮罐内保存，保存期为2年。稀释后的疫苗应避免日光照射，1小时内用完。

（91）鸡马立克氏病二价油佐剂灭活疫苗　适用于各品种1～3日龄雏鸡。将瓶装疫苗充分摇匀后，每雏颈背部皮下接种0.2毫升，接种后10～14日后产生免疫力，免疫期为1.5年。

（92）鸡传染性喉气管炎弱毒苗　按说明书的羽份，稀释后采用点眼或饮水法接种，蛋鸡可在4～6周龄时接种一次，12～16周龄再接种一次。由于使用弱毒活苗有散毒危险，因此在无鸡传染性喉气管炎病流行的地区一般不要轻易使用本疫苗。

（93）鸡传染性脑脊髓炎冻干疫苗　用于10周龄以上的鸡。按标签说明将疫苗稀释后采用饮水法、点眼或翅膀内刺种法免疫。留种母鸡在10～14周龄时和产蛋前3周各接种一次；蛋鸡群只需10～14周龄时进行一次接种。接种后14天产生免疫力，免疫期为6个月。未发生本病的地区不宜使用本疫苗。

（94）鸡脑脊髓炎油乳剂灭活苗　可供未发生鸡脑脊髓炎地区防止该病发生进行预防或用于种鸡群，使后代雏鸡获得母源抗体，预防鸡脑脊髓炎病发生。对 10 周龄及 18～19 周龄种鸡进行接种（皮下注射），每只 1 毫升；也可以接种产蛋母鸡。接种后 9～14 天产生免疫力，免疫期 9 个月。种母鸡接种后，可使雏鸡获得母源抗体，得到保护。

（95）鸡传染性脑脊髓炎深冻疫苗　用途、用法和用量等与鸡传染性脑脊髓炎冻干苗相同。

（96）禽呼肠孤病毒性关节炎弱毒I号活毒冻干苗、禽呼肠孤病毒性关节炎弱毒II号活毒冻干苗　I号活毒冻干苗用于接种 5～7 日龄雏鸡，II号活毒冻干苗用于接种 6～8 周龄幼鸡，可按规定量接种。活苗于颈部中下 1/3 处皮下注射，雏鸡首次 0.1 毫升，第二次免疫 0.2 毫升。1 周龄雏鸡首次活苗接种后 7～9 天产生免疫力，4 周龄进行第二次活苗接种，免疫期可持续 4 个月。

（97）禽呼肠孤病毒性关节炎灭活苗　用于小鸡和大鸡。肌肉或皮下注射剂量，小鸡 0.2 毫升，大鸡 0.5 毫升。当雏鸡用活苗接种两次后，在 12 周龄或 18～20 周龄时再次用灭活苗接种，免疫期可持续 1 年。

（98）鸡减蛋综合征氢氧化铝胶灭活苗　用于 60 日龄以上青年蛋用母鸡接种。在 19 周龄接种一次，或开产前 3～4 周进行一次初免，经 4～10 周后再重复免疫一次。肌肉注射每次各 0.5 毫升。接种后 14 天产生免疫力，免疫期 4 个月以上。

（99）鸡减蛋综合征双相油乳剂灭活苗　用途、用法和用量、免疫期与鸡减蛋综合征氢氧化铝胶灭活苗相同。

（100）鸡传染性贫血弱毒冻干苗　适用于 12～16 周龄种鸡进行饮水免疫接种，按 1 000 头份疫苗溶于 40 千克饮水的比例，让鸡饮用，在饮水中加入 0.2%脱脂奶粉效果更好。接种后 7～9 天产生免疫力，免疫期 4 个月。

（101）鸡新城疫、鸡传染性法氏囊病二联油乳剂苗　肉用仔鸡于 34 周龄接种，蛋鸡和种鸡首次可在 6～8 周龄接种，经 4 周后或开产前再进行第二次接种，每只鸡颈部皮下注射 0.5 毫升。

雏鸡应在7～10日龄进行首次鸡新城疫免疫接种。

（102）鸡新城疫、减蛋综合征二联油乳剂苗　蛋鸡或种鸡用于开产前（18～20周龄），胸肌或颈部皮下注射，每只0.5毫升。免疫期可保持整个产蛋期，并通过种蛋传递给雏鸡，使雏鸡在出壳后3～4周内获得保护。

（103）鸡传染性支气管炎、鸡传染性法氏囊病、鸡新城疫三联油乳剂苗　主要用于种鸡和蛋鸡的加强免疫。于18～20周龄接种，每只鸡胸肌或颈部皮下注射0.5毫升。种鸡开产前注射此苗后，免疫力可保持于整个产蛋期，抗体可经种蛋传递给雏鸡，使雏鸡在出壳后3～4周内获得保护。

（104）鸡新城疫、鸡传染性法氏囊病、鸡减蛋综合征三联油乳剂苗　主要用于种鸡和蛋鸡的加强免疫。于18～20周龄接种，每只鸡胸肌或颈部皮下注射0.5毫升。免疫力可保持于整个产蛋期，抗体可经种蛋传递给雏鸡，使雏鸡在出壳后3～4周内获得保护。

（105）鸡传染性支气管炎、鸡新城疫、鸡减蛋综合征三联油乳剂苗　主要用于种鸡和蛋鸡的加强免疫。于18～20周龄接种，每只鸡胸肌或颈部皮下注射0.5毫升。免疫力可保持于整个产蛋期。

（106）鸡新城疫、鸡传染性支气管炎、鸡传染性法氏囊病、鸡减蛋综合征四联油乳剂苗　用于种鸡和蛋鸡的加强免疫，于18～20周龄接种，每只鸡胸肌或颈部皮下注射0.5毫升。免疫力可保持于整个产蛋期，抗体可经种蛋传递给雏鸡，使雏鸡在出壳后3～4周内获得保护。

上述几种联合油乳剂灭活苗，也可以用于雏鸡或育成鸡。用于雏鸡时最好和同类弱毒活苗按不同接种途径同时接种，即在用灭活油乳剂苗注射的同时，用弱毒活苗滴鼻、点眼或饮水。雏鸡使用灭活苗，剂量为成鸡的2/5～1/2。用于育成鸡时，不必与弱毒苗同时应用，但在应用联合油乳剂灭活苗3～4周前最好先接种弱毒活苗，刺激机体免疫系统，激发免疫力产生，还可排除母源抗体干扰。

（107）禽霍乱氢氧化铝胶菌苗　供预防鸡、鸭霍乱用。适用于2月龄以上鸡只，但用鸭效力检验通过者只能用于鸭，每只2毫升胸部或大腿部肌肉注射。在第一次注射后8～10天再注射一次，效果更佳。接种后14天产生免疫力，免疫期3个月。

（108）禽霍乱油乳剂灭活苗　供预防鸡、鸭、鹅等的霍乱用。适用于2月龄以上的家禽。每只鸡在颈部或翅膀内侧无血管处皮下注射1毫升；大型鸭、鹅皮下注射1.5毫升。接种后14～20天产生免疫力，免疫期为6个月。

（109）禽霍乱G190E40弱毒冻干苗　供预防鸡、鸭、鹅等家禽的霍乱用。按瓶签标明的剂量，加入氢氧化铝胶生理盐水稀释液，并摇振均匀，对2月龄以上的鸡，每只肌肉注射0.5毫升。接种后3～7天产生免疫力，免疫期3～4个月。

（110）禽霍乱731弱毒冻干苗　供预防鸡、鸭、鹅等的霍乱用。按瓶签标明羽份数，用相应量的20%～25%的氢氧化铝胶生理盐水稀释液稀释，2月龄以上鸡，每只翅内侧无血管处皮下注射1毫升；也可用50%甘油蒸馏水稀释后，使每只鸡用量为0.5～1毫升混悬液，但含菌量为注射法的10倍，即每只鸡约含5亿个活菌，然后以3～5千克/厘米^{2}的压力在密闭鸡舍内喷雾，喷雾后半小时后开启门窗。接种后3～7天产生免疫力，免疫期3～4个月。

（111）鸡传染性鼻炎氢氧化铝胶菌苗　适用于6周龄以上的鸡。每只鸡0.5毫升，颈部皮下注射。第一次在6～8周龄时接种，第一次接种后4周或产蛋前进行第二次注射。接种后10～15天产生免疫力，第一次注射后免疫力可维持3～4周，第二次注射后免疫力可维持10～12个月。

（112）鸡传染性鼻炎油乳剂菌苗　用途、用法与用量同鸡传染性鼻炎氢氧化铝胶菌苗。接种后10～15天产生免疫力，第一次注射后免疫力可持续6个月，第二次注射后免疫力可维持10～12个月。

（113）鸡大肠埃希氏菌氢氧化铝胶菌苗　用于 3 周龄以上的鸡。3 周龄肉鸡或 4～5 周龄蛋鸡首次接种，每只鸡肌肉或皮下注射 1 毫升，蛋鸡经 4～6 周后进行第二次接种，注射 1 毫升。种鸡可于 18～20 周龄进行接种，以使雏鸡获得母源抗体。注射 10～14 天产生免疫力，一次注射后免疫力可维持 3～4 个月。

（114）鸡大肠埃希氏菌油乳剂灭活菌苗　用途、用法与鸡大肠埃希氏菌氢氧化铝胶菌苗相同。每只鸡每次肌肉或皮下注射 0.5 毫升。注射 10～14 天产生免疫力，一次注射后免疫力可维持 4 个月以上。

（115）鸡葡萄球菌多价氢氧化铝灭活苗　按瓶签说明使用。

（116）鸭疫巴氏杆菌灭活苗　按瓶签说明使用。

（117）大肠杆菌—鸭疫巴氏杆菌二联苗　按瓶签说明使用。

（118）鸡败血支原体灭活菌苗　6～8 周龄进行第一次接种，每只鸡颈部皮下注射 0.5 毫升，在感染比较严重的地区，在 16～18 周龄再进行第二次注射。注射后 10～15 天产生免疫力，一次注射后免疫力持续 4 个月左右，经两次注射则可持续 10 个月。

（119）鸭瘟鸡胚化弱毒疫苗　对于 2 月龄以上的鸭，按瓶签标明的剂量，加生理盐水稀释 200 倍，于鸭胸肌注射 1 毫升；初出壳雏鸭则用 50 倍稀释的疫苗，于腿部肌肉注射 0.25 毫升。注射疫苗后 3～4 天产生免疫力，初出壳雏鸭免疫期为 1 个月，2 月龄以上的鸭为 9 个月。

（120）鸭病毒性肝炎弱毒冻干疫苗　在疫区于 3 周龄种鸭首免，间隔 4 周再免疫一次，开产前再进行一次加强免疫，以使雏鸭获得母源抗体，使雏鸭在 3 周内免受鸭肝炎病毒的攻击。在非疫区于 7～8 周龄进行首次免疫，然后在开产前再加强免疫一次。对于无母源抗体的肉鸭可在 1 日龄接种。接种的方法和剂量按瓶签进行。

（121）鸭病毒性肝炎油乳剂灭活苗　其用途、用法与用量、免疫期、注意事项等按产品说明书使用。

（122）小鹅瘟鸭胚化 GD 弱毒疫苗　专供产蛋前母鹅的主动免疫，预防小鹅瘟。母鹅产蛋前 15～30 天注射疫苗，用生理盐水将疫苗稀释 100 倍，每只母鹅肌肉注射 1 毫升。雏鹅不能注射本苗。母鹅注射后至 270 天内所产的蛋孵出的雏鹅，有 95% 的雏鹅能抵抗小鹅瘟。每只母鹅每年进行 1～2 次免疫注射。

（123）鸽痘鸡胚化弱毒疫苗　将疫苗用生理盐水按 1∶20～25 倍稀释，于鸽翼内侧皮肤上刺种。

4. 免疫程序　免疫接种须按合理的免疫程序进行。一个地区、一个养殖场可能发生的传染病不止一种，而可以用来预防这些传染病的疫（菌）苗的性质又不尽相同，免疫期长短不一。因此，一个地区、一个养殖场往往需用多种疫（菌）苗来预防不同的传染病，也需要根据各种疫（菌）苗的免疫特性来合理地制定预防接种次数和间隔时间，这就是常常说的免疫程序。目前国际上还没有一个供统一使用的疫（菌）苗免疫程序。我国各地都在实践中总结经验，制定出合乎本地区、本养殖场具体情况的免疫程序，而且还在不断改进中。

猪传染病免疫程序见表 4-1，鸡传染病免疫程序见表 4-2，供参考。而其他家畜、家禽传染病免疫程序，各地可根据本地区、本养殖场的具体情况进行编制、执行，并根据新的情况而不断改进、完善。

表 4-1　猪传染病免疫程序

年　龄	猪瘟疫区接种的疫（菌）苗	非猪瘟疫区接种的疫（菌）苗	备　注
新生仔猪哺乳前或 7～20 日龄	猪瘟弱毒疫苗		
30 日龄 60 日龄	仔猪副伤寒菌苗 猪瘟、猪丹毒、猪肺疫三联苗 猪气喘病弱毒苗	仔猪副伤寒菌苗 猪瘟、猪丹毒、猪肺疫三联苗 猪气喘病弱毒苗	

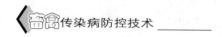

（续）

年　龄	猪瘟疫区接种的疫（菌）苗	非猪瘟疫区接种的疫（菌）苗	备　　注
75 日龄	猪链球菌病弱毒苗 伪狂犬病弱毒疫苗 仔猪副伤寒菌苗	猪链球菌病弱毒苗 伪狂犬病弱毒疫苗 仔猪副伤寒菌苗	
成年猪	猪瘟弱毒疫苗 猪气喘病弱毒苗 猪丹毒、猪肺疫二联苗 伪狂犬病弱毒疫苗 猪乙型脑炎疫苗	猪瘟弱毒疫苗 猪气喘病弱毒苗 猪丹毒、猪肺疫二联苗 伪狂犬病弱毒疫苗 猪乙型脑炎疫苗	每年定时接种一次 每隔 8 个月接种一次 每年春、秋各接种一次 每年接种一次 每年的 5 月份接种一次
成年母猪	猪瘟弱毒疫苗 猪气喘病弱毒苗 猪丹毒、猪肺疫二联苗 猪链球菌病弱毒疫苗 伪狂犬病弱毒疫苗 猪乙型脑炎疫苗 仔猪黄痢、白痢菌苗 仔猪红痢菌苗	猪瘟弱毒疫苗 猪气喘病弱毒苗 猪丹毒、猪肺疫二联苗 猪链球菌病弱毒疫苗 伪狂犬病弱毒疫苗 猪乙型脑炎疫苗 仔猪黄痢、白痢菌苗 仔猪红痢菌苗	每年接种一次（发情前） 猪气喘病弱毒苗、猪丹毒肺疫二联苗、猪链球菌弱毒疫苗、伪狂犬病弱毒疫苗和猪乙型脑炎疫苗的接种时间和次数同成年猪仔猪黄痢、白痢菌苗在分娩前 15～25 天接种一次，仔猪红痢菌苗在分娩前 30 天和 15 天各接种一次

表4-2　蛋鸡、种鸡、肉用仔鸡传染病免疫程序

年　龄	蛋鸡、种鸡接种的疫（菌）苗	肉用仔鸡接种的疫（菌）苗
1 日龄	马立克氏病弱毒疫苗	马立克氏病弱毒疫苗
5～9 日龄	鸽痘源鸡痘蛋白明胶弱毒疫苗 鸡新城疫Ⅱ系苗 鸡传染性支气管炎弱毒疫苗	鸽痘源鸡痘蛋白明胶弱毒疫苗 鸡新城疫Ⅱ系苗 鸡传染性支气管炎弱毒疫苗
14～16 日龄	鸡传染性法氏囊弱毒疫苗	鸡传染性法氏囊弱毒疫苗
25～35 日龄	鸡新城疫Ⅱ系苗 鸡传染性支气管炎弱毒疫苗 鸡传染性法氏囊弱毒疫苗	鸡新城疫Ⅱ系苗 鸡传染性支气管炎弱毒疫苗 鸡传染性法氏囊弱毒疫苗
8 周龄	鸡新城疫Ⅰ系苗，以后每年接种一次	

（续）

年　龄	蛋鸡、种鸡接种的疫（菌）苗	肉用仔鸡接种的疫（菌）苗
12周龄	鸡传染性支气管炎弱毒疫苗，以后每3个月重复接种一次 禽霍乱菌苗，以后每9个月重复接种一次 鸡传染性法氏囊弱毒疫苗，以后每3个月重复接种一次 鸡痘弱毒疫苗，以后每5个月重复接种一次	

二、发生传染病时的扑灭措施

当某一地区或某一养殖场的家畜或家禽发生传染病时，必须采取下列措施，才能有效、快速地扑灭所发生的疫病，减少损失。扑灭措施包括下列内容。

（一）及时发现、诊断和上报疫情，并通知邻近地区做好预防工作

兽医工作人员怀疑家畜（禽）发生传染病时，应立刻从兽医临床、流行病学调查、病理变化和实验室检查（有条件的地区和养殖场）方面作出诊断，并立即向上级报告当地发生的疫情。特别是可疑为口蹄疫、炭疽、狂犬病、牛瘟、牛流行热、猪瘟、鸡新城疫等重要传染病时，一定要迅速向上级业务部门报告，并通知邻近单位及有关部门注意预防工作。上级业务部门接到报告后，除派人到现场协助诊断和紧急处理外，还应根据情况逐级上报。若为紧急疫情，应以最迅速的方式向上级汇报。

及时而正确的诊断是防疫工作的重要环节，关系到能否有效地组织扑灭疫病的措施。诊断畜禽传染病常用的方法有：临床诊断、流行病学诊断、病理学诊断、病原学诊断和免疫学诊断等。

1. 临床诊断　它是利用人的感觉器官或借助体温计、听诊器等简单器械直接对病畜（禽）进行检查，有时也包括血、尿、粪的常规检验后，作出的初步诊断。

2. 流行病学诊断　流行病学诊断是经常与临床诊断联系在

一起的诊断方法。这对于那些临床症状相似，但其流行特点却很不一致的传染病，如口蹄疫、水疱病、水疱性口炎等病的诊断是十分有意义的。流行病学诊断是在流行病学调查（即疫情调查）的基础上进行的。调查的内容如下：

（1）本次疫病流行情况　最初发病的时间、地点，随后蔓延的情况，目前的疫情分布。发病畜禽的种类、品种、数量、年龄、性别。查明疫区内各种畜禽的数量和分布，并统计出发病率、感染率、病死率、死亡率。

（2）疫情来源调查　本地区过去发生过类似的疫病吗？何时何地发生？流行情况？曾采取过何种防治措施？效果如何？如本地区未发生过，那么附近地区曾否发生？这次发病前，曾经由其他地方引进过畜禽、畜产品或饲料吗？引进地区有无类似的疫病存在？

（3）传播途径和方式的调查　畜禽饲养管理、使役、放牧的情况？畜禽收购、调拨情况？卫生防疫工作情况？各种检疫及兽医卫生监督情况？疫区的地理、气候、交通、植被和野生动物、节肢动物的分布和活动情况？

（4）该地区的政治、经济、生产、生活及畜牧兽医机构和工作情况。

通过疫情调查，不仅可给流行病学诊断提供依据，而且还为制定防治措施提供依据。

3. 病理学诊断　通过对病死畜、禽的尸体解剖检查，查出其病理变化，可作为诊断的依据之一（疑为炭疽的病畜严禁剖解，必要时可取耳尖、尾根血染色、镜检）。尸体解剖检查时，应先观察尸体外表，注意其营养状况、被毛、皮肤、可视黏膜和天然孔的情况。然后按尸体解剖检查的程序，作认真的系统观察，包括皮下组织、肌肉、各部位淋巴结、胸腔和腹腔各器官、头部和脑、脊髓的病理变化。有些疫病除肉眼检查外，还需作病理组织学检查。常见的病理变化有以下几种。

（1）动脉性充血　由于小动脉的扩张、局部组织内动脉血的灌注量增多引起的充血称动脉性充血，简称充血。在活体上充血的组织器官表现发红、增温，体积稍为肿大，动脉有搏动感，黏膜上的腺体分泌增多。尸体上则炎性充血的病变清楚，如猪丹毒的皮肤疹块。

（2）静脉性充血　由于静脉血返回心脏受阻而出现的静脉淤血现象，使局部组织内静脉血增多的充血称静脉性充血，简称淤血。局部组织呈现暗红色或蓝紫色（临床上称为"发绀"），肿胀，温度降低。尸体上淤血器官体积稍肿大，质度较实，切面流溢多量暗红色血液。常见的有肺脏、肝、脾、肾淤血。

（3）出血　红细胞出现在心腔和血管腔之外，称为出血。而心脏或血管破裂引起的出血，称为破裂性出血，常见于外伤、溃疡等。而由于血管壁通透性增高引起的出血，称为渗出性出血。常见于严重的淤血，某些传染病如猪瘟，表现为局部器官有出血点或小的出血斑。

（4）贫血　临床上所指的贫血是单位体积的循环血液中红细胞比容、血红蛋白和红细胞数低于正常值。表现为皮肤、黏膜苍白。见于失血、营养不良和溶血性疾病等。

（5）水肿和积水　组织间隙蓄积超常量的组织液称为水肿。心包腔和胸腔、腹腔积聚过多的液体称为积水。水肿和积水主要见于急性炎症、营养不良、中毒、心脏疾病和肾脏疾病。

（6）萎缩　器官组织体积和功能减退称为萎缩。全身性萎缩见于慢性消化道疾病、结核病、寄生虫病和恶性肿瘤。局部性萎缩见于肿瘤的压迫，鸡传染性法氏囊病时的法氏囊萎缩。

（7）梗死　由于血液供应阻断导致组织、细胞坏死，称为梗死。所有梗死都会有多少不等的出血，如果梗死灶内出血较明显，肉眼看呈暗红色，称为出血性梗死；若出血轻微，肉眼看呈灰黄或灰白色称为贫血性梗死。一般而言，心肌、脑、脾、肾多是贫血性梗死，肺、肠等大多是出血性梗死。肉眼看脾、肾、肺的梗死多呈楔形，心肌梗死多呈地图状，肠道的梗死灶多呈节段性分布。

（8）坏死　机体局部组织细胞的死亡称为坏死。见于缺血、缺氧、外伤、高温、强酸、强碱、中毒及病原微生物感染等。坏死有3种类型：①凝固性坏死：心、肾、脾的贫血性梗死即是典型的凝固性坏死。在形态上坏死组织比较干燥、坚实，灰白或灰黄色。结核病时的坏死组织质地松脆而带黄色、外观似干酪（或豆腐渣），所以称干酪样坏死。②液化性坏死：坏死组织发生溶解，呈液状。脑组织的坏死为液化性坏死（脑软化）；脓肿内的脓液也是液化性坏死的产物。③坏疽：大块组织坏死后，受腐败菌的作用，变成黑色的病变，称为坏疽。若坏死组织干化、皱缩、变硬，呈灰褐色或黑色，坏死组织周围分界明显的坏疽称为干性坏疽，多见于四肢、耳壳、尾根等体表部位。当坏死组织明显肿胀、恶臭，呈深蓝色、绿色或黑色，坏死灶的界限不清的坏疽称为湿性坏疽，常见于肠变位、肺坏疽、腐败性子宫炎和坏疽性乳房炎。在有深达肌肉的创伤同时伴有厌氧菌（产气荚膜杆菌、恶性水肿杆菌等）的感染，则发生气性坏疽，坏死组织呈蜂窝状，手按压时有捻发音，坏死的肌肉无光泽、呈污秽的暗棕色。

（9）糜烂与溃疡　坏死组织脱落后形成的浅层缺损称为糜烂，较深的缺损称为溃疡。

（10）炎症　炎症是各种病原因子，特别是病原微生物对机体的损伤所诱发的一种以防御为主的重要基本病理过程。大部分常见病和多发病如口炎、咽炎、胃肠炎、肺炎、肝炎、肾炎、子宫炎、烧伤、猪肺疫、猪丹毒、猪副伤寒、鸡新城疫、禽霍乱、炭疽、牛出血性败血症等，其主要病理变化都属于炎症。

炎症是机体对致炎因子的损伤作用所产生的一种反应，这个反应主要表现为炎区组织的变质（实质细胞表现为变性和坏死，结缔组织纤维则发生肿胀、断裂及坏死崩解）、渗出（表现为血液中的血浆、白蛋白、球蛋白及纤维素原和白细胞通过血管壁进入到炎区组织内，纤维素原变为纤维素）、增生（炎症组织内的网状内皮细胞、毛细血管内皮细胞等的分裂增殖，也可伴有黏膜或腺上皮样细胞的增殖，形成肉芽组织，参与组织修复）三种基本病理变化；局部可见红、肿、热、痛和机能障碍等症状，尤以体表的急性炎症最为典型；如果局部炎症反应剧烈，机体还会出现发热、血液中白细胞数量增多等反应。一般而言，炎症局部的变质属损伤过程，而局部的渗出、增生和全身发热、外周血液中白细胞增多等属抗损伤过程。因此，临床兽医的任务就在于及时明确诊断后采取有效措施，使机体的抗损伤过程逐渐占据优势，最后消除病因，渗出物被吸收消散，坏死组织被清除，修复了损伤而痊愈。

（11）败血症 毒力强的病原微生物进入血液，且大量繁殖并产生毒素，引起全身中毒症状和实质器官的变性、坏死。临床上出现高热、寒战，皮肤、黏膜多发性淤斑，肝、脾、淋巴结肿大。血液中常可培养出病原微生物。

（12）脓毒血症 化脓菌进入血液，且大量繁殖并产生毒素，除有败血症表现外，同时还在多个器官引起多发性脓肿，血液中可培养出致病菌。

（13）肿瘤 机体受到体内、外致瘤因素的作用，使机体一部分细胞的生长失去正常控制，发生异常增生，形成肿块，称为肿瘤。肿瘤分良性、恶性两类，恶性肿瘤的特点是生长迅速，能向周围组织浸润扩散，能向其他部位转移，对机体危害严重。如肝癌、淋巴肉瘤及白血病、马立克氏病等。

4. 微生物学诊断

（1）病料涂片镜检 在有显著病变的不同组织器官和不同部位用载玻片涂抹数片，进行染色镜检。此法对于一些具有特征性形态的病原微生物，如炭疽杆菌、巴氏杆菌等可以作出诊断。但对大多数传染病来讲，只能提供进一步检查的依据或参考。

（2）分离培养和鉴定 细菌、真菌、螺旋体等可选择适当的人工培养基，病毒等可选用禽胚、各种动物或组织培养等方法进行分离培养，分离得到病原后，再利用形态学、培养特性、动物接种及免疫学试验等方法作出鉴定。

（3）动物接种试验　选择对该种传染病病原体最敏感的动物进行人工感染试验。人工接种后，根据对不同动物的致病力、症状和病理变化特点来帮助诊断，并采取病料进行涂片检查和分离鉴定。常用的实验动物有家兔、小鼠、大鼠、豚鼠、家禽等。

5. 免疫学诊断

（1）血清学试验　可以用已知抗原来测定被检动物血清中的特异性抗体，也可以用已知的抗体（免疫血清）来测定被检材料中的抗原。血清试验有中和试验（毒素抗毒素中和试验、病毒中和试验等）；凝集试验（直接凝集试验、间接血凝试验、血细胞凝集抑制试验等）；沉淀试验（环状沉淀试验、琼脂扩散沉淀试验和免疫电泳等）；溶细胞试验（溶菌试验、溶血试验）；补体结合试验以及免疫荧光试验、免疫酶技术和放射免疫测定等。

（2）变态反应　动物患某些传染病时，可对该病病原体、病原体的产物或其抽提物的再次进入产生强烈反应，这种反应称为传染性变态反应。能引起变态反应的物质称为变应原，如结核菌素、鼻疽菌素。一般在点眼时表现为化脓性结膜炎；皮内注射时出现局部炎症水肿；皮下注射时，除局部炎症反应外，还有体温升高等全身反应。在兽医工作中常利用这种特异的传染性变态反应来诊断马鼻疽、结核病、布氏杆菌病等。

（二）紧急消毒

对厩舍、饲养工具等进行消毒，所用的化学消毒剂，可根据情况加以选用。垫草、粪便、饲料残渣、污染的垃圾均可用火焰焚烧。衣物、玻璃用具等可用煮沸消毒。隔离舍应每天消毒。

（三）隔离封锁

1. 隔离　在发生传染病时，将患病的和可疑感染的家畜（禽）与健康家畜（禽）隔离饲养，以便消除和控制传染源。对病畜（禽）应由专人饲养，严加护理和治疗，不许越出隔离场所，禁止闲人和其他家畜（禽）出入及接近。对可疑感染的家畜（禽）应在消毒后另地看管，限制其活动，详加观察，并进行预防性治疗，经 1～2 周后不发病者，可取消限制。

2. 封锁　当发生传染病时，除严格隔离病畜（禽）外，还应划区封锁。执行封锁时应按"早、快、严、小"的原则，即执行封锁应在流行早期，行动果断迅速，封锁严密，控制在最小范围内。具体措施如下。

（1）在封锁区边缘设立明显标志，设置监督岗哨，禁止易感动物通过封锁线，在交通口设立检疫消毒站。

（2）在封锁区内，除搞好隔离、消毒工作外，还应对病畜（禽）进行治疗、急宰和扑杀等处理；病死尸体应深埋或焚烧；做好杀虫、灭鼠工作；暂停集市和各种集散活动；禁止从疫区输出易感动物及其产品、饲料、饲草等。

（3）对疫区和受威胁区尚未发病的家畜（禽）进行应急性免疫接种。例如在发生猪瘟或口蹄疫、鸡新城疫、鸭瘟等一些急性传染病时，应用相应的疫苗作紧急接种，可取得较好的效果；此外，对一些疫病，还可采用免疫血清和药物进行群体预防，也可收到显著的效果。

（4）解除封锁应在最后一头病畜痊愈、急宰、扑杀后，经过一定封锁期，再无疫病发生时，经全面的终末消毒后才解除封锁。封锁期应以所发生的传染病的潜伏期而定。

一些主要传染病的最长潜伏期如下：猪瘟 21 天、猪丹毒 7 天以上、猪水疱病 8 天、猪气喘病 30 天、猪流感 7 天、炭疽 14 天、巴氏杆菌病 10 天、口蹄疫 11 天、布氏杆菌病 2 个月以上、结核病数月、破伤风 30 天以上、狂犬病 1 年以上、坏死杆菌病 15 天、牛肺疫 4 个月、气肿疽 9 天、绵羊痘 12 天、鸡新城疫 15 天、马鼻疽数月、马腺疫 18 天、马传染性贫血 3 个月、马流行性淋巴管炎 1 年。

第五章　猪的传染病

一、猪　　瘟

猪瘟俗称烂肠瘟，是由猪瘟病毒引起的一种高度传染性和致死性疾病。

(一) 诊断要点

1. 流行特点　不同年龄、性别、品种的猪均易感染发病，一年四季都可发生。可以通过各种途径传染，引起猪发病。

2. 症状

(1) **最急性型**　病猪常无明显症状，突然死亡。

(2) **急性型**　病猪体温升高，可高达 42℃，食欲减退或废绝，脓性结膜炎；初便秘，后下痢，粪便中有黏液、假膜和血液，喜饮水；耳根、腹下和四肢内侧的皮肤上有紫红斑点，指压不褪色（图1）；公猪包皮发炎，阴鞘积尿，尿恶臭。

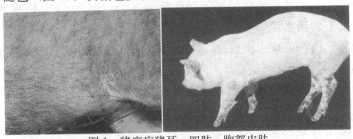

图1　猪瘟病猪耳、四肢、胸部皮肤
出现较大的出血坏死区

（3）慢性型　病猪体温时高时低，食欲时好时坏，便秘与腹泻交替发生，病猪消瘦，精神不振，行走不稳，病程长达20天以上。

3. 尸体解剖变化　喉、心、肺、肾、膀胱有出血点；淋巴结肿大，边缘出血，切面呈大理石样花纹；病程稍长的病例，在盲肠、结肠，特别在回盲口附近的黏膜上有大小不一的圆形扣状溃疡。

4. 确诊　需进行病毒学和血清学检查，如兔体交互免疫试验、荧光抗体试验、间接血凝试验等。

（二）治疗

早期可应用抗猪瘟血清，治疗量为2毫升/千克（预防量减半），每日1次，连用3日，并根据病情适时进行对症治疗。

（三）预防

搞好平时的卫生防疫工作。预防接种可选用猪瘟兔化弱毒冻干苗或猪瘟、猪丹毒、猪肺疫三联苗，猪瘟、猪肺疫二联苗。免疫计划可按猪传染病免疫程序进行。但须注意，对发生猪瘟的地区或猪场作紧急预防注射时，只能用猪瘟兔化弱毒疫苗，对病猪群的猪经测温和体检后认为尚属正常的猪才可施行预防注射，注射量可适当增加剂量至2～5头份，而不得应用二联苗或三联苗，以免影响免疫力的产生。

二、猪口蹄疫

口蹄疫是由口蹄疫病毒引起偶蹄兽的一种急性、发热性、高度接触性的传染病。

（一）诊断要点

1. 流行特点　不同年龄、性别、品种的猪都可感染发病，一年四季都可发生。本病通常经消化道感染，亦能经呼吸道、皮肤、黏膜感染。

2. 症状 病猪精神不振，食欲减少，体温升高，在蹄冠、蹄踵、蹄叉、鼻端、齿龈、舌、母猪的乳房和乳头出现水疱（图2）；流涎，跛行或卧地不起；蹄壳变形或脱落，水疱破溃后，露出暗红色的糜烂面。仔猪常因心肌炎而突然死亡。

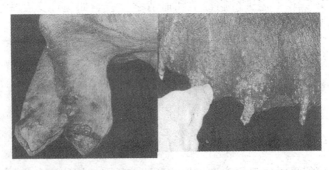

图 2 口蹄疫病猪蹄、乳头上有水疱、溃疡

3. 尸体解剖变化 除口腔、蹄部、鼻端、乳头有水疱和烂斑外，胃黏膜常有溃疡；心包膜有弥散性出血点，心肌松软，似煮熟状，心肌切面有灰白色或淡黄色斑点或条纹，称"虎斑心"。

4. 确诊 参看牛口蹄疫。

（二）防制

1. 搞好平时的卫生防疫工作 加强养殖场的全进全出制度，做好平时的消毒工作和平常的预防接种工作。

2. 及时报告疫情 口蹄疫发生时应及时向上级主管部门报告，确定诊断，鉴定毒型，划定疫区，采取严格的封锁、隔离、消毒，以减少损失。待最后一头病猪死亡或扑杀后，半个月内不出现新病例时才可解除封锁。

3. 紧急预防接种 根据鉴定的毒型，采用相同的口蹄疫疫苗对病群中的健畜、疫区和受威胁区的健畜进行紧急预防注射。

4. 种畜的保护　采用高免血清或康复血清，以保护种畜和幼畜。

三、猪水疱病

猪水疱病是由猪水疱病病毒引起的一种急性、接触性传染病。

（一）诊断要点

1. 流行特点　在自然流行中只发生于猪，而不感染其他偶蹄家畜。不分年龄、性别、品种的猪均可感染，一年四季均可发生。本病在猪群内主要经直接接触传染。

2. 症状　病猪体温升高，可达 42℃，蹄冠和蹄踵的角质与皮肤的连接处苍白、肿胀；蹄冠带和蹄叉、趾部、腕部和蹄踵有大小不一的水疱，水疱破溃后形成溃疡，严重者蹄壳脱落，卧地不起。有的病猪在乳房、口腔、鼻端、舌面有水疱和溃疡（图3）。水疱破裂后，体温随之下降至常温。

图 3　猪水疱病发病初期鼻盘上端的水疱（自德田）

3. 确诊　须作病原学和血清学的检查。

（二）防制

预防本病首先必须做好平时的卫生防疫工作。预防接种可选用猪水疱病乳鼠化弱毒疫苗或细胞培养弱毒苗进行预防接种。免疫期6个月。此外还可用猪水疱病康复血清或高免血清（0.3毫升/千克）免疫注射，免疫期30天，常作为紧急预防用。对病猪的口腔、蹄部等的糜烂处可用0.1%高锰酸钾液冲洗后，涂布碘甘油或外涂磺胺碘仿粉（磺胺粉5克、木炭末5克、碘仿0.2克）。

四、猪　　痘

猪痘是由猪痘病毒及痘苗病毒引起猪的一种急性、热性、接触性传染病。

（一）诊断要点

1. 流行特点　常发生于4～6周龄的猪，但由痘苗病毒引起的猪痘，则各种年龄的猪都可引起发病。本病主要是经过损伤的皮肤感染，猪虱、蚊、蝇对本病的传播也起着重要的作用。

2. 症状　病猪体温升高到41℃以上，精神不振，食欲减退或废绝，咳嗽、鼻、眼有浆液性分泌物；在鼻盘、眼睑、腹部、四肢内侧、乳房、甚至全身皮肤上及口、鼻黏膜上发生痘疹（图4）。痘疹为深红色的硬结节，略呈半球形，表面光滑，随后结成暗褐色痂块，痂块脱落后遗留白色疤痕，一般不发生水疱和脓疱。如痘疹被擦破，则有血液和浆液渗出，并沾有泥土、垫草，结成厚痂，皮肤增厚或形成皱褶。

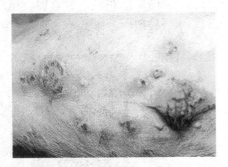

图4　猪痘病猪突出于胸部皮肤的表面脓疱

3. 确诊　须作病原学检查。

（二）防制

预防工作是要做好平时的卫生防疫工作，灭虱、灭蚊、灭蝇具有重要的作用。对病猪的治疗，局部可用 0.1%高锰酸钾液或 2%硼酸液、淡盐水洗涤，然后涂上碘甘油或碘酊、龙胆紫等。如继发感染时可用抗生素和磺胺类药治疗，并根据病情适时进行对症治疗。

五、猪传染性胃肠炎

猪传染性胃肠炎是由猪传染性胃肠炎病毒引起的一种高度接触传染的消化道疾病。

（一）诊断要点

1. 流行特点　不同年龄的猪都可发病，2 周龄以内的仔猪死亡率高。该病全年均可发生，但冬春季节发病较多。本病通过消化道、呼吸道感染发病。

2. 症状　仔猪突然发病，呕吐，腹泻，粪便呈水样、黄绿色或白色，内有凝乳块或血液（图 5）；病猪精神不振，口渴，

图 5　患传染性胃肠炎仔猪腹泻、脱水、消瘦

明显脱水。架子猪和大猪的表现是食欲减退或废绝，水样腹泻，排泄物呈黄绿色或淡灰色、褐色，有的病猪还呕吐。

3. 尸体解剖变化 胃肠黏膜不同程度地充血、肿胀，胃内充满凝乳块，肠内有黄绿色或白色液体，肠壁薄，肠管扩张，肠系膜淋巴结肿胀。

4. 确诊 须作病原学和血清学检查。

(二) 治疗

1. 对病毒用高免血清进行治疗 可给发病仔猪口服免疫血清或康复猪的全血，每次 10 毫升，连服 3 天。

2. 对症治疗 根据病情适时进行对症治疗。

(三) 预防

(1) 搞好平时的卫生防疫工作。

(2) 由于哺乳仔猪可以从免疫母猪的初乳中获得免疫力。因此，在发病猪场，可作为一种紧急措施，即经领导（或畜主）同意，可将病死小猪的小肠及内容物搅碎后，给临产前 1 个月的母猪内服，一般母猪感染后只发生轻微症状而获得良好的免疫力。这样，所产仔猪在哺乳期可以不发生此病。

六、猪流行性腹泻

猪流行性腹泻是由类冠状病毒（CVL）引起的一种消化道传染病。

(一) 诊断要点

1. 流行特点 各种年龄的猪都可发病，一年四季都可发生。本病主要通过消化道感染，死亡率较低。

2. 症状 病猪体温稍高或正常，腹泻，粪便呈水样、灰黄色或灰色，呕吐；1 周龄以内的仔猪病死率约为 50%，而 2 周龄以上的仔猪很少发生死亡。

3. 尸体解剖变化 病变限于小肠，其中充满黄色液体。

4. 确诊 须作病原学检查。

（二）防制

（1）搞好平时的卫生防疫工作。

（2）对怀孕母猪在分娩前 2 周内服病猪的小肠及内容物的搅碎混合物进行人工感染，以减少仔猪发病。

（3）对病猪可根据病情进行对症治疗。

七、猪细小病毒病

猪细小病毒病是由猪细小病毒引起猪的死胎、木乃伊胎、流产、死产和初生仔猪死亡的一种传染病。

（一）诊断要点

1. 流行特点 各种年龄、性别、品种的猪均有易感性，胎儿最易感、发生病变和死亡，出生后感染的猪不表现临床症状和病理变化。

2. 症状 主要表现为母猪的繁殖障碍，如死胎、木乃伊胎，死亡和流产，不孕（图 6）。

3. 确诊 须作病原学和血清学检查。

（二）防制

搞好平时的卫生防疫工作。对发病的母猪、仔猪和血清学或精液的病毒学检查为阳性的公猪应当淘汰，建立健康猪群。预防接种可用猪细小病毒灭活苗。

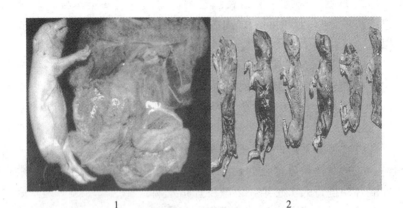

1   2

图 6　患细小病毒病母猪产出死胎
1. 死胎体腔积液而膨大，胎盘部分钙化　2. 死胎黑化

八、轮状病毒病

轮状病毒病是由轮状病毒引起仔猪、犊牛、羔羊、幼驹、幼鹿、幼犬、幼兔、幼禽和婴儿在内的一种病毒性腹泻传染病。

(一) 诊断要点

1. 流行特点　各种年龄的动物都可感染，常呈隐性经过，一般发病的多是新生或幼龄动物。本病经消化道感染，而且轮状病毒可以从一种动物传给另一种动物，如人轮状病毒能使猴、仔猪、羔羊感染发病。本病多发于晚秋、冬季和早春季节。

2. 症状　病猪精神委顿，食欲减退或废绝，呕吐，腹泻，粪便水样或糊状，呈黄白色或暗黑色，脱水。

3. 尸体解剖变化　胃内充满凝乳块和乳汁，大、小肠黏膜出血，肠管薄，内容物呈液状、灰黄色或灰黑色。

4. 确诊　须作病原学和血清学检查。

（二）治疗

（1）停止喂乳。

（2）补液　用葡萄糖甘氨酸溶液（葡萄糖 23 克、食盐 4 克、甘氨酸 3.5 克、柠檬酸 0.3 克、无水磷酸钾 2.3 克、常水 1 000 毫升）或补液盐液、葡萄糖盐水（葡萄糖 50 克、食盐 10 克、常水 1 000 毫升）给病畜自由饮用。

（3）根据病情适时进行对症治疗。

（4）使用抗生素和磺胺类药物以防止继发性细菌感染。

（三）预防

搞好平时的卫生防疫工作。在疫区要使新生仔猪及早吃到初乳，接受母源抗体的保护，以减少和减轻发病。

九、猪流行性感冒

猪流行性感冒（简称猪流感）是由猪流行性感冒病毒引起的猪的一种急性、高度接触性传染病。

（一）诊断要点

1. 流行特点　不同年龄、性别、品种的猪均有易感性，但以幼龄猪的易感性高。传染途径主要是呼吸道。多发生于天气骤变的晚秋、早春和寒冷的冬季，2～3 天内全群发病。

2. 症状　猪突然发病，常全群同时感染。病猪体温升高，可达 42℃，精神沉郁，食欲减退或废绝；咳嗽，打喷嚏，呼吸迫促，鼻流浆液性鼻液；肌肉和关节疼痛，常卧地不起或钻卧垫草中。

3. 尸体解剖变化　呼吸道黏膜充血，病肺（多见于尖叶和心叶）膨胀不全、塌陷，其周围肺组织气肿、苍白色、界限

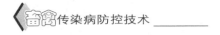

分明。

4. 确诊　须作病原学和血清学检查。

（二）治疗

1. 隔离　加强护理，防止贼风，给予易消化的饲料，特别是青绿饲料。

2. 根据病情适时进行对症治疗　常用的药物有青霉素、链霉素、安乃近、复方氨基比林、复方奎宁、柴胡注射液、感冒冲剂、板蓝根冲剂（1～3包，每天2次）等。

（三）预防

搞好平时的卫生防疫工作，要注意防寒、保暖及猪舍的干燥和卫生。

十、猪圆环病毒病

猪圆环病毒病（简称圆环病）是由猪圆环病毒引起断奶仔猪的一种多系统衰弱综合征。

（一）诊断要点

1. 流行病学

（1）宿主和传染源　猪是猪圆环病毒的主要宿主，此外也有从牛中检测到圆环病毒的报道。

（2）传播方式　猪圆环病毒对猪有较强的易感性，可经口腔、呼吸道感染不同年龄的猪，其他未接种猪的同居感染率高达100％。猪感染圆环病毒后，可于5～12周龄时发生断奶仔猪多系统衰弱综合征，发病率为5％～15％，死亡率可达50％。少数怀孕母猪感染圆环病毒后，可经胎盘垂直传染给仔猪。感染猪可自鼻液、粪便等废物中排出病毒，引起病毒在不同猪个体之间进行传播。鸟类、啮齿动物如鼠等带毒，可能会引起传播。外观正常的公猪精液中可检测到圆环病毒。混群、应激、高密度饲养等因素可诱发仔猪发病。

（3）流行与分布　自圆环病毒发现以来，圆环病毒-1和圆环病毒-2已经证实为世界性流行和存在的病毒。圆环病毒-2在我国猪群中感染情况已经相当严重。

2. 圆环病毒-2相关疾病

（1）断奶仔猪多系统衰弱综合征　临床症状与病理变化：患猪表现为肌肉衰弱无力，下痢，呼吸困难，黄疸，贫血，生长发育不良，腹股沟淋巴结肿胀明显，康复猪成为僵猪（图7）。剖检可见淋巴结肿大，肝硬变，多灶性黏液脓性支气管炎。肺脏和淋巴结是最主要的受损伤的器官。

（2）皮炎和肾病综合征　此病通常发生在8～18周龄的猪。皮肤出现红紫色病变斑块，在会阴部和四肢最明显，这些斑块有时会相互融合（图8）。在极少情况下皮肤病变会消失。病猪表现皮下水肿，食欲丧失，有时体温上升。通常病猪在3天内死亡，有时可以维持2～3周。病理组织学变化为出血性坏死性皮炎和动脉炎，以及渗出性肾小球性肾炎和间质性肾炎，并因而出现胸水和心包积液。

 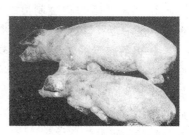

图7　圆环病毒病患猪
　　　淋巴结肿大、灰白色

图8　圆环病毒病患猪皮肤红紫色、
　　　丘状出血、腹水增多

（3）间质性肺炎　间质性肺炎主要危害 6～14 周龄的猪，眼观病变为弥漫性间质性肺炎，颜色灰红色。

（4）繁殖障碍　圆环病毒感染可以造成繁殖障碍，导致母猪返情率增加、产木乃伊胎、流产以及死产和产弱仔等。此外，圆环病毒还可以引起仔猪的先天性震颤。

3. 病理变化　圆环病毒主要侵害机体的免疫系统，单核细胞和巨噬细胞是圆环病毒的靶细胞。感染圆环病毒后，可导致 T 淋巴细胞和 B 淋巴细胞的减少，从而造成机体的免疫抑制。

4. 诊断　该病仅靠临床症状难以确诊，必须靠实验室诊断进行确诊。实验室诊断方法有：间接免疫荧光试验、免疫组织化学法、酶联免疫吸附试验和单克隆抗体法、病毒分离鉴定、组织原位杂交和 PCR 方法等。

（二）防制

1. 减少断奶仔猪应激反应　避免仔猪过早断奶，避免断奶后过多更换饲料；避免断奶后并窝并群；避免过早或多次注射疫苗；避免高密度饲养。

2. 强化猪场生物安全　减少后备母猪的购进数量，加强猪舍环境消毒，实行全进全出制度。

3. 实施严格的防疫制度　对于分娩舍应清理粪池和粪沟，彻底冲洗消毒；清洗母猪，并进行驱虫治疗。

4. 做好疫病的综合防制　猪 II 型圆环病毒单独感染一般不会造成多大危害，当与其他病原混合感染后可导致严重的经济损失，因此，在规模化猪场中做好伪狂犬病、细小病毒病、蓝耳病、胸膜肺炎、副猪嗜血杆菌病等疫病的综合防制，是间接控制圆环病毒的重要策略之一。

5. 接种疫苗　目前世界上还没有一种商品化的疫苗用于圆环病毒的免疫预防。因此，加强饲养管理和控制病毒传播是最有效的手段。

十一、猪繁殖与呼吸综合征（蓝耳病）

猪繁殖与呼吸综合征又称蓝耳病。

（一）诊断要点

1. 流行病学　病猪和隐性感染的猪是本病的主要传染源。病猪可通过尿、粪、鼻液、精液等排毒，主要通过呼吸道接触感染，也可经精液、胎盘传播，易感猪可经口、鼻、肌肉、腹腔、子宫、接种等多种途径感染。

2. 临床症状

（1）母猪　主要表现为流产、死胎、早产、木乃伊胎等繁殖障碍，产弱仔，间情期延长或不孕，产后无乳，胎衣不下等。发热、昏睡、精神、食欲不振；病猪耳朵、阴门、尾巴、腹部、鼻孔等处发绀。不同程度呼吸困难（很少咳嗽），结膜炎、鼻炎。

（2）仔猪　新生仔猪呼吸困难，腹式呼吸（在哺乳与断奶猪亦可见），体温 40～41℃，部分猪耳部等处发绀，皮毛粗糙，挤集一堆，眼眶水肿，结膜炎，也可见顽固性腹泻（图 9）。

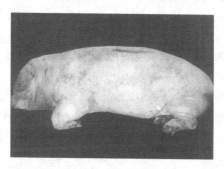

图 9　蓝耳病患猪双耳、腹部、尾部蓝紫色

（3）育肥猪　临床症状不明显，有时厌食和轻度呼吸困难，部分猪出现发绀，易继发感染，生长缓慢。

（4）公猪 厌食，精液质量下降，精子运动力下降，畸形精子比率上升。

3. 病理剖解变化 单纯感染，以肺脏为主，肺有出血斑，或有肝变病灶（暗红色），腹股沟、肺门等淋巴结肿大、出血，胸、腹腔积液，脑积液，如继发感染，则病变复杂化，症状多样性。

4. 诊断 本病因临床症状不典型，且差异性甚大，最后确诊须依靠实验室诊断。

（二）防制

1. 阳性场控制措施 早期断奶，分地饲养，实行全进全出。

2. 保育舍空栏法 所有猪只清出猪舍，猪舍彻底清洗和消毒，封闭空闲 14 天，再接收仔猪。

3. 免疫接种 对是否需要进行免疫，目前在学术上有不同意见。主要是灭活疫苗的免疫效果欠佳，但弱毒苗又可能不安全。用分娩母猪的胎盘、粪便给配种前 4 周或产前 4 周的母猪混饲；国内外已有弱毒苗、灭活苗问世。

4. 药物预防 控制继发性细菌感染，但不能阻止病毒从母体传给后代。

十二、猪血凝性脑脊髓炎

猪血凝性脑脊髓炎是由血凝性脑脊髓炎病毒引起的猪的一种急性传染病。以呕吐、食欲废绝、便秘、进行性消瘦及中枢神经系统功能障碍为主要特征。本病主要感染幼猪，病死率很高。

（一）诊断要点

1. 流行病学 本病在很多国家和地区猪群的血清学阳性率

都很高，但表现出临诊症状的自然发病不常见。初生仔猪通常可通过母源抗体而获得保护，随后产生年龄相关抵抗力，以致感染后不表现临诊症状。

猪血凝性脑脊髓炎病毒通常经鼻分泌物传播，经呼吸道或消化道传染。主要侵害 1～3 周龄的仔猪，成年猪一般为隐性感染，但可排毒。被感染的仔猪除了表现一些共有症状外，还可出现以下两种不同症状：一种以脑脊髓炎症状为主，另一种以呕吐-消耗病症为主。该病多在引进种猪之后发病，侵害一窝或几窝仔猪而引起发病，而后由于猪群产生免疫力停止发病。被感染仔猪的发病率和死亡率可达 100%。

2. 临诊症状　脑脊髓炎型病例多发于 2 周龄以下的仔猪。病猪厌食，继而昏睡，呕吐、便秘，少数病猪体温升高。病猪常常扎堆，被毛逆立，末梢发绀，打喷嚏、咳嗽或磨牙。发病后1～3 天，大多数病猪出现中枢神经系统障碍的症状。对声响和触摸过敏，尖叫，共济失调，呈犬坐式，后肢麻痹，或四肢游泳状运动，呼吸困难，失明，眼球震颤。死前昏迷。病程约 10 天，病死率高达 100%。幸存猪可以完全恢复。

3. 病理变化　病理变化的特征是脑血管周围有巨噬细胞、淋巴细胞、单核细胞浸润形成细胞套，胶质细胞增生，神经细胞变性死亡和呈卫星状。大多数病变发生于间脑、脑桥、延脑、脊髓上部等处的灰质部，脑脊髓液增多。

4. 诊断　猪血凝性脑脊髓炎没有特征性的临诊症状，根据流行情况和症状表现一般只能作出推测性诊断。需经病毒分离鉴定和血清学试验方可确诊。

（二）防制

目前本病无有效疗法，也没有有效的疫苗用于免疫接种。预防本病主要靠采取综合防制措施，防止引入病猪。对于发病猪和猪群要及时隔离。在母猪临产前 2～3 周人工感染猪血凝性脑脊髓炎病毒，可使仔猪通过初乳获得母源抗体。

十三、猪流行性乙型脑炎

猪流行性乙型脑炎，又称为日本乙型脑炎，是由乙型脑炎病毒引起的一种人畜共患传染病。

（一）诊断要点

1. 流行特点　不分性别、品种的猪都有易感性，但发病年龄多在生后 6 个月或更早一些；多发生于 6～10 月份。本病通过带病毒的蚊子叮咬人或动物（包括猪）而传播。

2. 症状　猪常突然发病，体温升高，可达 41℃，稽留热，精神沉郁，食欲减退或废绝，粪便干燥；心悸亢进，心跳增加；有的病猪还表现兴奋，乱撞及后肢轻度麻痹。公猪除上述症状外，常发生睾丸肿胀，患侧阴囊肿大、发亮、发热。妊娠母猪主要表现突然流产，胎儿多是死胎或木乃伊胎（图 10）；有的病猪还发生胎衣停滞。

图 10　患流行性乙型脑炎母猪产出木乃伊胎、
同一窝死胎大小不一

3. 尸体解剖变化　脑、脑膜充血，脊髓、脊髓膜充血，脑室积液增多。睾丸肿大，实质充血，呈楔状、斑点状出血和坏死灶。子宫内膜充血、出血，黏膜上覆有黏稠的分泌物。

4. 确诊　须作病原学和血清学检查。

（二）治疗

（1）加强护理，防止发生褥疮。

（2）根据病情适时进行对症治疗，如强心、利尿等。

（3）防止并发症可应用青霉素、链霉素、磺胺嘧啶钠等药物。

（三）预防

搞好平时的卫生防疫工作。预防接种可应用流行性乙型脑炎弱毒疫苗，并做好防蚊、灭蚊等工作。

十四、猪传染性脑脊髓炎

猪传染性脑脊髓炎又称捷申病，是由猪传染性脑脊髓炎病毒引起的一种传染病。

（一）诊断要点

1. 流行特点　各种年龄、品种的猪都易感染，但以断奶仔猪和架子猪发病较多。本病的感染途径主要是消化道和呼吸道。

2. 症状　病初猪体温升高，精神不振，食欲减退或废绝，共济失调。随后出现肌肉战栗，眼球震颤，阵发性痉挛、惊厥、鸣叫，衰弱和昏迷；有的病畜出现角弓反张或转圈运动。

3. 尸体解剖变化　脑膜水肿，脑膜血管和脑血管充血。

4. 确诊　须作病原学检查。

（二）防制

搞好平时的卫生防疫工作。预防接种可用猪传染性脑脊髓炎猪肾细胞继代培育的弱毒苗或细胞培养福尔马林灭能苗对小猪进行免疫。治疗主要是进行对症治疗。

十五、猪狂犬病

狂犬病俗称疯狗病，是由狂犬病病毒引起的一种人畜共患的急性接触性传染病。

（一）诊断要点

1. 流行特点　人和动物对本病都有易感性，因此，各种年龄、性别、品种的猪均可感染发病。本病的传播方式是由患病动物咬伤后而感染。

2. 症状　猪被患狂犬病的动物（如病犬）咬伤感染后，一般经2～6周或更长的时间后出现症状。病猪表现兴奋不安，流涎，不断发生嘶哑的叫声，摩擦伤口，攻击人畜或无目的地乱跑，或是用鼻掘地；间隙期间钻入垫草中，当受到刺激时一跃而起，横冲直撞，最后麻痹死亡。

3. 确诊　须作病原学和病理组织学检查。

（二）防制

1. 搞好平时的卫生防疫工作　管理好犬、猫，给犬、猫和其他家畜（包括猪）用狂犬病疫苗进行免疫接种，犬3～5毫升，羊、猪10～25毫升，牛、马25～50毫升，免疫期半年。

2. 对病犬或野犬及拒不免疫的犬应予扑杀。

3. 被咬伤家畜的处理　家畜（包括猪）被患有狂犬病的犬或可疑动物咬伤时，应对伤口做彻底消毒处理，用肥皂水冲洗，然后再用20%酒精冲洗后涂擦5%碘酊，并迅速用疫苗进行免疫接种，使被咬伤的动物在病的潜伏期内产生主动免疫，而得到保护。如有条件可结合用免疫血清进行治疗。但一般应以扑杀为主，以免传染于人畜。

十六、猪伪狂犬病

伪狂犬病又称奥叶兹基氏病，是由伪狂犬病病毒引起的一种多种哺乳动物共患的急性、发热性传染病。

（一）诊断要点

1. 流行特点　最常见于牛、羊、猪、犬、猫和鼠类，人和单蹄兽一般不感染。猪的易感性随年龄而有所不同，10～20日龄的哺乳仔猪感染后病死率很高，而大猪多数为隐性经过。本病的感染途径是呼吸道、消化道，损伤的皮肤、黏膜，以及通过交配或吸血昆虫叮咬传播。

2. 症状　主要呈现脑膜脑炎和败血症的综合症状，无瘙痒现象，20日龄以内的病猪表现体温升高到41～42℃（后期降至常温以下），精神不振，不吃、流涎、叫声嘶哑，肌肉痉挛性收缩，鼻歪向一侧，兴奋不安，步态僵硬，运动失调或倒地抽搐；有时出现向前冲、后退或转圈运动；最后出现四肢轻瘫、麻痹、倒地侧卧，昏迷死亡（图11、图12）。而4月龄以上的猪仅表现发热，流鼻液，咳嗽，食欲减退，精神委顿，有时出现呕吐和腹泻或神经症状。母猪可引起流产。

图11　患伪狂犬病仔猪神经紧张、眼发直

图 12 患伪狂犬病新生仔猪两肢张开

3. 尸体解剖变化 脑充血、水肿，有的病例脑实质有出血点，鼻腔、咽、喉、胃肠道黏膜充血、水肿、出血。

4. 确诊 须作病原学和血清学检查。

（二）防制

（1）搞好平时的卫生防疫工作。防鼠、灭鼠有重要意义。免疫接种可用伪狂犬病弱毒苗或灭活苗。对哺乳期母猪肌肉注射伪狂犬病弱毒苗，可使哺乳仔猪在 6～8 周内得到保护。断奶仔猪注射伪狂犬病毒弱毒苗 2 次（间隔 3～4 周），对 8～12 周龄仔猪产生保护力，免疫期 1 年。

（2）病畜的治疗目前尚无特效方法。

十七、猪巴氏杆菌病

猪巴氏杆菌病又称猪肺疫，俗称"肿脖子"或"锁喉风"，是由多杀性巴氏杆菌（革兰氏阴性细菌）引起的一种传染病。

（一）诊断要点

1. 流行特点 不同年龄、性别、品种的猪均可感染发病，一年四季都可发生，特别在气候骤变时更易发生。本病经消化道、呼吸道、皮肤的伤口感染及经吸血昆虫叮咬传播。

2. 症状

（1）最急性型 病猪突然发病，无明显症状就迅速死亡。

（2）急性型 病猪体温升高，可达 41℃ 左右，食欲减退或废绝，咳嗽，从鼻孔流出浆性或黏液性分泌物；颈部和咽喉部肿胀、发热，呼吸困难，结膜发绀；皮肤上有红斑；初便秘，后腹泻。

（3）慢性型 病猪精神不振，食欲减退，时有腹泻；咳嗽，从鼻孔流出黏性或脓性分泌物，呼吸困难，消瘦；有的病例还发生关节炎、关节肿痛，如不进行治疗，常于发病后 2～3 周死亡。

3. 尸体解剖变化 肺脏水肿、气肿、出血和肝变，肝变部表面有纤维素絮块，常与胸膜粘连；切面呈大理石样；支气管、气管内有多量泡沫状黏液。全身有出血点；淋巴结出血、肿大。

4. 确诊 须进行病原学和血清学检查，如血液、肺抹片或触片检查到革兰氏阴性、两极浓染的球杆菌，动物接种，凝集试验，荧光抗体试验等。

（二）治疗

（1）早期可应用抗猪肺疫血清，小猪 20～30 毫升，中猪 40～60 毫升，大猪 60～100 毫升，皮下注射。

（2）可应用磺胺类药物与抗菌增效剂、青霉素、链霉素、卡那霉素、土霉素等进行治疗。

（3）根据病情适时进行对症治疗。

（三）预防

搞好平时的卫生防疫工作，预防接种可选用猪肺疫氢氧化铝甲醛菌苗或猪瘟、猪肺疫二联苗，猪瘟、猪丹毒、猪肺疫三联苗。

十八、猪 丹 毒

猪丹毒俗称"打火印"，是由红斑丹毒丝菌（革兰氏阳性细菌）引起的一种急性、热性传染病。

（一）诊断要点

1. 流行特点 不同年龄、性别、品种的猪均可感染发病，尤以 3 月龄以上的架子猪更为易感。本病经消化道、皮肤伤口感染及经蚊、蝇、虱、蜱等吸血昆虫叮咬传播。

2. 症状

（1）急性败血型 病猪体温升高达 42～43℃，精神沉郁，食欲废绝，行走时步态僵硬或跛行，多静卧不动；在耳、胸、腹、股内侧皮肤出现红斑，指压褪色。仔猪还表现抽搐。

（2）疹块型 病猪体温升高，精神不振。在胸、腹、背、肩、四肢等部位的皮肤发生大小约 1 厘米至数厘米、数量不等的暗红色隆起的疹块，形状多为方形或菱形，初期指压疹块褪色，后期呈紫黑色，压之不褪色（图 13）。

（3）慢性型 病猪关节肿胀、疼痛，跛行或卧地不起；消瘦、贫血，听诊心脏有器质性杂音；耳、肩、背、尾部皮肤坏死，变黑、干硬，似皮革状。

3. 尸体解剖变化 脾脏充血、肿大，呈樱桃红色，质地松软，切面外翻，脾髓暗红，易于刮下，呈典型的败血脾变化。慢性者除关节肿胀、关节囊增厚外，还可在二尖瓣、主动脉瓣的瓣膜表面被有疣状赘生物。

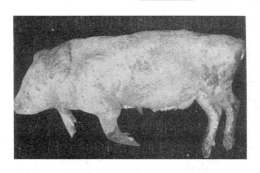

图 13　急性猪丹毒病猪全身皮肤呈紫红色

4. 确诊　需进行细菌学和血清学检查，如心血、肾、脾作抹片或触片检查到革兰氏阳性小杆菌，分离培养，环状沉淀试验，荧光抗体检查等。

（二）治疗

（1）早期可应用抗猪丹毒血清，小猪 5～10 毫升，中猪30～50 毫升，大猪 50～80 毫升。

（2）可选用青霉素、四环素、土霉素和磺胺类药物，如磺胺嘧啶钠进行治疗。

（3）根据病情适时进行对症治疗。

（三）预防

搞好平时的卫生防疫工作，预防接种可选用猪丹毒氢氧化铝甲醛菌苗或猪丹毒弱毒菌苗，猪瘟、猪丹毒、猪肺疫三联苗，猪瘟、猪丹毒二联苗等。

十九、猪沙门氏菌病

猪沙门氏菌病又称猪副伤寒，是由沙门氏菌（主要是猪伤寒沙门氏菌和猪霍乱沙门氏菌—革兰氏染色阴性的卵圆形小杆菌）

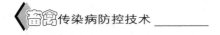

引起的一种传染病。

（一）诊断要点

1. 流行特点　1～4 月龄仔猪易感性较高，但在初乳中缺乏抗体或处于逆境时（管理不当、长途运输、气候突变等），即不受年龄限制都可发病。

2. 症状

（1）急性型　病猪体温升高达 41℃以上，精神不振，食欲减退或废绝，便秘或腹泻，在耳根、胸前、腹下皮肤有紫斑。

（2）慢性型　病猪体温升高，呈间隙热，便秘与腹泻交替发生，逐渐消瘦、贫血，皮肤有痂状湿疹，病程长达 2 周或以上。

3. 尸体解剖变化　大肠黏膜上有分散或融合性的溃疡，溃疡大小不一，中央凹陷，四周隆起，表面覆盖有纤维素膜，似麦麸样，不易剥离。有时在肝脏见到粟粒大、黄白色坏死灶。

4. 确诊　须作细菌分离（从实质脏器中）与鉴定。

（二）治疗

（1）可选用庆大霉素、新霉素、土霉素、痢菌净、氟哌酸、磺胺脒、酞磺胺噻唑等药物进行治疗。

（2）根据病情适时进行对症治疗。

（三）预防

搞好平时的卫生防疫工作，预防接种可用仔猪副伤寒弱毒菌苗。若有条件时，用本群或当地分离的菌株作成单价死菌苗，则预防效果更好。

二十、仔猪黄痢

仔猪黄痢又称早发性大肠杆菌病，是由大肠杆菌（革兰氏阴性细菌）引起的 7 日龄以内仔猪的急性肠道传染病。

（一）诊断要点

1. 流行特点 主要在生后数小时至 7 日龄以内仔猪发病，以 1～3 日龄仔猪发病最多。一年四季都有发生，在阴雨连绵天气发病多。

2. 症状 仔猪突然发病，腹泻，排黄色水样便，内含凝乳小块。病猪精神沉郁，不食，脱水，昏迷而死。

3. 尸体解剖变化 肠内容物为黄色糊状，小肠肿胀、充血、出血；肠系膜淋巴结充血、肿大。

4. 确诊 须进行病原菌的分离培养，并将分纯的菌株进行血清型鉴定。

（二）治疗

（1）发现一头猪发病，应全窝仔猪进行预防性药物治疗。

（2）可选用氟哌酸、庆大霉素、土霉素，磺胺甲基嘧啶、磺胺二甲基嘧啶、磺胺 5-甲氧嘧啶与抗菌增效剂配合应用。

（3）根据病情适时进行对症治疗，如脱水时进行口服补液或腹腔补液。

（三）预防

搞好平时的卫生防疫工作，预防接种可在母猪分娩前 15～25 天口服或注射仔猪黄痢、白痢 MM 工程苗。此外，对有本病发生的猪群，在仔猪出生后尚未开食前就内服抗菌药物，连服 3 天，以作预防。

二十一、仔猪白痢

仔猪白痢又称迟发性大肠杆菌病，是由大肠杆菌引起 10～

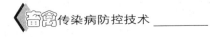

30 日龄以内仔猪的肠道传染病。

（一）诊断要点

1. 流行特点　一般多发生于 10～20 日龄，一年四季均可发生，但以冬春季和炎热季节发病较多。

2. 症状　病初精神尚好，有食欲，体温一般不升高，但排乳白色腥臭稀粪；2～3 天后精神逐渐变差，食欲降低，腹泻加剧，口渴，眼球下陷，常并发肺炎，常经 5～6 天死亡。

3. 尸体解剖变化　胃黏膜潮红、肿胀，肠黏膜潮红、有出血点，肠内容物为乳白色稀粥状，肠系膜淋巴结肿大；并发肺炎者可见肺炎病变。

4. 确诊　须进行病原菌的分离培养和鉴定。

（二）预防和治疗

参见仔猪黄痢。

二十二、猪水肿病

猪水肿病又称猪胃肠水肿，是由溶血性大肠杆菌引起断奶仔猪的一种急性、致死性肠毒血症。

（一）诊断要点

1. 流行特点　断奶后仔猪多发，以 4～5 月份和 9～10 月份较为多见，特别是气候多变和阴雨天多发。

2. 症状　病猪精神沉郁，食欲减退或废绝，眼睑、肛门水肿；病初体温升高，随后降至常温或偏低；行走无力，步态不稳或盲目行走，共济失调，叫声嘶哑，进而倒地抽搐或麻痹。

3. 尸体解剖变化　腹腔内有多量的淡黄色液体，胃壁、肠系膜、肠系膜淋巴结、胆囊、喉头水肿，全身淋巴结水肿、充血和出血。

4. 确诊　须进行病原菌分离和鉴定。

（二）治疗

（1）给予断奶仔猪全价日粮。

（2）可选用庆大霉素、链霉素、氟哌酸、青霉素和磺胺类药物进行治疗。

（3）应用亚硒酸钠和维生素 E。

（4）根据病情适时进行对症治疗，应用地塞米松、安钠咖、甘露醇等药物。

（三）预防

除搞好平时的卫生防疫工作外，对仔猪在断奶前就做好补饲工作，逐步过度到全价日粮。

二十三、猪梭菌性肠炎

猪梭菌性肠炎又称仔猪传染性坏死性肠炎。俗称仔猪红痢，是由魏氏梭菌（革兰氏阳性细菌）C 型菌株引起的仔猪肠毒血症。

（一）诊断要点

1. 流行特点　主要发生于 1 周龄以内的仔猪，一年四季均可发生。本病通过消化道、皮肤及黏膜伤口感染发病。

2. 症状

（1）最急性型　仔猪出生后几小时至一天内突然排血痢，后躯沾满血样稀粪，衰弱，很快死亡，亦有未出现明显症状即死亡的。

（2）急性型　仔猪精神沉郁，呕吐，腹泻，排红色带小气泡的腥臭稀粪，内有坏死组织碎块，衰弱，常在生后 3～4 天死亡（图 14）。

图 14　患梭菌性肠炎病猪持续腹泻、脱水、消瘦

3. 尸体解剖变化　在空肠段的病变部肠壁为深红色，与正常肠段的界限分明，肠黏膜及黏膜下层广泛性出血（图 15），肠内容物为暗红色液状。肠系膜淋巴结肿大或出血。

图 15　患梭菌性肠炎病猪肠管出血性病变

4. 确诊　须进行病变肠段的病理组织学检查和病原体的分离和鉴定。

（二）治疗

（1）可选用磺胺脒、氟哌酸、庆大霉素、青霉素等药物进行治疗。

（2）根据病情适时进行对症治疗，如补液、止血。

（三）预防

搞好平时的卫生防疫工作，母猪在分娩前1个月和半个月各接种1次仔猪红痢氢氧化铝菌苗。此外，在仔猪出生后可用青霉素或土霉素进行预防性口服。

二十四、猪链球菌病

猪链球菌病是由链球菌（革兰氏阳性细菌）感染所引起的疾病。

（一）诊断要点

1. 流行特点　不同年龄的猪均可感染发病，其中仔猪发病率最高；一年四季均可发生，但以5～10月份发病较多。主要经呼吸道感染，此外经皮肤伤口也可感染。

2. 症状

（1）急性型　病猪突然不食，体温升高达41℃以上，精神沉郁，步态踉跄或卧地不起，呼吸困难，流浆液性鼻液，皮肤有出血斑，流泪。而有的病猪除上述症状外，还表现尖叫，抽搐，共济失调，盲目行走或做圆圈运动，或倒地后四肢呈划水动作，衰竭而死。

（2）慢性型　病猪主要表现关节炎、心内膜炎、化脓性淋巴结炎、局部脓肿、子宫炎、咽喉炎、皮炎等，病程1周至数周。

3. 尸体解剖变化　急性者表现血液凝固不良，但尸僵完全，胸、腹下和四肢皮肤有紫斑或出血斑；全身淋巴结肿大、出血，有的化脓；心内膜有出血斑；肺呈支气管肺炎变化；脑膜充血、出血。慢性型有其相应器官的病理变化，如关节炎病猪的尸体，关节皮下水肿或关节周围化脓坏死，关节面粗糙，滑液浑浊呈淡

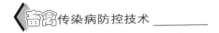

黄色，内含有干酪样、黄白色块状物。

4. 确诊 须作病原体的分离培养和鉴定等检查。

（二）治疗

（1）处理皮肤伤口和对脓肿切开排脓，消毒药冲洗后涂抹5％碘酊。

（2）选用抗革兰氏阳性细菌的药物，如青霉素、氨苄青霉素、红霉素、洁霉素、先锋霉素Ⅰ和磺胺类药与抗菌增效剂进行治疗。

（3）根据病情适时进行对症治疗。

（三）预防

搞好平时的卫生防疫工作，预防接种可用猪链球菌氢氧化铝菌苗。此外，产仔时应注意消毒脐带，防止脐带感染。

二十五、猪传染性萎缩性鼻炎

猪传染性萎缩性鼻炎又称猪萎缩性鼻炎，是由支气管败血波特氏杆菌（革兰氏阴性细菌）引起的一种慢性、接触性传染病。

（一）诊断要点

1. 流行特点 各种年龄的猪均可以感染，但以幼猪的易感性最大；长白猪特别易感，而中国本地猪却较少发病；一年四季均可发生，而以秋、冬产仔期较多发。

2. 症状 猪病初表现打喷嚏、呼吸困难和发出鼾声，鼻黏膜潮红，鼻流少量浆液性或黏液脓性鼻液，有的还流鼻血，搔抓或摩擦鼻部，流泪。随着病程发展，鼻甲骨萎缩，鼻腔和面部变形，成为"歪鼻子"，严重的可扭歪成45度角，两眼间的宽度变小（图16）。有些病猪还表现脑炎和肺炎的症状。

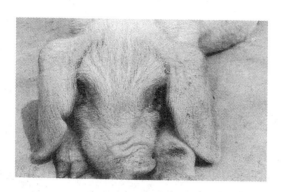

图 16　患传染性萎缩性鼻炎病猪鼻梁弯曲

3. 尸体解剖变化　鼻黏膜充血、水肿，鼻腔内有脓性或干酪样渗出物。在两侧第 1、2 对前臼齿的连线上将鼻腔锯开可见到鼻甲骨萎缩，卷曲变小而钝直，甚至消失。

4. 确诊　须进行病原学和血清学的检查，如病原体的分离培养、鉴定和血清凝集试验等。

（二）治疗

（1）可选用磺胺二甲基嘧啶、卡那霉素、庆大霉素、新霉素、土霉素等药。如每吨饲料中添加磺胺二甲基嘧啶 454～908 克，连用 30～45 天。

（2）对早期病猪可定期向鼻腔内注入 0.1％高锰酸钾液或 2％硼酸液。

（3）根据病情适时进行对症治疗。

（三）预防

搞好平时的卫生防疫工作，特别应注意的是在购买种猪时，一定要通过检疫，确认健康才能引入，并经过隔离期观察后，证明无病者才能合群。预防接种可用猪萎缩性鼻炎灭活菌苗。

二十六、猪 炭 疽

炭疽是由炭疽杆菌（革兰氏阳性细菌）引起的人畜共患的急性、败血性传染病。猪炭疽多数是局部型，败血型极少。

（一）诊断要点

1. 流行特点　不同年龄的家畜都可感染，一年四季都有发生，而以夏秋季节较多。本病主要经消化道感染，也有由呼吸道、皮肤、创伤感染和吸血昆虫（尤其是虻类）螫刺而传播的。

2. 症状

（1）急性型　多表现突然倒地，体温在 40℃ 以上，呼吸困难，黏膜发绀，肌肉发抖，天然孔出血，几小时内死亡。

（2）慢性型　具有以上症状，但病程较缓和，可延至数天，有的病畜在皮肤松软处出现炎性水肿。

3. 尸体解剖变化　尸体外表变化为迅速膨气，尸僵不全，天然孔出血，血液凝固不良，血液呈煤焦油样，可视黏膜发绀，颌下淋巴结高度肿大，切面呈砖红色，脾肿大 2～3 倍。

4. 确诊　须进行病原学和血清学检查。

（二）预防

搞好平时的卫生防疫工作，预防接种可选用无毒炭疽芽孢苗和 II 号炭疽芽孢苗。但不满 1 个月的幼畜，临产前两个月的母畜，瘦弱、发热及患其他病时不宜注射。

（三）注意事项

由于炭疽病是一种人畜共患的急性败血性传染病。因此应当注意下列事项：

（1）在基层无条件进行实验室检查时，当遇到有炭疽病的症状，如病猪体温升高，可视黏膜发绀，咽喉部（甚至颈部及胸前部）炎性水肿等死亡的猪，以及死后的猪（或牛、马、鹿、羊等）尸僵不全（尸体不僵硬），从口、鼻、肛门流出暗红色血液或流出带有泡沫的淡红色液体时，则不要进行尸体解剖检查。如有实验室检查条件时，则在不污染环境的情况下，抽取水肿液抹片和将耳根部切开触片，用瑞氏染色法或姬姆萨氏染色法，见到有荚膜的大杆菌，为单个或 3～5 个菌体相连的短链者，即可确定是炭疽，此时严禁进行尸体解剖检查。

（2）对病猪（或其他动物）接触过的厩舍、用具必须用 10％～20％漂白粉消毒。病尸、垫草、粪便等要焚烧或深埋（撒布漂白粉后将土压紧踩实）。严禁剥皮吃肉；接触病畜的人，当感到稍有不适，则应及早到医院治疗。

（3）发生炭疽后，应立即报告上级，迅速查明疫情，作出诊断，采取坚决措施，扑灭疫情。

二十七、猪破伤风

破伤风又称强直症，俗称锁口风，是由破伤风梭菌（革兰氏阳性细菌）引起的一种人畜共患的急性、创伤性、中毒性传染病。

（一）诊断要点

1. 流行特点　不同年龄的猪都易感染，仔猪的脐带感染和阉割感染的病例多见，一年四季均可发生。

2. 症状　病猪四肢僵硬，尾不活动，牙关紧闭，流涎，瞬膜露出。重者则全身痉挛，角弓反张，心跳急促，呼吸浅快；对外界刺激，如光、声音等的兴奋性增高。耐心询问和检查，一般都能查找到伤口。

3. 实验室检查　当症状不明显时，可进行毒素检查。采取病畜全血 0.5 毫升，肌肉注射于小鼠臀部，一般在 18 小时后出现弓腰、尾直等症状。

（二）预防

搞好平时的卫生防疫工作，预防接种可用破伤风类毒素。此外对新生幼畜的脐带应用 5% 碘酊消毒；外科手术，如去势等应做好消毒工作。

二十八、猪布氏杆菌病

布氏杆菌病是由布氏杆菌（革兰氏阴性细菌）引起的人畜共患传染病。

（一）诊断要点

1. 流行特点　性成熟后的猪对本病极为敏感，一年四季均可发生。消化道是主要传染途径，其次是生殖道和皮肤、黏膜。吸血昆虫也能传播本病。

2. 症状　病母猪主要表现为流产，产出死胎或弱仔，产后发生子宫炎和不孕。公猪发生睾丸炎或副睾炎。有的病猪还发生关节炎、骨髓炎、化脓性腱鞘炎和皮下脓肿（图 17、图 18）。

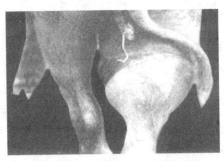

图 17　布氏杆菌病患猪膝关节脓肿

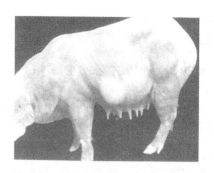

图 18 布氏杆菌病患猪皮下脓肿

3. 尸体解剖变化 子宫内膜有针头大至粟粒大化脓灶或干酪化小结节；睾丸和副睾有化脓和坏死灶；胎膜充血、水肿，表面覆淡黄色渗出物。

4. 确诊 须进行病原学和血清学检查，如病原的分离培养和鉴定，以及血清凝集反应、变态反应等。

（二）治疗

病畜以淘汰屠宰为宜，肉高温处理后可以食用；生殖器官和乳房须销毁或工业用。毛皮盐渍 60 天后可利用。病畜暂不淘汰者，可在隔离条件下给予适当治疗，如用 0.1%高锰酸钾液冲洗子宫，每天 1～2 次，必要时可用红霉素、土霉素、磺胺类药物等进行治疗。

（三）预防

搞好平时的卫生防疫工作，预防接种可用布氏杆菌猪型Ⅱ号弱毒菌苗。产前、产后和人工授精器械都应做好消毒工作。

二十九、猪结核病

结核病是由结核分枝杆菌引起的人畜和禽类的一种慢性传

染病。

(一)诊断要点

1. 流行特点　一年四季均可发生。本病主要通过呼吸道、消化道感染，也可通过交配传播。

2. 症状　病猪多表现为淋巴结核。其中以颌下、咽、肠系膜淋巴结结核较多见，淋巴结肿大。呈拇指大至拳头大的硬块，表面不平滑，有的破溃后排出脓块或干酪样物，常形成瘘管。其他器官如肺、胃、肠、睾丸、乳房等也可发生结核，病猪表现消瘦、咳嗽、气喘等相应症状。

3. 尸体解剖变化　下颌、咽、肠系膜淋巴结肿大，切面呈黄白色，有黄色干酪样病灶。有的干酪区变为脓样液体或钙化。

4. 确诊　须作结核菌素试验或病原学和血清学检查。

(二)防制

一般不作治疗，淘汰处理。种畜可选用链霉素、异烟肼、对氨基水杨酸钠等进行治疗。预防主要是搞好平时的卫生防疫工作。进行定期检疫，淘汰病猪，建立健康群。有结核病的人员不能当饲养员。

三十、猪李氏杆菌病

李氏杆菌病是由单核细胞增生李斯特氏杆菌（革兰氏阳性细菌）引起的一种散发性人畜共患传染病。

(一)诊断要点

1. 流行特点　不同年龄的猪都可感染发病，一年四季均可发生。感染途径主要是通过消化道和呼吸道感染，也可通过眼结膜和皮肤伤口感染或由吸血昆虫叮咬传播。

2. 症状

（1）急性型　多是仔猪，体温升高，精神沉郁，食欲废绝，有的还表现咳嗽、肺水肿、呼吸困难、腹泻和神经症状，1～3天死亡。

（2）神经型　病猪表现运动失常，做转圈运动，无目的地行走或后退；头颈后仰，前肢或四肢叉开，呈观星姿势（图19）；颈部和颊部肌肉震颤，继而出现阵发性痉挛，口吐白沫，倒地或四肢麻痹，一般经1～4天死亡。

3. 血液学检查　白细胞分类计数时，单核细胞比例增高。

图19　李氏杆菌病患猪四肢展开呈观星姿势

4. 尸体解剖变化　神经型病猪死后可见脑膜和脑组织充血、水肿，脑干软化并有小脓灶。

5. 确诊　须作病原学和血清学（如凝集反应和补体结合反应）检查。

（二）治疗

1. 可应用链霉素、磺胺嘧啶钠、磺胺5-甲氧嘧啶钠及其他广谱抗生素。

2. 根据病情适时进行对症治疗。

（三）预防

搞好平时的卫生防疫工作。

三十一、猪坏死杆菌病

坏死杆菌病是由坏死梭杆菌（革兰氏阴性细菌）引起的各种哺乳动物和禽类的一种传染病。

（一）诊断要点

1. 流行特点　各种年龄的猪都可感染发病，低洼潮湿地区和多雨季节多发。本病的感染途径是损伤的黏膜和皮肤。

2. 症状　病猪以坏死性皮炎为多见。病猪表现体表皮肤及皮下组织发生坏死和溃烂，多发生于头、颈、乳房、四肢和体侧。有的猪表现鼻、唇、舌、齿龈及颊部黏膜发生溃疡，上面覆盖有坏死组织，甚至腹泻，粪便中有白色假膜、黏液、血液，病猪消瘦。

3. 确诊　须作病原学的检查。

（二）治疗

对坏死性皮炎，首先要清除坏死组织，再填塞高锰酸钾粉或磺胺、抗生素软膏，或用甲醛滴在坏死部位上，每天1次，直至痊愈。坏死性鼻炎、口炎则将坏死组织清除后用0.1%高锰酸钾液冲洗，然后涂碘甘油，每天2次，直至痊愈。同时肌肉注射或静脉注射磺胺类药物或四环素、土霉素等药物。

（三）预防

搞好平时的卫生防疫工作。对皮肤和黏膜的损伤要及时处理治疗。

三十二、猪气喘病

猪气喘病又称猪地方性流行性肺炎，是由猪肺炎支原体引起的一种接触性传染病。

（一）诊断要点

1. 流行特点 不同年龄、性别、品种的猪都易感染发病，但以哺乳仔猪和幼猪多发，且死亡率高。一年四季都可发生，但在寒冷、阴湿的环境和气候突变时发病较多；在新发病的猪群常呈暴发性流行。呼吸道是本病的主要感染途径。

2. 症状

（1）急性型 常见于新发生本病的猪群，病猪呼吸次数剧增，每分钟可达 60～120 次以上，张口呼吸，发出的哮鸣声似拉风箱，呈犬坐姿势，腹式呼吸（图 20）；咳嗽，体温一般正常，食欲减少或废绝。

图 20 患气喘病猪腹式呼吸困难、似犬坐缓解呼吸困难

（2）慢性型 病畜表现长期咳嗽，以清晨、晚间、运动、进食后发生最多，呼吸困难，气喘，流鼻液，可视黏膜发绀，消瘦、衰弱，一般体温不高，病程可拖延 2 个月以上。

3. 尸体解剖变化

（1）**急性型**　肺脏广泛气肿，呈灰白色，两侧肺的心叶、尖叶、中间叶有散在的淡灰红色、半透明的肺炎灶。

（2）**慢性型**　肺炎灶融合，并波及膈叶下部，呈淡红色、灰红色，似鲜嫩的肌肉样，俗称"肉样变（图 21）"；或呈淡黄色、灰黄色，似胰腺样，俗称"胰变"。肺门淋巴结肿大，呈灰白色。

图 21　患气喘病猪肺对称性肉样病变

4. 确诊　须进行病原学和血清学检查，如病原体的分离鉴定、免疫荧光试验、间接血凝试验等。

（二）治疗

（1）可选用土霉素、卡那霉素、四环素、洁霉素、泰乐菌素等进行治疗。

（2）为防止继发感染，可用青霉素、链霉素和磺胺类药物。

（3）根据病情适时进行对症治疗，如为缓解喘息可用麻黄素和氨茶碱等。

（三）预防

搞好平时的卫生防疫工作。污染猪场可在每吨饲料中添加 200 克洁霉素，连喂 3 周，有一定预防效果。

三十三、猪 痢 疾

猪痢疾曾称为血痢，是由猪痢疾密螺旋体引起的一种肠道传染病。

（一）诊断要点

1. 流行特点　各种品种、年龄、性别的猪都可发生，但2～3月龄仔猪较为多见；一年四季均可发生，而以冬春季多发。本病的感染途径是消化道。

2. 症状

（1）最急性型　病猪未有明显的症状就突然死亡。

（2）急性型　病猪精神不振，食欲减退或废绝，体温升高，排黄色至灰色软粪或稀便，随后粪便中有大量黏液、血液、小血块和假膜。有的病猪水泻或排红白相间胶冻样物或血便，出现共济失调。

（3）慢性型　病猪反复下痢，消瘦，贫血，生长停滞（图22）。

图22　患痢疾病猪消瘦、下痢、便血

3. 尸体解剖变化　病变局限于大肠，大肠黏膜充血、肿胀，或表层坏死，有假膜覆盖，外观似麸皮或豆腐渣样，剥去假膜露出浅表的糜烂面。

4. 确诊　须作病原学和血清学检查，如病原分离和鉴定、凝集试验、吸附荧光抗体试验等。

（二）治疗

（1）可选用痢菌净、土霉素、四环素、二硝基咪唑、硫酸新霉素、链霉素、红霉素等。

（2）根据病情适时进行对症治疗。

（三）预防

搞好平时的卫生防疫工作。每吨饲料中添加杆菌肽 100 克或硝基酰胺 150 克，连喂 5～7 天，均有预防效果。

三十四、猪钩端螺旋体病

钩端螺旋体病是由致病性钩端螺旋体引起的人、畜共患的一种传染病。

（一）诊断要点

1. 流行特点　鼠类为钩端螺旋体许多型的贮存宿主。不同年龄的猪均可发病，一年四季都可发生；一般 6～9 月份多发。皮肤是主要的感染途径，其次是消化道、呼吸道、生殖道黏膜，吸血昆虫如蜱、蝇叮咬也可传播。

2. 症状

（1）急性型　一般多为大猪和架子猪，病猪体温升高，食欲废绝，皮肤干燥，皮肤和黏膜发黄，尿呈茶色或血尿。

（2）亚急性和慢性型　多发于断奶前后的仔猪，病猪体温升高，精神沉郁，食欲减退或废绝，结膜潮红。几天后结膜发黄或苍白，全身水肿，尿液变黄或血尿，便秘或腹泻，日渐消瘦。母猪可发生流产，产死胎或木乃伊，或生出生命力弱的胎儿。

3. 尸体解剖变化　皮肤、皮下组织、浆膜和黏膜有不同程度的黄染；心、肺、肾、膀胱、肠和肠系膜出血；肾、肝、淋巴结肿大，有的头、颈、背部皮下水肿。

4. 确诊　须作病原学和血清学检查，如病原的分离培养和鉴定、显微凝集试验、补体结合试验、酶联免疫吸附试验等。

（二）治疗

（1）可选用链霉素、土霉素、四环素、青霉素等进行治疗。
（2）根据病情适时进行对症治疗。

（三）预防

搞好平时的卫生防疫工作，大力灭鼠。预防接种可用与当地菌型一致的钩端螺旋体多价或单价灭活菌苗。

三十五、猪附红细胞体病

猪附红细胞体病（简称猪附胞体病）是由猪附红细胞体（简称猪附胞体）引起的一种热性、溶血性传染病。

（一）诊断要点

1. 流行特点 各种年龄、性别和品种的猪都可感染发病，但幼猪病死率较高。主要发生于温暖季节，夏季特别多。节肢动物是本病的传播媒介，蜱、虱、蚤等吸血昆虫都可传播本病，也可经子宫内感染。

2. 症状 猪病初体温升高到 40～41℃，精神不振，食欲减退或废绝，贫血，可视黏膜黄染，呼吸迫促，心悸亢进。排血红蛋白尿。

3. 尸体解剖变化 贫血和黄疸，皮下和肌间水肿，腹腔和心包积液，肝黄染，脾脏肿大。

4. 诊断 血液涂片、姬姆萨染色发现附胞体即可确诊。猪附胞体大小 0.8～2.5 微米，呈环状或杆状、球状及出芽状，染成淡红或淡紫红色。

（二）治疗

发现病畜，隔离治疗，可用土霉素、四环素或新胂凡纳明

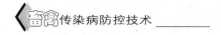

（914）进行治疗，并根据病情适时进行对症治疗。

（三）预防

搞好平时的卫生防疫工作，杀灭蜱、虱、蚤，严格消毒外科器械和注射器具。在饲料中添加土霉素，可防治本病。

三十六、猪传染性胸膜肺炎

猪传染性胸膜肺炎是由胸膜炎放线杆菌引起猪的一种高度传染性呼吸道疾病，又称为猪接触性传染性胸膜肺炎。以急性出血性纤维素性胸膜肺炎和慢性纤维素性坏死性胸膜肺炎为特征，急性型呈现高死亡率。

（一）诊断要点

1. 流行病学 各种年龄、性别的猪都有易感性，其中 6 周龄至 6 月龄的猪较多发，但以 3 月龄仔猪最为易感。本病的发生多呈最急性型或急性型病程而迅速死亡，急性暴发猪群，发病率和和死亡率一般为 50% 左右，最急性型的死亡率可达 80%～100%。

病猪和带菌猪是本病的传染源。种公猪和慢性感染猪在传播本病中起着十分重要的作用。猪胸膜肺炎放线杆菌主要通过空气飞沫传播，在感染猪的鼻汁、扁桃体、支气管和肺脏等部位是病原菌存在的主要场所，病菌随猪呼吸、咳嗽、喷嚏等途径排出后形成飞沫，通过直接接触而经呼吸道传播。也可通过被病原菌污染的车辆、器具以及饲养人员的衣物等而间接接触传播。

本病的发生具有明显的季节性，多发生于 4～5 月和 9～11 月。饲养环境突然改变、猪群的转移或混群、拥挤或长途运输、通风不良、温度过高、气温骤变等应激因素，均可引起本病发生或加速疾病传播，使发病率和死亡率增加。

2. 临诊症状　人工感染猪的潜伏期约为1～7天或更长。由于动物的年龄、免疫状态、环境因素以及病原的感染数量的差异，临诊上发病猪的病程可分为最急性型、急性型、亚急性型和慢性型。

（1）最急性型　猪突然发病，病猪体温升高至41～42℃，心率增加，精神沉郁，废食，出现短期的腹泻和呕吐症状，早期病猪无明显的呼吸道症状。后期心衰，鼻、耳、眼及后躯皮肤发绀，晚期呼吸极度困难，常呆立或呈犬式坐势，张口伸舌，咳喘，并有腹式呼吸。临死前体温下降，严重者从口鼻流出泡沫血性分泌物。病猪于出现临诊症状后24～36小时内死亡。有的病例见不到任何临诊症状而突然死亡。此型的病死率高达80%～100%。

（2）急性型　病猪体温升高达40.5～41℃，严重的呼吸困难，咳嗽，心衰。皮肤发红，精神沉郁（图23）。由于饲养管理及其他应激条件的差异，病程长短不定，所以在同一猪群中可能会出现病程不同的病猪，如亚急性型或慢性型。

图23　传染性胸膜肺炎病猪精神沉郁，
耳、鼻、四肢皮肤呈蓝紫色

（3）亚急性型和慢性型　病猪多于急性期后期出现。病猪轻度发热或不发热，体温在39.5～40℃之间，精神不振，食欲减退。不同程度的自发性或间歇性咳嗽，呼吸异常，生长迟缓。病程几天至 1 周不等，或治愈或当有应激条件出现时，症状加重，猪全身肌肉苍白，心跳加快而突然死亡。

3. 病理剖解变化

（1）最急性型　病死猪剖检可见气管和支气管内充满泡沫状带血的分泌物。肺充血、出血和血管内有纤维素性血栓形成。肺泡与间质水肿。肺的前下部有炎症出现。

（2）急性型　急性期死亡的猪可见到明显的剖检病变。喉头充满血样液体，双侧性肺炎，常在心叶、尖叶和膈叶出现病灶，病灶区呈紫红色，坚实，轮廓清晰，肺间质积留血色胶样液体。随着病程的发展，纤维素性胸膜肺炎蔓延至整个肺脏（图24）。

图 24　传染性胸膜肺炎病猪肺实变、表面有绒毛样纤维素

（3）亚急性型　肺脏可能出现大的干酪样病灶或空洞，空洞内可见坏死碎屑。如继发细菌感染，则肺炎病灶转变为脓肿，致使肺脏与胸膜发生纤维素性粘连。

（4）慢性型　肺脏上可见大小不等的结节（结节常发生于膈叶），结节周围包裹有较厚的结缔组织，结节有的在肺内部，有的突出于肺表面，并在其上有纤维素附着而与胸壁或心包粘连，或与肺间粘连。心包内可见到出血点。

4. 诊断　根据流行病学、临诊症状和病理变化可以作出初步诊断，确诊需进行实验室诊断。

（1）流行病学特点　各种年龄、性别的猪都可发生，但以 6 周龄至 6 月龄的猪较多发。多呈最急性或急性型病程，突然死亡，传播迅速。发病率和死亡率通常在 50% 以上，最急性型的死亡率可高达 80%～100%。常发生于 4～5 月和 9～11 月。饲养环境突然改变、猪群的转移或混群、拥挤或长途运输、气候骤变等应激因素可使发病率和死亡率增加。

（2）临诊症状和病理学诊断　急性病猪出现高热、严重的呼吸困难、咳嗽、拒食、突然死亡，死亡率高。死后剖检病变主要局限于胸腔，可见肺脏和胸膜有特征性的纤维素性和坏死性血性肺炎、纤维素性胸膜炎。

（3）实验室诊断　主要有直接镜检、细菌的分离鉴定和血清学诊断。

（二）防制

1. 平时的预防措施　对本病应采取综合防治措施。

（1）首先应加强饲养管理，严格卫生消毒措施，注意通风换气，保持舍内空气清新。减少各种应激因素的影响，保持猪群足够的均衡的营养水平。

（2）应加强猪场的生物安全措施。从无病猪场引进公猪或后备母猪，防止引进带菌猪；采用"全进全出"饲养方式，出猪后栏舍彻底清洁消毒，空栏 1 周再重新使用。新引进猪或公猪混入一群副猪嗜血杆菌感染的猪群时，应该进行疫苗免疫接种并口服抗菌药物，到达目的地后隔离一段时间再逐渐混入猪群较好。

（3）对已污染本病的猪场应定期进行血清学检查，清除血清学阳性带菌猪，并制定药物防治计划，逐步建立健康猪群。在混群、疫苗注射或长途运输前 1～2 天，应投喂敏感的抗菌药物，如在饲料中添加适量的磺胺类药物或泰妙菌素、泰乐菌素、新霉素、林肯霉素和壮观霉素等抗生素，进行药物预防，可控制猪群发病。

（4）疫苗免疫接种　目前国内外均已有商品化的灭活疫苗用于本病的免疫接种。一般在 5～8 周龄时首免，2～3 周后二免。

母猪在产前 4 周进行免疫接种。可应用包括国内主要流行菌株和本场分离株制成的灭活疫苗预防本病，效果更好。

2. 治疗　本病早期治疗可收到较好的效果，但应结合药敏试验结果而选择抗菌药物。一般可用青霉素、新霉素、四环素、泰妙菌素、泰乐菌素、磺胺类等。

三十七、猪多发性浆膜炎与关节炎

猪多发性浆膜炎与关节炎是由副猪嗜血杆菌引起猪的一种接触性细菌性传染病，又称为副猪嗜血杆菌病、格氏病、猪纤维素性浆膜炎和关节炎。本病在临诊上主要以关节肿胀、疼痛、跛行、呼吸困难以及胸膜、心包、腹膜、脑膜和四肢关节浆膜的纤维素性炎症为特征。

（一）诊断要点

1. 流行病学　易感动物主要为 2 周龄至 4 月龄的青年猪，尤其是哺乳仔猪、断奶后 10 天左右的猪更易发生，病死率可达 50%。病猪和带菌猪为主要传染源，无症状的带菌猪是最危险的传染源，本菌常存在于猪的上呼吸道，构成其正常菌群。本病主要通过空气直接接触传播，亦可通过消化道传播。

本病一般呈散发，也可呈地方流行性。饲养管理不善、空气污浊、拥挤、饲养密度过大、长途运输、天气骤冷等应激因素都可引起本病的暴发，并使病情加重，因此，应激因素常是本病发生的诱因。本病发生和流行的严重程度以及造成的经济损失与猪群中猪肺炎支原体、猪繁殖和呼吸障碍综合征病毒、猪圆环病毒 2 型、猪流感病毒和猪呼吸道冠状病毒等病原体的存在有密切关系。

2. 临诊症状　本病多继发于猪繁殖和呼吸障碍综合征病毒、猪流感病毒、猪呼吸道冠状病毒、猪肺支原体、猪圆环病毒 2 型等病原体感染，或与这些病原体混合感染。人工接种试验的潜伏期为 2～5 天，一般几天内发病。临诊上病猪主要表现为发热，食欲不振或厌食，眼睑水肿，鼻孔周围附有脓性分泌物。反应迟钝，咳嗽，呼吸困难，共济失调。关节肿胀，跛行，斜卧。可视黏膜发绀，虚弱，继而因窒息和心衰死亡。急性感染后的母猪可发生流产。

3. 病理变化　主要肉眼病变有胸膜、腹膜、心包膜、关节的浆膜，甚至脑膜出现纤维素性炎症，表现在单个或多个浆膜表面出现浆液性或化脓性的纤维素渗出物，呈淡黄色蛋皮样或条索状的伪膜覆盖在浆膜和关节表面。腕关节和跗关节出现病变频率高，脑膜病变较少见。全身淋巴结肿大，切面呈一致的灰白色。

显微镜下可在渗出物中观察到纤维素、中性粒细胞和较少量的巨噬细胞。

4. 诊断　根据本病的流行病学、临诊症状和病理变化特点可以作出初步诊断，确诊须进行病原的分离培养和鉴定。

（1）流行病学特点　主要发生于 2 周龄至 4 月龄的青年猪，尤其以 5～8 周龄的断奶仔猪最易感；一般散发；多继发于其他病毒性疾病或混合感染；病的发生和严重程度通常与气候骤变、饲养条件改变以及其他病原体的感染相关。

（2）临床症状和病理学诊断　临诊上主要表现为咳嗽、呼吸困难、眼睑水肿、消瘦、关节肿大、跛行、共济失调等特点。剖检以胸膜、腹膜、心包膜及腕关节、跗关节表面有浆液性或纤维素性渗出物为特征。

（3）细菌分离鉴定　采取治疗前发病急性期病猪的浆膜表面渗出物或血液，接种到巧克力琼脂培养基或用羊、马或牛鲜血琼脂并与葡萄球菌做交叉画线接种，培养 24～48 小时。副猪嗜血杆菌在葡萄球菌菌落周围生长良好，呈卫星现象。然后取可疑菌落进行生化鉴定和血清型定型。

（4）鉴别诊断　诊断时应注意与链球菌、猪丹毒丝菌、猪放线杆菌、猪沙门氏菌等败血性细菌传染病，以及由猪鼻支原体引

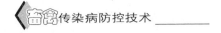

起的多发性浆膜炎和关节炎相区别。

（二）防制

1. 预防措施

（1）预防本病的发生首先应加强饲养管理，严格执行猪场兽医卫生消毒制度，避免或减少应激因素的发生，如防止饲养条件的突然改变和其他病原微生物的感染。

（2）当有应激发生时，可提前给猪群投给预防剂量的抗生素（如阿莫西林、氟甲砜霉素）或磺胺类药物，可以起到预防本病发生的作用。

（3）新引进猪群时，应先隔离饲养，并维持约2～3个月的适应期，以使那些没有免疫接种但有感染条件饲养的猪群建立起保护性免疫力。

（4）有本病流行的猪场，可用副猪嗜血杆菌灭活疫苗实施疫苗免疫接种，这是预防本病发生的有效措施。最好用分离自本场的菌株制备灭活疫苗，以最大可能地保证疫苗毒株的血清型与流行毒株一致，获得最佳的免疫保护效果。母源抗体对新生仔猪有被动免疫保护作用，这对防止本病的发生起着非常重要的作用。母猪接种疫苗后，可对4周龄以内的仔猪提供保护性免疫力。可用相同血清型的灭活疫苗对仔猪进行免疫接种。

2. 治疗

猪群发病后应及时治疗，并对全群施行治疗。可用氨苄青霉素、青霉素、庆大霉素、新霉素、四环素和磺胺二甲氧嘧啶等药物，用药剂量要足，发病猪只采用口服或注射途径效果较好。需要注意的是副猪嗜血杆菌很多菌株对抗生素都有耐药性，因此，进行治疗时应选用一些敏感的药物。

三十八、衣原体病

猪衣原体病又称流行性流产、猪衣原体性流产，是由鹦鹉热亲衣原体（旧称鹦鹉热衣原体）的某些菌株引起的一种慢性接触性传染病，临诊上可表现为妊娠母猪流产、死产和产弱仔，新生仔猪肺炎、肠炎、胸膜炎、心包炎、关节炎，种公猪睾丸炎等。常因菌株毒力，猪性别、年龄、生理状况和环境的变化而出现不同的征候群。目前，较重要的衣原体有 4 种，即沙眼衣原体、鹦鹉热亲衣原体、肺炎亲衣原体和牛羊亲衣原体。其中，鹦鹉热亲衣原体在兽医上有较重要的意义，可致畜禽肺炎、流产、关节炎等多种疾病，是猪衣原体病的病原。

（一）诊断要点

1. 流行病学　不同品种及年龄的猪都可感染，但以妊娠母猪和幼龄仔猪最易感。病猪和隐性带菌猪是本病的主要传染源。几乎所有的鸟粪都可能携带衣原体。绵羊、牛和啮齿动物携带病原菌都可能成为猪感染衣原体的疫源。通过粪便、尿、乳汁、胎衣、羊水等污染水源和饲料，经消化道感染，也可由飞沫和污染的尘埃经呼吸道感染，交配也能传播本病；蝇、蜱可起到传播媒介的作用。

本病无明显的季节性，常呈地方流行性。猪场可因引入病猪后暴发本病，康复猪可长期带菌。本病的发生和流行与一些诱发因素（如卫生条件、饲养管理、营养、长途运输等）有关。

2. 临诊症状　本病的潜伏期长短不一，短则几天，长则可达数周乃至数月。依据临诊表现，可分为流产型、肺炎型、关节炎型和肠炎型等。

怀孕母猪感染后引起早产、死胎、流产、胎衣不下、不孕症及产下弱仔或木乃伊胎（图 25、图 26）。初产母猪发病率高，一般可达 40%～90%，早产多发生在临产前几周（妊娠 100～104 天），妊娠中期（50～80 天）的母猪也可发生流产。母猪流产前一般无任何表现，体温正常，也有的表现出现体温升高（39.5～41.5℃）。产出仔猪部分或全部死亡，活仔多体弱、初生重小、吸奶无力，多数在出生后数小时至 1~2 日死亡，死亡率有时高达 70%。公猪生殖系统感染，可出现睾丸炎、附睾炎、尿道炎等生殖道疾病，有时伴有慢性肺炎。

图 25　患衣原体病母猪产弱仔

图 26　患衣原体病母猪早产死胎皮肤出血

　　仔猪还会表现出肠炎、多发性关节炎、结膜炎，断奶前后常患支气管炎、胸膜炎和心包炎。表现为体温升高、食欲废绝、精神沉郁、咳嗽、喘气、腹泻、跛行、关节肿大，有的可出现神经症状。

　　3. 病理剖解变化　鹦鹉热亲衣原体引起猪的疾病种类较多，

除单一感染外，常与其他疾病发生并发感染，因而病理变化也较为复杂。

（1）流产型 母猪子宫内膜出血、水肿，并伴有1～1.5厘米的坏死灶，流产胎儿和死亡的新生仔猪的头、胸及肩胛等部位皮下结缔组织水肿，心脏和肺脏常有浆膜下点状出血，肺常有卡他性炎症。患病公猪睾丸颜色和硬度发生变化，腹股沟淋巴结肿大1.5～2倍，输精管有出血性炎症，尿道上皮脱落、坏死。

（2）关节炎型 关节肿大，关节周围充血和水肿，关节腔内充满纤维素性渗出液，用针刺时流出灰黄浑浊液体，混杂有灰黄色絮片。

（3）支气管肺炎型 表现为肺水肿，表面有大量的小出血点和出血斑，肺门周围有分散的小黑红色斑，尖叶和心叶呈灰色，坚实僵硬，肺泡膨胀不全，并有大量渗出液，中性粒细胞弥漫性浸润。纵隔淋巴结水肿，细支气管有大量的出血点，有时可见坏死区。

（4）肠炎型 多见于流产胎儿和新生仔猪，胃肠道有急性局灶性卡他性炎症及回肠的出血性变化。肠黏膜发炎而潮红，小肠和结膜浆液性纤维素性覆盖物，肠系膜淋巴结肿胀。脾脏有出血点，轻度肿大。肝质脆，表面有灰白色斑点。

4. 诊断 根据本病的流行病学、临诊特点和病理变化等可作出初步诊断，但确诊需要进行实验室诊断。

（1）细菌学诊断 可采取病死猪的肝脏、脾脏、肺脏、排泄物、关节液、流产胎儿等病料。取病变组织涂片有时可见到大量衣原体及包涵体。病料经无菌处理后可接种鸡胚或小鼠，剖检可观察到特征性的病理变化。

（2）血清学试验 血清学试验有补体结合反应（CF）、血凝抑制试验（HI）、团集补体吸收试验（CCA）、毛细血管凝集试验（CTA）、琼脂凝胶沉淀试验（A克P）、间接血凝试验（IHA）、免疫荧光及免疫酶试验等。CF是国内最常用的经典方法。近年来，免疫酶联染色法、Dot - ELISA、衣原体单克隆抗体、核酸杂交与核酸探针技术等也日益受到重视。

（3）鉴别诊断　本病应与一些引起繁殖障碍的疫病如猪瘟、猪繁殖与呼吸综合征、流行性乙型脑炎、猪细小病毒感染、猪伪狂犬病、猪流感、布氏杆菌病、钩端螺旋体病、弓形虫病、附红细胞体病以及其他病原和霉菌毒素所致的流产和繁殖障碍进行区别，还应注意与因饲养管理不良和营养缺乏引起的非传染性繁殖障碍进行鉴别。

发生关节炎时，应与猪丹毒丝菌、猪链球菌、副猪嗜血杆菌等感染进行区别。

（二）防制

1. 预防

（1）引进种猪时要严格检疫和监测，阳性种猪场应限制及禁止输出种猪。

（2）搞好猪场的环境卫生消毒工作。

（3）避免健康猪与病猪、带菌猪及其他易感染的哺乳动物接触。

（4）用猪衣原体灭活苗对母猪进行免疫接种，初产母猪配种前免疫接种 2 次，间隔 1 个月。经产母猪配种前免疫接种 1 次。

2. 治疗

（1）猪群发病时，应及时隔离病猪，分开饲养，清除流产死胎、胎盘及其他病料，进行深埋或焚烧。对猪舍和产房用石炭酸、福尔马林喷雾消毒，消灭病原。

（2）药物治疗　四环素为首选药物，也可用金霉素、土霉素、红霉素、螺旋霉素、氧氟沙星等。对新生仔猪，可肌肉注射 1‰土霉素，每千克体重 1 毫升，每日 1 次，连用 5 天。仔猪断奶或患病时，注射含 5‰葡萄糖的 5‰土霉素溶液，每千克体重 1 毫升，连用 5 天。

在饲料中添加15％金霉素，每吨饲料300～500克，有利于控制其他细菌性继发感染。此外，公母猪配种前1～2周及母猪产前2～3周按0.02％～0.04％的比例将四环素类抗生素混于饲料中，可提高受胎率，增加活仔数及降低新生仔猪的病死率。

三十九、猪放线菌病

猪放线菌病是由猪放线杆菌、驹放线杆菌等致病性放线杆菌引起的疾病。本病的主要临诊特征为败血症、肺炎、肾炎、关节炎、尿道炎、膀胱炎、输尿管炎等尿道疾病，流产和心内膜炎，患病动物的皮肤、黏膜或其他组织形成明显的肉芽肿或脓肿。世界上很多养猪国家，如加拿大、荷兰、丹麦、美国等都有报道。

（一）诊断要点

1. 流行病学 患病猪和带菌猪是该病的主要传染源。猪放线杆菌常存在于各种年龄健康猪的扁桃体、口腔和健康母猪的阴道。另外，猪的上呼吸道、消化道和皮肤，污染的土壤、饲料和饮水中也有该菌。猪放线杆菌属于条件性致病菌，主要通过损伤的黏膜或皮肤感染。大部分6月龄或更大的公猪在包皮的憩室部位存在有猪放线菌，可能是在几周龄时猪放线菌就定植在这个部位而未感染。饲养公猪的猪圈地板、饲养人员的鞋常受到本病的污染。猪放线杆菌可在交配时从公猪传给母猪。新生仔猪、哺乳仔猪和断奶猪常出现临诊发病，而母猪和成年猪发病少见。

2. 临诊症状 放线菌病暴发，可见在一窝或多窝哺乳仔猪，2～4周龄仔猪突然死亡。发病猪体温升高（40℃），皮肤发绀，有出血性淤斑。发病猪喘气，有时伴有震颤或划水样，肢体远端充血（导致蹄、尾和耳坏死）和关节肿胀。断奶猪可见厌食、发热、持续性咳嗽和呼吸困难，肺炎。成年猪暴发此病死亡率低，可见体温升高，在皮肤上出现圆形或菱形红斑，不食，突然死亡。母猪可发生乳房炎、脑膜炎和流产。

3. 病理剖解变化　最明显的病理变化是肺脏、心脏、肝脏、脾脏、皮肤和小肠的出血，最严重的是肺脏，可见肺小叶坏死和纤维素渗出，有化脓性病灶。胸腔和心包膜中血浆和纤维素性渗出物增多。日龄较大的哺乳仔猪和断奶仔猪可见胸膜炎、心包炎，在肺脏、肝脏、皮肤、肠系膜淋巴结和肾脏可见到粟粒状的脓肿。有的猪可见关节炎和心瓣膜炎。在成年猪，皮肤上可见大量圆形、菱形或不规则的病变。

若驹放线杆菌感染猪时，病变主要在受害的器官出现扁豆粒至豌豆粒大小的结节样物，小结节可聚集成大结节，最后变成脓肿。结节或脓肿内常含有乳白色或乳黄色的脓液，可在病变部位出现瘘管或溃烂。

4. 诊断　依据临诊症状和肺脏的病理变化，可作出初步诊断，确诊需做细菌学检查与病原分离，可取肺脏病变组织做成涂片，或取淋巴结做成触片，经革兰氏染色或美蓝染色，镜检。可用血琼脂平板进行细菌分离培养，观察菌落的溶血现象。

（二）防制

1. 预防措施　猪放线杆菌是一种条件性致病菌，该菌常存在于健康猪的扁桃体和上呼吸道，因此，对本病的预防应加强猪群的饲养管理，饲喂高营养的全价料，搞好猪舍的卫生消毒，防止皮肤、黏膜受损，局部损伤后及时处理与治疗，在饲料中定期适当添加抗生素药物，对预防本病的发生有较好的效果。

2. 治疗　猪群发病后，对病猪进行隔离治疗，可用青霉素（300万国际单位）、链霉素、庆大霉素（40万～100万国际单位/头猪，每天肌肉注射2次）等进行治疗。也可用氨苄青霉素（20毫克/千克体重）治疗20天，或恩诺沙星（10毫克/千克体重）治疗10天。在饲料中添加盐酸土霉素（1克/千克体重），饮水中添加多维、葡萄糖，连用 7 天，有利于发病猪群病情的控制。

四十、猪葡萄球菌感染

猪葡萄球菌感染是由金黄色葡萄球菌和猪葡萄球菌引起猪的一种细菌性疾病。可造成猪的急性、亚急性或慢性乳腺炎，坏死性葡萄球菌皮炎及乳房的脓疱病；猪葡萄球菌主要引起猪的渗出性皮炎，又称仔猪油皮病，是最常见的葡萄球菌感染。此外，感染猪还可能出现败血性多发性关节炎。

（一）诊断要点

1. 流行病学　葡萄球菌广泛存在于自然环境中。无免疫力猪群常由于引入带菌猪而发病。猪葡萄球菌感染一般呈散发，但猪的渗出性皮炎可呈现流行性。哺乳仔猪为发病的主要猪群，以出生 5～10 天的仔猪多见，但最早可见于出生后第 2 天的仔猪。近些年，在断奶后的仔猪也常有发生，偶尔还见发生于授乳母猪的乳房及下腹壁等处，但病灶多为局限性，而不发生全身性皮肤感染。保育舍仔猪发病率可高达 15%，感染仔猪死亡率可达 70%。发病猪体重大多在 3～20 千克之间。成年猪可见一些由葡萄球菌引起的慢性型感染。感染猪很可能是其他猪的主要传染源。

已知从许多健康猪的皮肤、口腔、上呼吸道、阴茎包皮、阴道和肠道中分离到金黄色葡萄球菌。该病原菌的传播可能是通过上呼吸道形成的气溶胶，或直接皮肤接触，或间接接触污染的墙壁和用具。本病有明显的接触传染性，并可通过皮肤划痕或皮下注射复制成功。从饲料、污染的水和垫草中摄取金黄色葡萄球菌是很普遍的。交配时往往导致一些猪生殖道感染。乳腺、鼻和皮肤病灶的局部侵入也很常见。

猪葡萄球菌的发生和流行无明显的季节性，但受某些应激因素影响，如饲养管理条件、环境卫生及降低猪体抵抗力的因素等。

2. 临床症状　该病多见于哺乳期仔猪，是 5～6 周龄的仔猪常发生的一种接触性皮肤疾病，通常在感染后 4～6 天发病，初生仔猪 10 日龄以后亦可发病。猪病初在眼睛周围、耳廓、面颊及鼻背部皮肤，以及肛门周围和下腹部等无被毛处皮肤出现红斑，继之成为 3～4 毫米大小的微黄色水泡并迅速破裂，渗出清亮的浆液或黏液，常与皮屑、皮脂和污物混合，干燥后形成棕褐、黑褐色坚硬厚痂皮，并呈横纹龟裂，具有臭味，触之粘手如接触油脂样感觉，故俗称"猪油皮病"。强行剥除痂皮、露出红色多汁的创面，创面多附着带血的浆液或脓性分泌物。皮肤病变发展迅速，从发现一小片皮肤病变后，在 24～48 小时内可蔓延至全身。触摸患猪皮肤温度增高，被毛粗乱，渗出物直接粘连，继而可出现口腔溃疡，蹄球部的角质脱落。发病猪食欲不振和脱水，严重者体重迅速减轻并会在 24 小时死亡，大多数在发病 10 天后陆续死亡。耐过猪皮肤细胞逐渐修复，经 30～40 天后厚痂皮脱落。本病也可引起较大日龄仔猪、育成猪或母猪乳房发病，但病变较轻，多无全身症状，并可逐渐康复。

仔猪通过母源抗体获得了一定程度的免疫，就会表现为慢性经过，患部表现为直径 5～10 毫米的病斑，与健康皮肤之间有明显边界，不扩散。面部皮肤的葡萄球菌感染可造成面部坏死，往往由于仔猪相互争食、攻击出现损伤而感染，特别是在哺乳母猪奶水不足的情况下多见。

病死猪尸体消瘦，严重脱水，全身皮肤上覆盖着一层坚硬的黑棕色厚痂皮，厚痂皮有横向裂口直达皮肤。剥除痂皮时往往会连同猪毛一起拔出，露出带有浆液或脓性分泌物的暗红色创面。尸体眼睑水肿、睫毛常被渗出物粘着，皮下有不同程度的黄色胶样浸润，腹股沟等处浅表淋巴结常有水肿、充血，内脏多无相关病变。发生继发感染时病变复杂化。

3. 病理剖解变化　除了在临床症状表现的皮肤病变外，在仔猪败血症中，看不到眼观病变。严重病例呈现脱水、消瘦、皮肤变厚，有时水肿，浅表淋巴结肿胀、水肿。胃正常，内很少有食物。头、耳、躯干与腿的皮肤及毛上积有渗出物。去除渗出物后，下面的皮肤呈红色。组织学检查可见角质层上积有蛋白质样物、角蛋白、炎性细胞及球菌。真皮的毛细血管扩张，有的表皮下层坏死。内脏的显著病变为输尿管及肾脏肿大，肾脏中的尿液呈黏液样，内含细胞物质及碎屑。由于上皮变性、水肿及炎性细胞浸润面使输尿管及肾盂扩张，肾功能丧失及毒素积聚与高死亡率直接相关。在慢性感染中，黏膜炎可能与葡萄球菌感染有关，但没有特殊的病变能确诊葡萄球菌感染。在脐、淋巴结、肝、肺、肾、脾、关节和骨骼炎的骨头中可能出现脓肿，脓肿的骨头可发生病理性骨折，尤其在脊椎处。猪的腹腔、心包腔和子宫腔可能积脓，特别是那些脐部感染的青年猪。此外，还可能见到严重的局灶性渗出性皮炎，严重急性病例可见到淋巴结肿大和化脓。

4. 诊断　一般根据皮肤的症状即可作出初步诊断。当疾病暴发时，最好做细菌培养和药敏试验。选未经用药物治疗的病死猪或病重猪，剥掉痂皮，轻轻刮取创面分泌物，做成涂片，经革兰氏染色后，可看到单个或成串的革兰氏阳性球菌。除在脓汁外，在乳汁褐液体培养基中也常有双球或短链状排列的革兰氏阳性菌。

对该病的诊断还应注意与猪牛皮癣、皮肤坏死性杆菌病、增生性皮肤病、疥螨感染、湿疹、猪痘、锌缺乏症等相区别。

(二) 防制

1. 预防　由于葡萄球菌广泛存在于养猪环境中，预防措施对于控制葡萄球菌的感染是十分重要的。应防止仔猪相互之间的争斗；手术、切齿、断尾、断脐带等按常规操作；修齐初生仔猪的牙齿；防止养猪环境中的不良因素引起发病，如要保证围栏表面不粗糙，消除表面尖锐的物品；防止划伤皮肤等；采用干燥、柔软的猪床等能降低葡萄球菌感染的发病率；经常打扫猪舍及环境，严格消毒；母猪进入产房前应先清洗、消毒，然后放进清洁、消毒过或熏蒸过的产仔栏。对母猪和仔猪的局部损伤应立即进行处治，有助于防止本病的进一步发展。

在葡萄球菌感染严重的猪场，可采用药物预防，用长效土霉素制剂给初生仔猪进行注射。在经常严重发病的猪场，也可采用本猪群分离制备的葡萄球菌灭活疫苗对母猪进行免疫接种，分别于产前第4周及第2周对母猪进行注射，以便提高其初乳中抗体的含量。

2. 治疗　对葡萄球菌感染猪应及早治疗，可收到较好的效果，严重感染的猪只治疗效果不佳。严重损害肾脏的病猪治疗常难以奏效，最好淘汰。全身性治疗可降低皮肤病变的程度，使之仅发生浅层病变，并促进愈合过程。猪葡萄球菌易对抗生素产生耐药性，采取抗生素或局部抗感染药并用的方法，可加速康复和防止感染扩散。一般治疗须持续5天以上。

最好依据药敏试验结果，选择长效抗生素进行治疗。目前对猪葡萄球菌进行治疗可选用恩诺沙星、磺胺嘧啶-甲氧苄啶，也可选用氨苄青霉素或壮观霉素-林可霉素合用，但对青霉素的敏感性在逐年降低。发病部位的局部用药也有疗效，可用氯己定与矿物油混合向仔猪皮肤喷洒，或将患病仔猪侵入氯己定溶液中。治疗的同时，应给予患猪充足的饮水和电解多维。

四十一、猪耶尔森氏菌病

猪耶尔森氏菌病是由猪耶尔森氏菌引起的一种慢生消耗性疾病。主要特征为肠道、内脏器官和淋巴结出现干酪样坏死性结节，有时表现败血症变化。

（一）诊断要点

1. 流行病学　伪结核耶尔森氏菌可随粪尿排出体外，污染饲料、饮水和周围环境，主要经消化道传播，其次可通过损伤的皮肤、呼吸道以及交配传播。本菌在自然界分布很广，鼠类和其他一些啮齿动物是主要的自然贮存宿主和传染源。多发于冬春寒冷季节，夏季少见。

多种动物可以携带小肠结肠耶尔森氏菌。患病动物和带菌动物是传染源。小肠结肠耶尔森氏菌可长期定植于猪的扁桃体和肠系膜淋巴结内，带菌率一般为 5%～10%，有时高达 30%～70%，猪和鼠是人的主要传染源之一。

耶尔森氏菌病多为散发，一年四季均可发生，但常见于寒冷季节。该病的发生与猪体的抵抗力有密切关系，各种应激因素使猪只抵抗力和免疫力降低时，常可诱发本病。

2. 临诊症状　伪结核耶尔森氏菌可引起断奶猪与生长猪发病，表现为轻度发热，眼睑、面部及全身出现一些细小的脓肿，腹泻，粪便中带有黏液和血液。

小肠结肠耶尔森氏菌可导致断奶猪肠道膨胀、腹泻，间歇性排出糊状稀粪，粪便中混有黏液和肠黏膜脱落物，粪便表面常有红色或暗褐色血液，有时在较成形的粪便表面附着一层灰白色、油光发亮的薄膜。猪体温一般正常，少数升高到 40℃ 以上。病程长的病猪，食欲差，消瘦，被毛粗糙，步态不稳。死亡率不高，但生长发育受阻。仔猪可因脱水休克死亡。成年猪常可耐过。

3. 病理变化

（1）伪结核耶尔森氏菌感染　发病死亡猪剖检后可见大肠和小肠黏膜出现卡他性炎症；肝、脾、淋巴结出现粟粒大小的灰白色结节；肠系膜淋巴结呈灰白色，结肠和直肠有卡他性炎症或坏死伪膜病变，有时有水肿。

（2）小肠结肠耶尔森氏菌感染　剖检可见十二指肠、空肠和盲肠有不同程度的卡他性炎症。结肠和直肠淋巴滤泡肿大，向浆膜或黏膜层凸出，有小米粒或绿豆粒大小。小肠和结肠黏膜有散在的溃疡灶，上附干酪样物，周围有充血带。肠系膜淋巴结肿大，切面外翻、多汁。其他脏器病变不明显。

4. 诊断　临诊症状不明显，但可出现中等程度的体温升高。在无猪痢疾时，粪便上带有血液和黏液，可能表明有耶尔森氏菌感染。直肠病变常见，病菌可在小猪群中引起腹泻，也可使成年猪出现中度腹泻的大肠炎症状。对耶尔森氏菌鼠的大多数菌感染猪的诊断，要依据病原分离和鉴定。确诊可采取病变组织进行病原的分离培养和生化鉴定，并鉴定其血清型；也可用免疫基因的分离技术和 PCR 技术检测出每克粪便含 200 个细菌的样品。血清学诊断方法包括凝集试验、被动血凝试验、反向被动血凝试验、间接 ELISA 等方法。动物患病后 1～2 周出现凝集素，3～4 周增高，血清凝集价达 1∶200 者判为阳性。间接血凝试验时，效价达 1∶512 以上为阳性。在进行血清学检查时，注意耶尔森氏菌与大肠杆菌、沙门氏菌或布氏杆菌可能出现交叉反应，以免误诊。

（二）防制

采用全进全出的饲养方式，做好猪舍内的卫生消毒工作可降低本病的感染率。同时应加强饲养管理，定期灭鼠，避免饲料、饮水和用具的污染。

目前对本病尚无有效的治疗措施。可试用一些抗生素（如土霉素、新霉素、磺胺类、四环素和壮观霉素等）对发病猪群进行治疗。

四十二、猪棒状杆菌感染

猪棒状杆菌病是由猪真杆菌引起的一种疾病，主要引起猪的膀胱炎和肾盂肾炎。猪真杆菌最早分离时，由于其在形态上类似于白喉棒状杆菌，被归入棒状杆菌属，并命名为猪棒状杆菌。猪棒状杆菌只引起小规模和个别的猪发病，但却在猪群广泛存在。

（一）诊断要点

1. 流行病学　猪棒状杆菌在任何猪群中都存在。大多数 6 个月或更大的公猪在包皮的憩室部位隐藏有本菌。本病对各种日龄的干奶母猪威胁也较大，常导致死亡。患病母猪常表现快速死亡，或转为慢性发病过程。母猪的死亡率可达 12%，分娩时的应激常会诱发本病。

2. 临诊症状　在急性期，血尿症是主要的临诊症状，一些母猪可能因急性肾脏衰竭而突然死亡，随着本病的发展，发病母猪表现为停止采食，消瘦，眼圈变红，阴道周围潮湿、肮脏，尿中含有血和脓，最终死亡。若只发生膀胱炎时病程长，但不引起死亡，患猪的食欲、体况正常，尿中含脓，或阴道有黏性排出物。

3. 病理剖解变化　病变主要集中在膀胱和肾脏，表现为膀胱和肾盂的炎症。尿道、膀胱和输尿管炎症反应可表现为卡他性、纤维素性及出血性或坏死性。受感染的肾脏常常可见软组织表面存在无规则的黄色恶化区。肾盂可扩展并含有黏液，其中有坏死碎片和变质的血液出现。髓质锥体部常常呈黄色或有黑色坏死中心的暗绿色病灶。输尿管常常扩展并充满红紫色尿液。在身体其他部位，无相关病变出现。

4. 诊断　依据发病猪尿中含脓、血的症状可作出初步诊断。尿中血和蛋白含量的检测有一定的诊断价值。在革兰氏染色的玻片上很容易辨认出猪棒状杆菌。用培养基（如血琼脂）进行检测也是必要的，将尿或其他合适的材料接种到培养基上，厌氧培养 4 天，4 天内不能依据培养过程中的阴性结果作判断。此外，可采用间接免疫荧光技术检测公猪生殖道内的病原菌。

（二）防制

按每千克体重 10 毫克的剂量服用林肯霉素。可采用氨苄青霉素，按每千克体重 10～15 毫克剂量使用，连续 4～5 天。对于大群，可采用金霉素或土霉素按每吨饲料 600 克的比例添加，连续 14 天，根据情况，可能需要每隔 4～6 周进行一次治疗。也可以在母猪断奶或交配时注射一次长效青霉素或氨苄青霉素。也可在断奶至配种后 21 天这段时间时在母猪饲料表面撒药。撒药的量可按母猪每天采食 2.5 千克饲料，每吨饲料用药 600 克来计算，这样每天每头母猪用药量为 1.5 克，混药最好先用预混剂稀释。可给公猪的包皮内注入抗生素制剂，每天一次，连续 5 天，这样可降低公猪传给母猪的细菌量。

对于该病目前还无确实的预防方法，可尝试在配种后立即使用抗生素或采用人工授精的方法。

四十三、猪念珠菌病

猪念珠菌是由念珠菌引起猪的一种真菌性疾病，又称为假丝酵母菌病。本病是多种动物的一种内源性真菌病，由各种念珠菌引起的主要发生于黏膜的疾病。猪念珠菌病可分为由白色念珠菌所致的上消化道念珠菌病和由克柔氏念珠菌所致的下消化道念珠菌病。

（一）诊断要点

1. 流行病学 念珠菌广泛存在于空气、水、土壤、饲料中，以及人和动物的皮肤和黏膜上，正常时一般不引起疾病。但在饲养管理不良、缺乏维生素、大剂量长期应用抗生素或免疫抑制剂的情况下，导致机体抵抗力下降时，便可能引起内源性感染。从猪舍、饲料和饮水中可检出白色念珠菌，在正常猪的皮肤、口腔、胃肠道中也有少量存在。口腔已感染的猪，可从粪便和口腔唾液排菌。还从鸟类、啮齿类和其他动物的粪便中分离到白色念珠菌，它们可能引起宿主发病，并成为猪的传染源。环境中的白色念珠菌在潮湿的条件下，可在适当的基质（如溢出的食物和垃圾）上繁殖。

2. 临诊症状　猪上消化道念珠菌病主要发生于仔猪和哺乳仔猪（SPF 仔猪）。在临诊上表现为采食障碍、食欲不振和消瘦。可见整个口腔黏膜覆盖一层不易擦掉的微白色伪膜（类似人的鹅口疮），感染猪多因继发细菌感染而死亡。

猪下消化道念珠菌病主要发生于仔猪后期的小猪。临诊上主要表现为腹泻和体重减轻。这种病例多由于其他细菌性继发感染而迅速死亡。

3. 病理变化　患念珠菌病的仔猪常常体况差，并有慢性腹泻。在口腔和整个胃肠道都有病灶。在舌背、咽部（较少），有时在软腭或硬腭出现直径为 2～5 毫米的圆形白斑。这些白斑可相互融合，形成大片假膜，可阻塞食管。病灶进一步向食道扩展，并在胃黏膜上出现。在胃贲门区出现小出血灶，而在食道区形成白色假膜，胃底部几乎没有可见病灶，但严重感染猪很像慢性肠炎，肠绒毛膜萎缩和黏膜增厚。假膜去掉后，见黏膜表面充血，很少有溃疡。在较大一些的猪中，可以从胃溃疡病灶中分离到白色念珠菌，但肉眼观察无异常变化。皮肤感染后，可出现肉眼病变，表面有灰色的沉积物，表皮增厚，被毛脱落。

显微镜下观察上皮表面存在大量酵母菌，上皮中有深染的 1.5～2.0 微米长的假菌丝。舌部病灶中，可见乳头下腔有酵母菌和假菌丝。感染性胃溃疡的周围，也出现大量酵母菌和假菌丝。感染的上皮常呈退行性变化，包括上皮样细胞脱落、毛细血管扩张、黏膜下层或真皮水肿（取决于上皮表面的吸附力），以及存在炎性细胞，早期病变中，存在嗜碱性粒细胞、巨噬细胞、浆细胞和淋巴细胞。

4. 诊断 仔猪口腔内出现 2～5 毫米白色病灶时，提示存在念珠菌病，有诊断价值。但仅根据临诊症状不能确诊。皮肤的病理变化、慢性肠炎的病史和广谱抗菌药物的治疗史，以及猪舍的潮湿环境常可提示有念珠菌感染。确诊须采取病变组织或渗出物抹片检查，观察到酵母样菌及假菌丝后，再做分离培养。动物试验对本病有一定的诊断价值。

（二）防制

白色念珠菌和其他酵母菌在体外对许多抗菌药物都敏感，常用制霉菌素和两性霉素 B 进行治疗，每千克体重每天一次用量0.5 毫克。患皮肤念珠菌病的猪可使用适宜的皮肤消毒剂进行擦洗。预防此病应加强饲养管理，改善卫生条件，舍内要加强通风，防止潮湿拥挤。仔猪更换饲料要逐渐改变，且饲料中应含有丰富的维生素。当仔猪早期断奶或较长时间口服抗生素时，应注意补给足够的维生素。避免长期使用广谱抗菌药物。

第六章　马属动物的传染病

一、马传染性贫血

马传染性贫血（简称马传贫）是由马传染性贫血病毒引起的马属动物的一种传染病。

（一）诊断要点

1. 流行特点　马属动物均有易感性，其中对马的易感性最强，驴次之。主要是通过蚊、虻、蠓、刺蝇等吸血昆虫叮咬而传染；通过被污染的注射针头、采血针及手术器械而传播。此外，经消化道、呼吸道、生殖道、胎盘也可发生感染。

2. 症状

（1）最急性型马突然发病，体温升高到40～41℃，兴奋不安后表现沉郁，虚弱，步态不稳，发病至死亡仅1～2天。

（2）急性型病马体温升高到39～41℃以上，稽留热或间歇热；食欲减退或废绝，迅速消瘦，可视黏膜苍白、黄染，常有鲜红色或暗红色的出血点（尤其是舌腹面黏膜）；眼结膜水肿，呈污油样，称"脂肪眼"；呼吸增数，心跳加快，节律不齐；四肢下部、胸前、腹下水肿（不热也不痛）；后躯无力，步行不稳、摇摆甚至跛行。红细胞数减少至500万以下，并出现异常形态，血红蛋白减少，血沉加快，外周血液中出现吞铁细胞。

（3）慢性及亚急性　病畜出现间歇热和不规则热型，有温差倒转现象（晨温高于晚温），发热时间长短不一；症状和血液学变化在有热期间明显，无热期间则减轻或不显著，但心脏机能降低，病马使役能力下降，心跳加快，易疲劳，出汗，贫血，黄疸，消瘦。

3. 尸体解剖变化　在做好消毒工作的情况下，进行尸体解剖。

（1）急性型　主要特征是浆膜、黏膜的点状出血、黄染，脾脏肿大，呈棕红色或黑红色，质地松软，切面凸凹不平，呈颗粒状；肝脏肿大，呈棕黄色或锈褐色。切面呈现特征的槟榔状花纹；肾肿大，皮质有出血点；心肌脆弱，呈灰白色的煮肉状，并有出血点；全身淋巴结肿大，切面多汁；长骨（股骨等）的红髓区扩大，黄髓区缩小。

（2）亚急性和慢性型　脾脏中度或轻度肿胀、坚实，切面有灰白色、粟粒状突起（西米脾）；肝脏肿大，土黄色或棕红色，切面呈豆冠状花纹（豆冠肝）；心肌肿胀，呈煮肉状，质地脆弱；长骨的黄髓全部或部分被红髓代替，严重者骨髓呈乳白色胶冻状。

4. 确诊　须作病原学和血清学检查。

（二）治疗

本病目前尚无有效的治疗方法。经确诊的病马报主管部门审批后扑杀。病马尸体就地深埋或烧毁。

（三）预防

搞好平时的卫生防疫工作，特别是搞好防吸血昆虫和消灭吸血昆虫的工作；医疗器械要严格消毒；种公马要坚持常年测温和健康检查；引种一定要经检疫后确诊健康才可引进；搞好定期检疫工作。预防接种可用马传贫驴白细胞弱毒疫苗，10 倍稀释，皮下注射 2 毫升，注苗后 3 个月产生免疫，免疫期 2 年。

二、马流行性感冒

马流行性感冒（简称马流感），是由马流行性感冒病毒引起的马属动物的一种急性呼吸道传染病。

（一）诊断要点

1. 流行特点　各种年龄的马属动物都能感染发病。感染途径主要经呼吸道，也可经消化道和生殖道感染发病。

2. 症状　马突然发病，体温升高达 39.5～41.5℃，稽留热，然后徐徐降至常温，发热期间病马精神沉郁，食欲减退或废绝，流泪，畏光，结膜充血，水肿，眼睑肿胀，有脓性分泌物；鼻黏膜潮红，鼻孔流浆液性、黏液脓性分泌物，咳嗽。有的病畜在四肢、胸部、腹下发生水肿或腹泻。疫病几天内波及全群，本病无并发症时约经 1 周恢复正常。死亡多是小驹或有继发细菌感染的病例。

3. 尸体解剖变化　肺有水肿、支气管肺炎及胸膜炎的变化，全身淋巴结肿大、切面湿润。喉周围有胶样性浸润。

4. 确诊　须作病原学和血清学检查。

（二）治疗

马流感的转归良好，只要停止使役，注意护理，保持厩舍内清洁卫生、温暖，常可不药而愈。为防止并发症，促进病畜早日恢复健康，可用药物治疗，参看猪流行性感冒。

（三）预防

搞好平时的卫生防疫工作，预防接种可用马流感鸡胚灭活苗或弱毒苗，2 岁以内的马匹每年在 1 月和 7 月各注射一次，每次须连续注射两针，年幼的隔 3 个月，年龄大些的隔 2 周。2 岁以

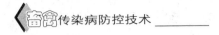

后，每年在 1 月份注射一次，以加强免疫力。

三、马传染性胸膜肺炎

马传染性胸膜肺炎又称马胸疫，是马属动物的急性、发热、接触性传染病（一般认为此病病原是一种病毒）。

（一）诊断要点

1. 流行特点　马、骡、驴都可感染发病，以 4～9 岁的使役马匹易发病，而 1 岁以内的幼驹及老马发病较少；一年四季均可发病，但以秋冬及早春发生较多。感染途径主要是呼吸道和消化道。

2. 症状　病马体温升高达 40℃ 以上，稽留热，持续几天后（多为 6～9 天）体温降至常温。在发病过程中病畜精神沉郁，食欲减退或废绝，结膜潮红、黄染或发绀，心跳加快、节律不齐，呼吸困难。病初（充血期）流浆液性鼻液，咳嗽，听诊肺泡音增强，有干罗音，叩诊呈过清音；随着肺泡内渗出物的增多，听诊肺泡音减弱，有捻发音和湿罗音。中期（肝变期）流红黄色或铁锈色鼻液，听诊肺泡音消失，而听到支气管呼吸音，叩诊呈大面积浊音。恢复期（消散吸收期）则支气管音逐渐消失，湿罗音逐渐明显增多，逐渐出现捻发音，最后捻发音消失而转为正常肺泡音。发生胸膜炎时，病畜还表现胸部疼痛，呼吸浅表，腹式呼吸；听诊有摩擦音；当胸腔内有大量渗出液时，叩诊呈水平浊音，听诊有拍水音。有的病畜还常发生腱和腱鞘炎、蹄叶炎或胃肠炎、结膜炎、角膜炎、关节炎等。

3. 尸体解剖变化　肺脏有大面积的实变，硬度如肝，切面红色、灰白色互相交错，如大理石样。病程较长的病例，在肝变的肺组织内还有大小不等的坏死灶、化脓灶或形成空洞。发生胸膜炎的病例，胸膜粗糙、变厚、出血，胸腔内有多量淡黄色浑浊的渗出液，其中有多量纤维素性凝块和絮状物，肺的病变部常与胸膜粘连。

（二）治疗

早期应用"914"，同时根据病情适时进行对症治疗，加强护理，可收到良效。注射"914"前最好先注射强心剂，然后再注射"914"。"914"应用后，如病马未见好转，可每隔3天再注射1次，共注2～3次。

（三）预防

搞好平时的卫生防疫工作。目前尚无好的免疫方法，在有马匹发病时，除搞好封锁、隔离、消毒等工作，全场或全村马属动物用"914"作预防性注射，是有价值的。

四、马传染性脑脊髓炎

马传染性脑脊髓炎是由病毒（苏联型马脑脊髓炎病毒、波那型马脑脊髓炎病毒等）引起的急性传染病。

（一）诊断要点

1. 流行特点　由苏联型病毒引起者只限于马，以6～10岁的壮龄马多发，驹、老马、骡、驴极少发病，发病时间与吸血昆虫活动季节（6～10月）相吻合，蜱和蚊是此病的传播者。波那型主要经消化道感染，常年都可发生，以2～7月多见，昆虫传播不起重要作用。

2. 症状　马病初体温稍高（39℃以上），随后转为正常或偏低。病马表现精神沉郁，磨牙，低头站立，不食或草料停留口中，步态不稳，心跳、呼吸变慢。接着转为兴奋期，病马狂躁不安，攀登饲槽或盲目前冲，或作圆圈运动；肌肉痉挛或抽搐，皮肤知觉过敏；心跳、呼吸增快。后期发生麻痹，卧地不起，不久死亡。

3. 尸体解剖变化 脑膜及脑脊髓充血、水肿，脑实质有出血点，全身轻度黄染。

4. 确诊 须作病原学和血清学检查。

（二）治疗

加强护理，根据病情适时进行对症治疗，如兴奋时可给予氯丙嗪、水合氯醛；降低颅内压可静脉放血 1～2 升，再注射高渗葡萄糖；解除酸中毒可用 5％碳酸氢钠液静脉注射。此外，还可用 5％碘化钾 50 毫升静脉注射，隔日 1 次。防止并发症可用青霉素、磺胺嘧啶等。

（三）预防

搞好平时的卫生防疫工作，做好消灭吸血昆虫的工作。预防接种可用相应型的疫苗进行预防接种。

五、马流行性乙型脑炎

流行性乙型脑炎，又称为日本乙型脑炎，是由乙型脑炎病毒引起的一种人畜共患传染病。

（一）诊断要点

1. 流行特点 4 岁以下马，尤其是当年驹发病最多，本病通过带病毒的蚊子叮咬人或动物而传播，因此多发生于 6～10 月。

2. 症状 病马体温升高到 39～41℃，持续 1～2 天后降至常温。可视黏膜轻度黄染，食欲减退或废绝。神经症状以沉郁型居多，病马表现精神沉郁，眼半闭呈睡眠状，视力减弱或失明，面部肌肉麻痹，嘴唇歪斜，作转圈运动或无目的地直走，运步不稳，呈酒醉样，严重时后躯麻痹，卧地不起。少数病马表现狂躁不安，极度兴奋，乱走乱撞，难以制止，直至疲惫不堪后卧地不起，麻痹衰竭而死。

3. 尸体解剖变化　脑脊髓膜水肿，脑实质出血及有小的软化灶。

4. 确诊　须作病原学和血清学检查。

（二）治疗

参看马传染性脑脊髓炎。

（三）预防

搞好平时的卫生防疫工作，预防接种可用流行性乙型脑炎疫苗，做好防蚊和灭蚊等工作。

六、马　　痘

马痘是由马痘病毒引起的马属动物的一种传染病。

（一）诊断要点

1. 流行特点　各种年龄的马属动物都可感染发病。传播途径主要是通过钉马掌工人和饲养员的手，也可通过污染的饲料和饮水经口感染。

2. 症状

（1）皮肤型（又称传染性脓疱皮炎）　马系部和球节处的皮肤上出现丘疹、水疱、脓疱，因疼痛而表现跛行。

（2）黏膜型（又称传染性脓疱口炎）　马唇内侧、齿龈、舌、舌系带、颊部出现小结节、水疱、脓疱和溃疡，病马流涎，食欲减退，幼驹较为严重。有的在阴户黏膜及皮肤形成痘疮。

3. 确诊　须作病原学检查。

（二）治疗

用0.1‰高锰酸钾液冲洗患部，涂布磺胺或抗生素粉或其软膏。

（三）预防

搞好平时的卫生防疫工作。

七、马 鼻 疽

鼻疽是由鼻疽杆菌（革兰氏阴性细菌）引起的马、骡、驴的一种传染病。

（一）诊断要点

1. 流行特点　马、驴、骡都易感，其中驴最易感，且为急性经过，马常呈慢性经过。本病的感染途径是消化道、呼吸道、损伤的皮肤和黏膜，此外经交配和胎盘也可感染。

2. 症状

（1）急性鼻疽　多见于驴和骡。体温升高到39～41℃，呈稽留热，精神沉郁，食欲减退或废绝；颌下淋巴结肿胀，脉搏加快，呼吸迫促。重病马在胸、腹、四肢下部和阴筒处呈现浮肿。根据症状的不同，又分为肺鼻疽、鼻腔鼻疽和皮肤鼻疽，这三种类型可单独发生，也可同时存在于同一病畜。而人们常习惯将鼻腔鼻疽和皮肤鼻疽称为开放型鼻疽。

1）肺鼻疽　除上述全身症状外，病马还表现咳出带血痰液，无力的短咳，咳声嘶哑，呼吸增数；肺部听诊可听到干性或湿性啰音，局部肺泡音减弱或消失；叩诊有半浊音、浊音或破壶音。

2）鼻腔鼻疽　病马一侧或两侧鼻腔的黏膜有突出于黏膜面的黄白色小结节（米粒至高粱粒大），结节周围绕有红晕；或有大小不一、边缘不整齐的溃疡，溃疡边缘隆起呈堤状，底部凹陷呈灰白色或黄白色猪油状，鼻液为脓性或血脓性，严重者，鼻中隔穿孔；当溃疡愈合后，则可见到放射状或冰花状闪光疤痕。此外颌下淋巴结肿大，初期有痛感而能移动，以后变硬无痛，表面凸凹不平，有核桃大至鸡蛋大。

3）皮肤鼻疽　病初马四肢、胸侧、腹下皮肤发生热痛性肿胀，或有核桃大至鸡蛋大的结节。结节破溃后形成边缘不整齐、形如火山口状的溃疡，溃疡底部呈黄白色。结节和溃疡附近的淋巴管增粗，触诊硬固（称淋巴管索状肿）。病肢常常出现皮肤高度肥厚，皮下结缔组织增生，肢体变粗，形成所谓"象皮腿"，出现跛行。

（2）慢性鼻疽　病程较长，可持续数月或数年，缺乏全身症状，仅少数病例鼻腔黏膜可见留有放射状疤痕。

3. 尸体解剖变化

（1）鼻腔鼻疽和皮肤鼻疽的病变和临床上见到的相同。

（2）肺鼻疽则在肺脏的表面和肺深部组织内见到数目不等的鼻疽结节，结节有粟粒大至黍粒大；新鲜的结节半透明、浅灰色，周围绕以红晕；陈旧的结节周围形成包膜，结节中心发生干酪样坏死或钙化。呈小叶性肺炎病变的肺可以见到扁豆大的棕红色肝变期和中央为干酪样坏死，外绕以红晕，周围组织表现黄色胶冻样浸润的病变。若有化脓菌感染者，可见到脓肿和空洞。

4. 鼻疽菌素点眼试验　对急性、慢性或病愈的病畜都能检查出来。具体的方法是用鼻疽菌素 3～4 滴（约 0.2～0.3 毫升），点于左眼（左眼患病者点右眼），点眼后间隔 3 小时、6 小时、9 小时各观察一次（在实际检疫中均规定，每次点眼 2～3 回，每回点眼间隔为 5～6 天，而且每回点眼必须点于同一眼中），如发现反应延迟的病马，在第 24 小时再观察一次。最后判定结果应以连续 2～3 回点眼的其中任何一回的最显著反应为标准。判定标准如下：

（1）阳性反应　凡结膜潮红，肿胀明显，眼角有较多的脓性

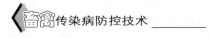

分泌物者，判为阳性反应。

（2）疑似反应　结膜潮红，轻微肿胀，有透明的浆液性或灰白色黏液性（非脓性）的分泌物者，判为可疑反应。

（3）阴性反应　没有任何反应或仅有结膜轻微潮红及流泪者，判为阴性反应。

（二）治疗

严格地讲，于开放性鼻疽对人畜的危险性最大，应予扑杀处理，尸体深埋或烧毁，禁止剥皮食用。而对于污染程度较高，阳性马较多，畜力又缺乏的地方，在严格的隔离和不散播病原的条件下，有组织地对开放性或急性鼻疽病畜进行治疗，临床治愈的病畜，只准隔离使役，不得送入健康畜群中。常用的是土霉素疗法，注射用盐酸土霉素（6～10毫克/千克）溶于5％氯化镁溶液30～60毫升中，分点深部肌肉注射，每日或隔日注射一次，20天为一疗程；或将注射用盐酸土霉素溶于500毫升5％葡萄糖生理盐水中静脉注射，每天一次，连用1周为一个疗程，停药1～2天，连用2～3个疗程即可。其他还应根据情况适时进行对症治疗。土霉素与链霉素联合使用效果更佳。中药可用黄芪、党参各45克，苍术30克，当归、茯苓、陈皮、知母、黄柏、木通、甘草各15克，共为末，早晚分服，15～20天为一个疗程，也可达到临床治愈效果。

（三）预防

搞好平时的卫生防疫工作，加强检疫，处理好病马，培育健康群等工作。

八、马腺疫

马腺疫是由马腺疫链球菌（革兰氏阳性细菌）引起的马、

驴、骡的一种急性传染病。

(一) 诊断要点

1. 流行特点　马最易感，驴、骡次之，其中以 4 个月到 4 岁的马匹最为易感，老马和 4 月龄以下的马较少发病。本病的感染途径是消化道、呼吸道、皮肤的伤口，此外，通过交配也可传播。

2. 症状

（1）非典型腺疫　病马表现鼻黏膜潮红，流浆液性或黏液性鼻液，颌下淋巴结轻度肿胀，体温稍升高，当动物机体抵抗力较强时，则很快自愈，病程短。

（2）典型腺疫　病马体温升高到 39～40.5℃。精神沉郁，食欲减退或废绝，咳嗽，鼻腔流出黏液性或脓性鼻液，颌下淋巴结肿胀、热痛，炎性肿胀可使下颌间隙消失，甚至蔓延到头、颈部。当颌下淋巴结脓肿部成熟时，则局部的被毛脱落，皮肤变薄，很快破溃，流出大量黄白色黏稠的脓汁，此时病畜体温下降，肉芽组织增生而逐渐愈合。

（3）恶性腺疫　当马抵抗力弱及治疗不当，则可引起肩前淋巴结、咽淋巴结、颈前淋巴结、肠系膜淋巴结、纵隔淋巴结及肺、脑、肝、脾、肾内脏器官发生脓肿，病马表现体温恢复正常后又升高，食欲减退，逐渐消瘦，白细胞总数和中性粒细胞显著增多，并表现出各器官相应的症状。死后，尸体解剖时可发现内脏器官或深部淋巴结有脓肿。

3. 确诊　须作病原学的检查。

(二) 治疗

（1）病初可用抗生素，如青霉素、四环素、红霉素等及磺胺类药物或抗腺疫血清（治疗量 100～300 毫升，预防量 30～100 毫升）；局部可涂擦樟脑酒精、复方醋酸铅散等。

（2）当局部软化有波动时，则及时切开排脓，用双氧水或0.1％高锰酸钾液冲洗，涂布磺胺或青霉素粉等。

（3）当局部软化缓慢时可涂以鱼石脂软膏或10％松节油、白及拔毒散等，以促进化脓成熟。

（4）根据病情适时进行对症治疗。

（三）预防

搞好平时的卫生防疫工作。

九、马巴氏杆菌病

巴氏杆菌病是由多杀性巴氏杆菌引起的一种传染病。

（一）诊断要点

1. 流行特点　一年四季都可发生，特别是气候骤变时更易发生。本病经消化道、呼吸道、皮肤的伤口感染，以及经吸血昆虫叮咬传播。

2. 症状　病马精神沉郁，食欲减退或废绝，体温升高达40℃以上，呼吸、脉搏显著加快，鼻孔有淡黄色黏液性鼻液流出；头、颈、肩前等部发生炎性水肿；有的病马还出现腹泻，粪便中有黏液、血液等。

3. 尸体解剖变化　肺、心外膜、肠管及其他浆膜有出血斑点。肾周围脂肪囊、肠系膜、皮下组织有出血性胶样浸润。淋巴结肿大，切面暗红色，有出血斑点。

4. 确诊　须作病原学和血清学检查。

（二）治疗

（1）可应用磺胺类药物与抗菌增效剂、青霉素、链霉素、卡那霉素、土霉素等。

（2）根据病情适时进行对症治疗。

（三）预防

搞好平时的卫生防疫工作。

十、马　炭　疽

炭疽是由炭疽杆菌引起的人畜共患的急性、败血性传染病。

（一）诊断要点

1. 流行特点　参看猪炭疽。

2. 症状　多为急性或亚急性经过。病马表现精神不振，体温升高达 40℃以上，食欲减退或废绝；常表现剧烈腹痛，使人疑为肠变位，但不如肠变位时强烈，有时有间歇，也没有粪便积滞和膨气的征象。颈部、前胸部、乳房、肩部、喉部水肿，触诊疼痛，发热；常见排带血的粪便和血尿。

3. 尸体解剖变化　当生前有上述临床症状的表现，而死后尸体有尸僵不全，从天然孔道中流出暗红色血液，血液凝固不良，尸体极易腐败等特征时，则应怀疑是炭疽病，严禁尸体解剖检查。

4. 确诊　须作病原学和血清学检查。

（二）治疗、预防、注意事项

参看猪炭疽。抗炭疽血清用量：治疗用 100～250 毫升，预防用 30～40 毫升。

十一、幼驹大肠杆菌病

幼驹大肠杆菌病是由大肠杆菌引起的一种急性传染病。

（一）诊断要点

1. 流行特点　产后的幼驹即可发病，以 2～3 日龄幼驹多发。

2. 症状　产后即行发病的幼驹表现精神萎顿、虚弱，心跳加快，常于 24 小时内死亡，死亡率极高。其他日龄的幼驹表现体温升高，腹泻，粪为液状，呈白色或灰白色，内含黏液，有时有血液，经数天后衰竭死亡。

3. 尸体解剖变化　胃黏膜脱落，有点状出血，脾脏、淋巴结肿大，包膜下有出血点。

4. 确诊　须作病原学检查。

（二）治疗

早期用抗生素和磺胺脒等药物和对症治疗。可参看猪黄痢。

（三）预防

搞好平时的卫生防疫工作，特别是要做好妊娠母马的饲养管理工作。

十二、马沙门氏菌病

马沙门氏菌病又称为马沙门氏菌流产与马副伤寒，是由马流产沙门氏菌引起的一种传染病。

（一）诊断要点

1. 流行特点　马属动物不分年龄、性别均易感染，初产母马和幼驹易感性更高。感染途径是消化道，也可经交配传播，或经胎盘或产道感染。

2. 症状

（1）母马发生流产，流产前常出现体温升高，轻微腹痛，寒颤，出汗，尿频，乳房胀大，阴道流血样液体，很少有胎衣停滞等现象。

（2）公畜表现体温升高，睾丸、阴囊、阴筒发生热性肿胀；有的病畜还出现关节炎等。

（3）幼驹表现体温升高至 40℃ 以上，精神不振，食欲减退或废绝；关节肿大，跛行，有的病驹还表现腹泻等。

3. 尸体解剖变化　流产出来的死胎，胎膜水肿、增厚，表面附有糠麸样物质，有散在的出血点，脐带水肿，羊水浑浊呈淡黄或暗红色。

4. 确诊　须作病原学和血清学检查。

（二）治疗

（1）可应用链霉素、土霉素等药物。

（2）流产母马如发生子宫内膜炎，则用 0.5％高锰酸钾液冲洗子宫，然后将金霉素胶囊置入子宫。

（3）公马局部发生化脓性炎症时，除注射抗生素外，还可施行外科手术。

（三）预防

搞好平时的卫生防疫工作。预防接种可用沙门氏菌马流产弱毒冻干菌苗。禁止用阳性公畜和阳性母畜进行配种。

十三、马破伤风

破伤风又名强直症，是由破伤风梭菌引起的一种人畜共患的急性、创伤性、中毒性传染病。

（一）诊断要点

1. 流行特点　马属动物都易感染，一年四季均可发生。

2. 症状 病初运步稍显强拘，咀嚼或吞咽缓慢。随后出现全身肌肉的痉挛性收缩，病畜表现牙关紧闭，两耳竖立，瞳孔散大，瞬膜外露，鼻孔开张呈喇叭状；头颈伸直，背部强直僵硬，尾高举偏于一侧，腹部蜷缩，四肢强直开张，状如木马。病畜对轻微的刺激（如音响）就能使痉挛增剧，惊恐不安，大量出汗。在整个病程中体温一般均正常，仅在临死前才升高到 42℃ 或以上。

3. 实验室检查 参看猪破伤风。

（二）防制

参看猪破伤风。破伤风抗毒素用量 40 万～100 万国际单位。

十四、马恶性水肿

恶性水肿是由梭菌属病菌（主要是腐败梭菌）引起的一种急性、创伤性传染病。

（一）诊断要点

1. 流行特点 各种年龄、性别的马属动物均易感染，感染途径主要是伤口，如去势、断尾、分娩、外科手术、注射等未注意消毒，污染本菌芽孢而致。

2. 症状 病畜体温升高，精神沉郁，伤口周围发生炎性肿胀，初坚实、疼痛、灼热，后变柔软、无痛、无热，按压时有捻发音，切开肿胀部，有多量腥臭的淡黄或红褐色液体流出，含有少量的气泡，创面呈苍白色，闪光，肌肉为暗红色。因分娩感染者则在产后 2～5 天内，阴道流出不洁的红褐色恶臭液体，会阴肿胀，并迅速蔓延至腹下、股部，体温升高，食欲减退或废绝。

3. 尸体解剖变化 除伤口局部有上述变化外，脾和淋巴结肿大，腹腔和胸腔积有多量液体。

4. 确诊 须作病原学检查。

（二）治疗

（1）尽早应用青霉素、链霉素或土霉素及磺胺类药物。

（2）患部切开，用 0.1％高锰酸钾液或 3％双氧水冲洗后撒上磺胺粉。

（3）产后感染除注射抗生素、磺胺类药物外，还应用 0.1％高锰酸钾液冲洗子宫后，放置青霉素或土霉素胶囊。

（4）根据病情适时进行对症治疗。

（三）预防

搞好平时的卫生防疫工作。各种外科手术、助产、注射等均应注意无菌操作和术后护理，对外伤应及时处理。

十五、马李氏杆菌病

李氏杆菌病是由单核细胞增生李斯特氏杆菌引起的一种散发的人畜共患传染病。

（一）诊断要点

1. 流行特点　幼驹和妊娠母马更易感染，一年四季均可发生。

2. 症状　病畜体温升高，感觉过敏，易兴奋，共济失调，甚至四肢麻痹，视力障碍。

3. 尸体解剖变化　脑膜和脑充血、水肿，脑干变软，有小脓灶。

4. 确诊　须作病原学和血清学检查。

（二）防制

参看猪李氏杆菌病。

十六、马布氏杆菌病

布氏杆菌病是由布氏杆菌引起的人畜共患的传染病。

（一）诊断要点

1. 症状 病畜颈部的黏液囊发炎，黏液囊肿大，触诊局部热痛，当有波动时，穿刺有黄色液体或脓汁，有时形成瘘管。有的病畜胸部皮下脓肿或腱鞘、关节发炎，出现跛行。

2. 确诊 须作病原学和血清学检查。

（二）治疗

（1）隔离治疗。

（2）脓肿和瘘管进行外科处理，可用 0.2％高锰酸钾液冲洗，撒布磺胺粉。

（3）注射红霉素、土霉素、磺胺类药物。

（三）预防

搞好平时的卫生防疫工作，定期检疫，对阳性病马均须隔离。

十七、马流行性淋巴管炎

流行性淋巴管炎又称假性皮疽，是由假性皮疽组织胞浆菌（革兰氏染色阳性）引起的马属动物的一种慢性传染病。

（一）诊断要点

1. 流行特点 各种年龄的马属动物都易感染发病，其中以马、骡最易感，驴次之。本病经损伤的皮肤、黏膜感染或经蚊、蝇等吸血昆虫叮咬而传播。

2. 症状 病马外伤不易愈合，创口周围肿胀，形成小的结节，逐渐变成脓肿，破裂后形成瘘管。继之在皮肤的某一部位（最常在四肢、颈部及胸侧）出现淋巴管肿胀，呈绳索状，沿肿胀的淋巴管形成大小不一的结节，呈串珠状，结节破溃后形成蘑菇状溃疡。局部的淋巴结肿胀，从鸡蛋大至拳头大，并常化脓破溃。一般体温不高，食欲变化不大，只有损害范围大时，才出现体温升高，食欲减退，消瘦，甚至死亡。

3. 实验室检查 取病变部的脓汁或渗出液置于载玻片上，滴 1～2 滴 10％氢氧化钾或生理盐水，盖上盖玻片。置于高倍镜弱光下检查，发现圆形或瓜子形、有双层胞膜结构的组织胞浆菌即可确诊。

（二）治疗

（1）对病畜进行隔离治疗，场地用 5％～10％热烧碱水或 20％漂白粉液消毒。

（2）可用 914 和碘化钾治疗，第 1 天用 914 2～3 克溶于 5％ 葡萄糖液中静脉注射，第 2 天用 5％碘化钾 100 毫升静脉注射，每隔 3～5 天重复一次，4 次为一疗程；或单用 914 治疗；也可用土霉素，每天 1 次，每次 2～3 克肌肉注射，连用 5 天，停药 2 天为一个疗程，共治疗 3～4 个疗程。

（3）可应用痊愈马血清，第 1 天肌肉注射 50 毫升，第 2 天注射 50 毫升，第 3 天注射 140 毫升。

（4）局部的结节和脓肿可手术摘除，创面涂 20％碘酊；不能摘除的可用烙铁烧烙；破溃者可用 1％高锰酸钾液冲洗后，撒布高锰酸钾粉。

（5）根据病情适时进行对症治疗。

（三）预防

搞好平时的卫生防疫工作。

十八、马钩端螺旋体病

钩端螺旋体病是由致病性钩端螺旋体引起人畜共患的一种传染病。

(一)诊断要点

1. 流行特点 不同年龄的马均可发病,一年四季都可发生,以 9 月份多发。

2. 症状 病马体温升高可达 40℃以上,稽留数日,食欲减退或废绝,皮肤和黏膜黄疸。当出现黄疸时,体温一般都降至常温或常温以下,后期还出现血红蛋白尿。孕马可发生流产。

3. 尸体解剖变化 黏膜和皮下组织黄染,肝和肾脏肿大,有出血点。

4. 确诊 须作病原学和血清学检查。

(二)防制

参看猪钩端螺旋体病。

第七章　牛的传染病

一、牛口蹄疫

牛口蹄疫是由口蹄疫病毒引起偶蹄兽（牛、羊、鹿、猪等）的一种急性、发热性、高度接触性传染病。

（一）诊断要点

1. 流行特点　黄牛最为易感，其次为水牛、耗牛、犏牛；犊牛比成年牛易感，病死率亦较高；一年四季均可发生。感染途径主要是消化道、呼吸道、黏膜和皮肤。

2. 症状　病牛体温升高，精神不振，食欲减退，流涎（图27）；在唇内面、齿龈、舌面和颊部黏膜和蹄部的趾间、蹄冠的柔软皮肤发生水疱，水疱破裂后形成边缘整齐的红色烂斑，有的母牛在其乳房上也会出现水疱和烂斑（图28、图29）。病牛站立不稳，跛行，甚至蹄壳脱落。当心肌受到病毒侵害时，则病牛表现虚弱，肌肉发抖，反刍停止，食欲废绝，心律加快，节律不齐，最后心脏麻痹而死亡，这种病型称为恶性口蹄疫。

3. 尸体解剖变化　除口腔、蹄部有水疱和烂斑外，有时还可在咽、喉、气管、支气管、前胃黏膜发现水疱和圆形烂斑和溃疡。心脏松软，似煮肉状，心肌切面有灰白色或淡黄色斑点或条纹，好似老虎身上的斑纹，一般称为"虎斑心"。

4. 确诊　须将病牛舌面（或蹄部）水疱皮或水疱液，置5%甘油生理盐水中，迅速送有关单位作补体结合试验或微量补体结

图 27　患口蹄疫病牛流涎（刘安典）

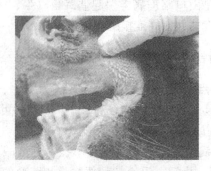

图 28　患口蹄疫病牛唇黏膜烂斑（田增义）

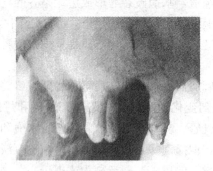

图 29　患口蹄疫病牛乳头水疱、出血（田增义）

合试验鉴定毒型，或送检病畜恢复期血清进行乳鼠中和试验或病毒中和试验、琼脂扩散沉淀试验、放射免疫、免疫荧光抗体法以及被动血凝试验来鉴定毒型。

（二）防制

参看猪口蹄疫。

二、牛蓝舌病

蓝舌病是由蓝舌病病毒引起反刍动物的一种以昆虫为传播媒介的传染病。

（一）诊断要点

1. 流行特点　各种年龄的牛都可感染；传播媒介为库蠓；湿热的夏秋两季为发病季节。

2. 症状　牛通常缺乏症状，只有少数牛出现轻微的症状，即病牛表现体温升高，精神不振，食欲减退，口唇水肿，鼻镜退色或苍白，颊黏膜糜烂；鼻流血样液体或黏液脓性分泌物，咳嗽，呼吸急促；腿僵硬、跛行，有的牛出现蹄壳脱落；母牛可出现流产或产畸形犊牛。

3. 确诊　须作病原学和血清学检查。

（二）治疗

（1）精心护理病畜，给予易消化的饲料。
（2）每天用 0.1％ 高锰酸钾液等消毒药冲洗口腔和蹄部。
（3）预防继发性感染可用抗生素等药物。
（4）根据病情适时进行对症治疗。

（三）预防

搞好平时的卫生防疫工作，做好防库蠓和消灭库蠓的工作。

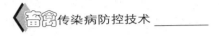

免疫接种可用鸡胚弱毒苗或牛胚肾细胞弱毒苗。

三、牛病毒性腹泻—黏膜病

牛病毒性腹泻—黏膜病简称牛病毒性腹泻或牛黏膜病，是由牛病毒性腹泻—黏膜病病毒引起牛的一种传染病。

(一) 诊断要点

1. 流行特点　各种年龄的牛都有易感性，但幼牛易感性较高，感染后易于发病；一年四季均可发生，但多见于冬春季节。感染途径主要是消化道和呼吸道。

2. 症状

(1) **急性型**　牛突然发病，体温升高，精神不振，食欲减退和废绝；鼻腔流浆液、黏液性鼻液，咳嗽，呼吸急促；腹泻，病初粪稀如水、瓦灰色、臭，以后渐变稠厚，混有黏液和血液；口腔膜充血，有散在性糜烂和烂斑，鼻孔、鼻镜、阴门和阴道也常有类似变化；白细胞减少。

(2) **慢性型**　病牛鼻镜上有烂斑，此种糜烂可在鼻镜上连成一片；跛行，球节部皮肤发红肿胀，趾间部皮肤发红肿胀，甚至糜烂坏死；腹泻呈间歇性，病牛消瘦。

3. 尸体解剖变化　鼻腔、口腔黏膜、齿龈、舌、软腭、硬腭、咽部黏膜有不规则、小的浅烂斑，尤其是食道黏膜上排列成纵行的小烂斑；真胃黏膜水肿和糜烂；小肠黏膜弥漫性发红，结肠黏膜充血、水肿。消化道的淋巴结水肿。

4. 确诊　须作病原学和血清学检查。

(二) 治疗

本病目前尚无特效的治疗方法。对症治疗和加强护理可减轻症状，增强机体的抵抗力，促使病牛康复。

（三）预防

搞好平时的卫生防疫工作。据原苏联学者克留科夫（1978年）报道，用中国猪瘟疫苗毒株，给发生过黏膜病的牛群接种，消灭了黏膜病，并在其后两年内未再发病。

四、牛恶性卡他热

恶性卡他热又称牛恶性头卡他或坏疽性鼻卡他，是由恶性卡他热病毒引起牛的一种急性、热性传染病。

（一）诊断要点

1. 流行特点 以1～4岁的牛多发，发病的牛一般都有与绵羊接触史。本病一年四季均可发生，但以秋末到早春多见。

2. 症状 病牛体温升高达41℃以上，并稽留不退；精神沉郁，鼻镜干燥，食欲、反刍减少或停止。呼吸及心跳加快，肌肉震颤，最急性经过的病例可能在此时即死亡。一般1～2天后出现本病的特征症状，眼结膜发炎，羞明流泪，眼睑肿胀，角膜浑浊，由边缘向中央蔓延，严重者可形成溃疡甚至穿孔，有的虹膜发炎、前房积脓而导致失明，两眼有纤维素性或脓性分泌物。鼻黏膜发炎、充血、肿胀，甚至出现坏死及糜烂，鼻腔流出黏液性或脓性分泌物，其味腥臭。口腔黏膜布满坏死及糜烂，并流出带有臭味涎液。当炎症蔓延到鼻窦、额窦、上额窦及角窦，则表现局部热痛，角根松动，甚至脱落。有的病牛出现神经症状，如兴奋、惊厥、瘫痪、昏迷或腹泻，粪便中混有血液及纤维素性膜。病程较长的，皮肤出现丘疹、疱疹等。

3. 尸体解剖变化 皮肤、眼、鼻和口腔的外部特征病变如上所述。头部各窦有黄白色黏液脓性渗出物，脑膜血管扩张，脑实质切面有小点出血。

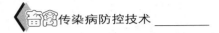

4. 确诊 须作病原学检查。

(二)治疗

目前尚无特效治疗药物，只有加强护理和对症治疗，结合给予抗生素以防止继发感染，减少死亡。

(三)预防

搞好平时的卫生防疫工作，并且要避免牛和绵羊密切接触和同舍饲养。

五、水牛类恶性卡他热

水牛类恶性卡他热又称为水牛热，是由病毒引起水牛特有的一种急性、热性传染病。

(一)诊断要点

1. 流行特点 在自然条件下只有水牛能感染发病，4～12岁水牛易感性最大，老牛和犊牛很少发病。本病在一年四季均可发生，但以夏、冬两季发病较多。本病主要发生在养山羊地区。

2. 症状 病牛食欲减退，鼻腔流出浆液性或黏液性鼻液，结膜潮红、流泪，精神不振，体温升高。水肿首先出现于颌下，逐渐蔓延到头颈部、胸前、四肢甚至全身。肩前和股前淋巴结肿大，常达鹅蛋大。病至后期，病牛精神沉郁，行动迟缓，鼻腔流出黏液脓性鼻液，呼吸困难，听诊肺部有啰音，心跳加快，可达80～120次/分，心悸亢进，在腹部甚至臀部都能听到心音。有的病牛出现鼻腔流血不止，血液稀薄不易凝固；粪便稀薄恶臭，混有黏液和血液，甚至呈煤焦油状。血液学检查可见红细胞、白细胞、血红蛋白显著减少。

3. 尸体解剖变化 颌下、颈部和前胸等皮下水肿，呈黄色胶冻样。全身淋巴结、肝脏、脾脏肿大，切面都有灰白色或灰黄色粟粒大坏死灶。全身浆膜、黏膜出血，腹腔和胸腔内常有黄红色积液。

（二）治疗

目前尚无特效药物治疗，对症治疗一般只能使病程延长。

（三）预防

搞好平时的卫生防疫工作，严格执行水牛和山羊隔离的措施是目前预防本病的有效方法。

六、牛流行热

牛流行热又称三日热或暂时热，是由牛流行热病毒引起的一种急性、热性传染病。

（一）诊断要点

1. 流行特点　各种年龄的牛均可感染发病。发病有明显的季节性，常见于蚊蝇多的季节。主要是吸血昆虫叮咬传播。3～5年为一个大流行周期。

2. 症状　牛突然发病，很快波及全群，病牛体温高达 40℃以上，稽留热，精神沉郁，皮温不整，肌肉震颤，乳牛的产乳量急剧下降；病牛喜卧，不愿行动，四肢关节肿胀、疼痛、跛行；结膜潮红、水肿、流泪、畏光；鼻黏膜潮红，有浆液性鼻液从鼻腔流出；呼吸促迫，呼吸次数可达 80 次/分以上；肺部听诊肺泡音高亢，支气管音粗厉；流涎，食欲减退或废绝，便秘或腹泻，粪便中有黏液甚至血液。重症病例者卧地不起。在经过 3～5 天的病程之后，大部分病例为良性经过，病死率在 1％以下。

3. 尸体解剖变化　急性死亡的病例，肺脏有不同程度的水肿和间质性气肿，两肺脏肿胀，间质增宽，肺切面流出大量暗紫红色液体，气管内积有多量泡沫状黏液。淋巴结充血、肿胀和出血。

4. 确诊 须作病原学和血清学检查。

（二）治疗

（1）病牛一般取良性经过，多数病牛尤其是流行后期发病的牛或症状较轻者，只要加强护理常可不药而愈。

（2）为促进康复和减少损失可进行对症治疗，如解热镇痛可使用安乃近、复方氨基比林；防止继发感染可用抗生素和磺胺类药物等。

（三）预防

搞好平时的卫生防疫工作，特别是做好消灭吸血昆虫的工作。我国研制的牛流行热弱毒苗已在牛流行热的控制上起到了一定的效果。

七、牛狂犬病

狂犬病俗称疯狗病，是由狂犬病病毒引起的一种人畜共患的急性、接触性传染病。

（一）诊断要点

1. 流行特点 各种年龄的牛均可感染发病。本病的传播方式是由患病动物咬伤后而感染。

2. 症状 牛被患狂犬病的动物咬伤感染后，一般经1～3个月或更长的时间后出现症状。病牛表现精神沉郁，反刍、食欲减少，不久表现起卧不安和阵发性兴奋，病牛试图挣脱绳索，冲撞墙壁，跃踏饲槽，磨牙，流涎，有的还攻击人畜。当兴奋发作后，往往有短暂停歇，以后又再次发作，并逐渐出现麻痹，最后倒地不起，衰竭而死。

3. 确诊　须作病原学和病理组织学检查。

（二）防制

参看猪狂犬病。

八、牛伪狂犬病

伪狂犬病又称奥叶兹基氏病，是由伪狂犬病病毒引起的一种多种哺乳动物共患的急性、热性传染病。

（一）诊断要点

1. 流行特点　参看猪伪狂犬病。

2. 症状　病畜食欲减退或废绝，体温升高。最突出的症状是体表某一部分出现奇痒，最常见的部位是胸部两侧、臀部和四肢，病牛舔咬发痒部位，用嘴舔不着的地方，则在墙壁或桩柱上摩擦。局部摩擦后引起皮肤充血、皮肤增厚、被毛脱落，甚至出血或流出淡黄色的浆液。病牛兴奋不安，像疯狂一样，用力制止也无效果。后期出现咽麻痹、流涎，用力呼吸，心跳加快，节律不齐，四肢麻痹，卧地不起。

3. 尸体解剖变化　患部皮肤增厚达 2～3 倍，皮下组织呈弥漫性肿胀，切开后有淡黄色胶样浸润；肺充血、水肿，心包积液，心外膜出血。

4. 确诊　须作病原学和血清学检查。

（二）防治

1. 预防　搞好平时的卫生防疫工作，特别是防鼠和灭鼠有重要的意义。免疫接种可用牛伪狂犬病鸡胚细胞氢氧化铝甲醛疫苗，耕牛每头皮下注射 10 毫升，免疫期 1 年以上。

2. 治疗 目前尚无特效治疗方法。

九、牛细小病毒病

牛细小病毒病是由牛细小病毒引起犊牛腹泻、母牛流产、死产和犊牛先天性异常的一种传染病。

（一）诊断要点

1. 流行特点 各种年龄的牛都有易感性，母牛、胎儿、犊牛更易感染。

2. 症状 犊牛的主要症状是腹泻，粪便初为水样，后变为黏液性；体温升高，精神沉郁，吃乳减少，康复的牛生长不良，妊娠母牛出现流产、死产和产出畸形胎儿。

3. 确诊 须作病原学和血清学检查。

（二）防制

本病的防治尚无特异方法。要搞好平时的卫生防疫工作，注意不要引进带毒的病畜。

十、牛轮状病毒病

轮状病毒病是由轮状病毒引起的仔猪、犊牛等幼畜的一种病毒性腹泻传染病。

（一）诊断要点

1. 流行特点 多发生在 1～10 日龄的新生犊牛，在晚秋、冬季和早春季节多见本病的发生。

2. 症状 病犊精神不振，体温略有升高，食欲减退或废绝，腹泻，粪便呈黄白色的液状，有时带有黏液和血液。

3. 尸体解剖变化　肠壁变薄，肠道尤其是小肠明显地膨胀，其中被未完全消化吸收的乳汁和水样物充满，肠黏膜易脱落。

4. 确诊　须作病原学和血清学检查。

（二）治疗

参看猪轮状病毒病。

（三）预防

搞好平时的卫生防疫工作。预防接种可应用轮状病毒福尔马林灭活菌苗，分别在产前60～90天和30天给妊娠母牛注射两次，每次5毫升，使母牛免疫，产生的抗体通过初乳转移给犊牛，使犊牛获得保护。

十一、牛白血病

牛白血病又称牛白血组织增生、牛淋巴肉瘤、牛恶性淋巴瘤、牛淋巴瘤病等，是由牛白血病病毒引起的一种慢性肿瘤性疾病。

（一）诊断要点

1. 流行特点　主要发生于成年牛，尤以4～8岁的牛最常见。本病的传播可通过胎盘将病毒传递给胎儿或通过吮吸病牛的初乳传给新生犊牛；也可通过吸血昆虫（虻、厩蝇、蚊、蜱）、输血、外科手术等传递病毒而引起感染。

2. 症状　病牛生长缓慢，体重减轻，体温一般正常或略微升高；体表淋巴结（腮淋巴结、肩前淋巴结、股前淋巴结等）显著肿大，触摸可移动。直肠检查骨盆腔内和腹腔内的淋巴结，可发现腹股沟深淋巴结等肿大或发现内脏器官有肿瘤硬块。此外有的病牛还表现贫血、心动过速、心音混浊等症状。血液学检查白细胞数急剧增加，可达 300×10^9 /升，淋巴细胞的比例异常增高（超过 75％）。

3. 尸体解剖变化　尸体消瘦，腮淋巴结、肩前淋巴结、股前淋巴结等淋巴结肿大，呈均匀灰色、柔软、切面突出，心、脾、肝、皱胃等内脏可发现肿瘤结节。

4. 确诊　须作病原学和血清学检查。

（二）防制

目前尚无特效疗法。预防本病是搞好平时的卫生防疫工作，定期检疫，将感染牛与健康牛严格隔离，淘汰患有肿瘤的白血病的牛；做好消灭吸血昆虫的工作；疫苗注射和外科手术要注意严密消毒，防止人为传播；培育健康牛群。

十二、牛传染性鼻气管炎

牛传染性鼻气管炎是由牛传染性鼻气管炎病毒引起的一种牛呼吸道传染病。

（一）诊断要点

1. 流行特点　各种年龄的牛均可感染发病，其中又以 20～60 日龄的犊牛最为易感。主要发病季节为秋冬寒冷季节。传染途径是呼吸道，此外经交配也可传播本病。

2. 症状

（1）呼吸道型　病牛精神沉郁，体温升高达 40℃以上，食欲废绝；鼻腔流出多量黏液脓性鼻液，鼻黏膜高度充血，呈朱红色，并有浅溃疡，鼻翼和鼻镜发炎，甚至坏死，故又名"红鼻子病"或"坏死性鼻炎"。病牛呼吸困难，呼出气中常有臭味，咳嗽。有的病牛还出现腹泻、流泪、结膜发炎。

（2）脑膜脑炎型　仅牛犊发生。体温升高达 40℃以上，食欲减退或废绝，鼻黏膜发红，流浆液性鼻液，流泪，流延。病牛共济失调，沉郁，随后兴奋、惊厥，最终倒地，角弓反张，磨牙，四肢划动。

（3）生殖道感染型　病牛体温升高，精神沉郁，食欲减退或废绝，尿频，有痛感。母牛阴门联合下流黏液线条，阴户和阴道黏膜充血，上面有小的灰白色透明水疱样隆起，并可发展成脓疱，大量的小脓疱使阴户前区及阴道壁呈现一种颗粒状外观，小脓疱可融合在一起而形成一层灰黄色的坏死膜，坏死膜脱落后留下一个浅表的红色糜烂面，以后逐渐愈合。公牛的包皮和阴茎上发生脓疱，脓疱破裂后出现溃疡，并有包皮漏，阴茎和包皮肿胀。

3. 确诊　须作病原学、血清学和病理组织学检查。

（二）治疗

目前尚无特效药物。一般采用抗生素防止细菌继发感染，并配合对症治疗，可减少死亡。

（三）预防

搞好平时的卫生防疫工作，免疫接种可用牛传染性鼻气管炎弱毒疫苗或灭活疫苗进行预防注射。

十三、牛副流感

牛副流感是由牛副流感Ⅲ型病毒引起的一种急性传染病。

（一）诊断要点

1. 流行特点　本病多见于舍饲的肥育牛，放牧牛少发生，常见于晚秋和冬季。感染途径主要是呼吸道，也可经交配和子宫内传染。

2. 症状 病牛体温升高达 41℃ 以上，食欲减退或废绝，流泪，眼有脓性分泌物；流黏液性鼻液，咳嗽，呼吸困难；流白沫状口涎或有腹泻。病死率 1%～2%。

3. 尸体解剖变化 肺的尖叶、心叶和膈叶下部肺泡充满纤维素而膨胀、硬实，切面呈红灰色，小叶间质水肿、增宽；支气管淋巴结和纵隔淋巴结肿大、出血。

4. 确诊 须作病原学和血清学检查。

（二）治疗

早期使用四环素及磺胺类药物可控制继发细菌感染，并配合对症治疗。

（三）预防

搞好平时的卫生防疫工作，免疫接种可用副流感Ⅲ型病毒和巴氏杆菌混合苗预防接种，肉牛在 4 月龄，乳牛在 6～8 月龄时开始注射两次，间隔 1 个月。

十四、牛茨城病

牛茨城病又名牛类蓝舌病，是由类蓝舌病病毒引起的牛的一种急性、热性传染病。

（一）诊断要点

1. 流行特点 各种年龄的牛均可感染发病，但 1 岁以内的牛不发病或少发生。发病有明显季节，这与吸血昆虫（如蠓）作为本病的传播媒介有关。

2. 症状 牛突然发病，病牛体温升高达 40℃ 以上，持续2～3 日，在病牛发热期间伴有精神沉郁，食欲减退或废绝，流泪，眼结膜充血、水肿，甚至结膜外翻，眼的分泌物初为浆液性逐渐变为脓性，黏附于眼角；鼻镜、鼻腔黏膜、口腔黏膜充血并发生糜烂或溃疡，流涎，鼻流浆液性或黏液脓性鼻液。有的病牛在腹部、乳房和外阴部发生溃疡，四肢关节肿胀、疼痛，跛行。有的病牛常于发热及最初的症状消退后，突然出现吞咽障碍，当饮水后不能吞咽而从口和鼻孔返流而出。当饮水和采食发生误咽，常引起坏疽性肺炎。

3. 尸体解剖变化　鼻、口腔黏膜、腹部、乳房等处有溃疡；皱胃黏膜充血、出血、糜烂和溃疡；横纹肌出血、水肿、变性和坏死。

4. 确诊　须作病原学和血清学检查。

（二）治疗

对未发生吞咽障碍的病牛，加强护理，进行对症治疗，通常预后良好。

（三）预防

搞好平时的卫生防疫工作，免疫接种可用牛类蓝舌病弱毒冻干疫苗。

十五、疯 牛 病

疯牛病学名牛海绵状脑病，是由朊病毒引起的一种危害牛中枢神经系统的传染性疾病。

（一）诊断要点

1. 流行特点　多发于 3～11 岁的母牛，公牛、羊、野生反刍兽也可感染。呈散发或地方流行性，无明显季节性。由于种类不同，其潜伏期长短不一，一般在 2～30 年之间。

2. 症状 牛海绵状脑病的病程一般为 14 天至 6 个月。病牛烦躁不安，行为反常，如恐惧、暴怒和神经质；对触觉、声音敏感，常表现攻击性；出现姿势和运动异常，表现为共济失调、乱踢乱蹬、站立困难、虚弱易摔跤；少数病牛头部和肩部肌肉颤抖和抽搐；后期出现强直性痉挛，耳朵活动困难；很少有搔痒；产奶量下降，体温升高，粪便坚硬，极度消瘦。

3. 尸体解剖变化 肉眼病变不明显，实质脏器未见异常，组织学检查可见脑干灰质两侧呈对称性海绵状变性，脑组织中有大量的异常原纤维。

4. 应与神经性酮血症、低镁血症加以鉴别。

(二) 防制

(1) 尚无有效治疗办法。发现病牛一律屠宰销毁，严禁食用，并进行彻底消毒；对可疑病牛应进行神经组织病理学检查，以杜绝本病的存在。

(2) 加强海关检疫，严禁从有牛海绵状脑病国家和地区进口种牛、精液、胚胎、牛肉及其制品、骨粉等动物性饲料和加工品，加强对入境船舶、旅客和国际邮包的检疫。禁止使用反刍动物蛋白饲料添加剂、反刍动物加工制成的肉骨粉。

十六、牛 炭 疽

炭疽是由炭疽杆菌引起的人畜共患的急性、败血性传染病。

(一) 诊断要点

1. 流行特点 参看猪炭疽。

2. 症状

(1) 最急性型 牛在劳役中或在圈舍中突然倒毙，天然孔出血。

（2）急性型　病牛体温升高可达 42℃，精神沉郁，采食、反刍、泌乳停止，便秘或腹泻，粪中带血，有时腹痛；尿暗红，或混有血液；呼吸困难，可视黏膜发绀，常有针尖至米粒大出血点。

（3）亚急性型　病牛症状与急性型相似，但病情较缓和，病牛常于咽喉、颈、胸、腰、外阴、直肠内发生炎性水肿或炭疽痈（局部肿胀，进而发生坏死，形成溃疡，即所谓的炭疽痈）。

3. 尸体解剖变化　当生前有上述临床症状的表现，而死后有尸僵不全，从天然孔道中流出暗红色血液，血液凝固不良，尸体极易腐败等特征时，则应怀疑是炭疽病，严禁尸体解剖检查。

4. 确诊　须作病原学和血清学检查。

（二）治疗、预防及注意事项

参看猪炭疽。抗炭疽血清用量：治疗用 100～250 毫升，预防用 30～40 毫升。

十七、牛巴氏杆菌病

牛巴氏杆菌病又称牛出血性败血病（简称牛出败），是由多杀性巴氏杆菌引起的一种传染病。

（一）诊断要点

1. 流行特点　一年四季都可发生，特别在气候骤变时更易发生。

2. 症状

（1）败血型　病牛体温升高到 40℃以上，精神沉郁，采食、反刍停止，鼻镜干燥，鼻孔有浆液性或黏液脓性鼻液流出，呼吸和脉搏增快；两眼流泪，结膜潮红；粪便稀，含有黏液和血液。该型发病急，死亡率高，多突然倒毙。

（2）水肿型　病牛体温升高，在咽喉部、头颈部，甚至胸前部发生炎性水肿，有时四肢、外阴部、肛门周围也发生炎性水肿，肿胀局部坚硬、灼热、疼痛；头颈前伸，呼吸困难，可听到明显的喉狭窄音，口流白沫，可视黏膜发绀。

（3）肺炎型　病牛体温升高到 40～42.5℃，咳嗽，呼吸困难，发喘，可视黏膜发绀，鼻孔流出带泡沫浆液性鼻液或黏液脓性鼻液；胸部听诊可听到支气管呼吸音、捻发音，或听到摩擦音，叩诊可查出浊音区；采食、反刍停止，最后发生带血的腹泻，病牛虚脱而死。

3. 尸体解剖变化　黏膜、浆膜有点状出血，淋巴结肿胀，切面暗红色，有出血点，脾脏常不肿大。水肿型在咽喉部、颈部等皮下有胶样浸润，切开后流出淡黄色浆液，有的还有出血。肺炎型可见到大叶性肺炎和纤维素性胸膜炎的变化。

4. 确诊　须作病原学和血清学检查。

（二）治疗

（1）可应用抗出血性败血病多价血清 50～100 毫升皮下或静脉注射。

（2）可应用磺胺类药物与抗菌增效剂、青霉素、链霉素、卡那霉素、土霉素、四环素等进行治疗。

（3）根据病情适时进行对症治疗。

（三）预防

搞好平时的卫生防疫工作。预防接种可用牛出血性败血病氢氧化铝菌苗。

十八、牛气肿疽

气肿疽俗称黑腿病，是由肖氏梭菌（俗称气肿疽梭菌，为革兰氏阳性细菌）引起反刍兽的一种急性、热性传染病。

（一）诊断要点

1. 流行特点　本病主要发生于牛（黄牛、乳牛、水牛、耗牛、犏牛、大额牛），其中以黄牛的易感性最大，通常见于 3 月龄至 4 岁的牛，尤以 2 岁以下的黄牛发病最多。一年四季均可发生，但在温暖多雨季节发生较多。感染途径主要是消化道和创伤。

2. 症状　病牛体温升高至 40～42℃，精神沉郁，跛行，继而在臀部、腿上部、腰部、荐部、肩部、颈部及胸部发生肿胀，肿胀处初有热痛，后则变冷而无感觉；肿胀局部皮肤干硬呈暗红色或黑色，按压时有捻发音，若切开肿胀部位，从切口流出污红色带泡沫的酸臭的液体。

3. 尸体解剖变化　尸体很快腐败而膨胀，天然孔内常有带泡沫的暗红色或褐色酸臭的液体；患部肌肉呈黑褐色，切面呈海绵状，并含有带气泡的液体；肝、肾呈暗黑色、肿大，有豆粒大至核桃大的坏死灶，切开时有大量血液和气泡流出，切面呈海绵状。

4. 确诊　须作病原学检查。

（二）治疗

（1）早期可用抗气肿疽血清 150～200 毫升肌肉或静脉注射，必要时 12 小时再重复注射一次。

（2）也可应用青霉素和四环素。

（3）在病的中、后期可将肿胀部切开，除去坏死组织，用 2％高锰酸钾液或 3％双氧水冲洗后，撒布青霉素粉。

（4）根据病情适时进行对症治疗。

（三）预防

搞好平时的卫生防疫工作。预防接种可用气肿疽明矾菌苗或

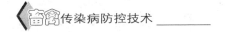

气肿疽甲醛菌苗。

十九、牛恶性水肿

恶性水肿是由梭菌属病菌（主要是腐败梭菌，为革兰氏阳性细菌）引起的一种急性、创伤性传染病。

（一）诊断要点

1. 流行特点　各种年龄的牛都可感染发病，感染途径主要是伤口。

2. 症状和尸体解剖变化　参看马恶性水肿。

3. 确诊　须作病原学检查。

（二）防制

参看马恶性水肿。

二十、牛结核病

结核病是由结核分枝杆菌引起的人畜和禽类的一种慢性传染病。

（一）诊断要点

1. 流行特点　在家畜中，牛对本病最易感染，其中奶牛最多见。感染途径主要是呼吸道和消化道，也可通过交配传染。

2. 症状

（1）肺结核　牛病初食欲、反刍无明显变化，有短而干的咳嗽，随着病的发展咳嗽加重，鼻孔流黏液脓性鼻液，呼吸次数增加，逐渐消瘦、贫血，胸部听诊常能听到啰音和摩擦音，叩诊有浊音区。病情恶化时体温升高到 40℃ 以上，弛张热或稽留热，呼吸更加困难。

（2）乳房结核病 牛乳房淋巴结肿大；乳房有局限性或弥漫性硬结，无热痛；产奶量下降，乳汁稀薄如水，甚至停止产乳。

（3）肠结核 多见于犊牛，病牛表现食欲不振，顽固性下痢，消瘦（图30）。

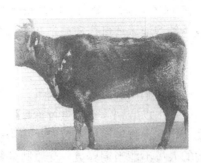

图30 患结核病牛极度消瘦

（4）生殖器官结核 母牛表现不孕或流产，从阴道流出混有白色或微黄色絮片的黏液脓性分泌物。公牛的副睾和睾丸肿大，阴茎发生结节、糜烂等。

3. 尸体解剖变化 内脏器官有从针尖大至鸡蛋大的白色或黄色结节，结节四周有红晕。慢性结节切开有黄色干燥坏死物——干酪样坏死，有时呈钙化灶。在胸膜和腹膜上有时见到密集的粟粒大至豌豆大结节，结节透明或半透明，灰白色或黄色，质硬似珍珠。

4. 实验室检查

（1）皮内试验 3个月以内的犊牛在肩胛部注射结核菌素0.1毫升，3个月至1岁牛在颈侧部1/3处注射0.15毫升，13个月以上的牛注射0.2毫升。注射后72小时及120小时各观察一次，局部肿胀面积达35毫米×45毫米以上或皮厚超过8毫米以上者为阳性；皮厚5～8毫米者为可疑；皮厚不超过5毫米者为阴性。

（2）点眼试验　用结核菌素 3～5 滴（约 0.2～0.3 毫升）点于左眼（眼无病者）；于避光、防风和防摩擦下按 3 小时、6 小时、9 小时及 24 小时各观察一次，有 2 个米粒大或 2 毫米×10 毫米黄白色脓性分泌物布于眼角，流泪，眼睑水肿者为阳性；黏液性分泌物（灰白色、半透明）为可疑，浆液性分泌物为阴性。阴性和可疑的牛在 72 小时后，于同眼内再点一次结核菌素，观察记录同上。有条件的地区还可作病原学和血清学检查。

（二）防制

淘汰开放性病牛和利用价值不大的病牛。对种畜可选用链霉素、异烟肼、对氨基水杨酸钠等药物进行治疗。预防主要是搞好平时的卫生防疫工作，进行定期检疫，淘汰和治疗病牛，建立健康群，有结核病的人员不能当饲养员。受威胁的犊牛可试用卡介苗预防接种，在出生 1 个月后，胸垂皮下注射（菌量 50～150 毫克，20 天后产生免疫力，免疫期 12～18 个月，故应每年接种一次）。

二十一、牛副结核病

副结核病又称副结核性肠炎，是由副结核分枝杆菌引起的主要发生于牛的一种慢性传染病。

（一）诊断要点

1. 流行特点　在所有的家畜中牛对本病最易感，特别是乳牛。幼龄牛的易感性较大，潜伏期长，到成年时才出现临床症状。

2. 症状　牛病初没有明显症状，随着病程的发展，病畜出现间歇性腹泻，进一步发展为经常性的顽固性腹泻，粪便稀薄，有气泡和黏液，恶臭；食欲减退，逐渐消瘦，经常躺卧，颌下及肉垂水肿；泌乳减少或停止，体温常无明显变化，最后因腹泻衰竭而死。

3. 尸体解剖变化　空肠、回肠、结肠的肠黏膜增厚数倍，形成横行的脑回状皱褶，有时出现坏死；肠系膜淋巴结肿胀，淋巴结苍白水肿。

4. 确诊　须作病原学和血清学检查。

（二）防制

搞好平时的卫生防疫工作。对病牛和补体结合试验的阳性牛应予淘汰。在国外，用死菌苗对牛和绵羊进行预防接种。

二十二、牛肉毒梭菌中毒症

肉毒梭菌中毒症是由于吸收肉毒梭菌毒素而引起畜禽的一种急性、致死性的疾病。其特征是运动神经麻痹和延脑麻痹。

（一）诊断要点

1. 流行特点　各种畜禽均可发生。当牛采食了被毒素污染的饲料、饮水而发病；一般在夏秋发生，至秋凉停止。

2. 症状　牛食入毒素后3～7天出现症状。病初仍有饮食欲，但出现咀嚼和吞咽异常，严重时完全不能咀嚼和吞咽；流涎，下颌下垂，舌露于口外，眼半闭，瞳孔散大，对刺激不起反应。当波及四肢时，则步态不隐，共济失调；便秘，腹痛；可视黏膜充血、黄染；病程中体温没有变化，最后因呼吸麻痹而死。

3. 尸体解剖变化　一般无特殊变化。

4. 实验室检查　确诊必须检查饲料和尸体内有无毒素存在。采取可疑饲料或胃肠内容物，按1：2比例加入无菌生理盐水或蒸馏水，在灭菌乳钵中研磨，制成混悬液，置于室温1～2小时，过滤；将滤液分为2份，一份不加热灭活，供毒素试验用；另一份 100℃ 加热 30 分钟灭活,供作对照。分别吸取上述两液,分别注射于一只鸡的左、右眼睑皮下(0.1～0.2 毫升),如注射后 0.5～2 小时,试验侧眼睑发生麻痹、闭合,而对照组眼睑仍正常,并且实验鸡在十几小时后死亡,则证明含有毒素。

(二)治疗

早期应用同型肉毒梭菌抗毒素或多价抗毒素,并配合对症治疗。

(三)预防

搞好平时的卫生防疫工作。预防接种可用肉毒梭菌(c 型)菌苗。

二十三、犊牛大肠杆菌病

犊牛大肠杆菌病又称犊白痢,是由多种血清型致病性大肠杆菌引起的一种传染病。

(一)诊断要点

1. 流行特点 本病多见于 7 日龄以内的犊牛,10 日龄以上的少见。

2. 症状

(1)败血型 主要发生于 7 日龄以内未吃初乳或吃乳不及时的犊牛。病牛体温升高,精神不振,间有腹泻,有时未见腹泻就死亡,常于症状出现后 1 天内死亡。

(2)肠型 病牛体温升高达 40℃,腹泻,粪便稀薄,呈灰白色,含有凝乳块和气泡,酸臭;腹泻出现后,体温常下降至正常。

(3)肠毒血症型 病程短促,常还未见到临床症状牛就突然死亡。如病程稍长者可见到腹泻和神经症状，病牛兴奋不安，随后表现沉郁、昏迷。

3. 尸体解剖变化　腹泻的病死牛的胃内凝乳块发酵，肠黏膜充血、水肿和出血，肠系膜淋巴结肿大，切面多汁。

4. 确诊　须作病原学检查。

（二）治疗

参考仔猪黄痢。

（三）预防

搞好平时的卫生防疫工作，让犊牛及时吃到足够的初乳，注意母牛的乳房卫生。预防接种可用大肠杆菌多价菌苗或自家菌苗进行产前接种。

二十四、牛沙门氏菌病

牛沙门氏菌病又称犊牛副伤寒，是由都柏林沙门氏菌或鼠伤寒沙门氏菌等引起的一种传染病。

（一）诊断要点

1. 流行特点　不同年龄、品种的牛均能感染发病，多见于10～14日龄的集中舍饲的犊牛以及新运到的犊牛群，常在运入后几天内发现病例，在3周中达到高峰。主要感染途径是消化道。

2. 症状　病牛体温升高，精神不振，食欲废绝，腹泻，粪便中混有黏液、血液及小片黏膜，粪便恶臭，虚弱，常在1～2天间死亡。未死亡的病牛出现关节炎症状或有少数在耳尖、尾尖等部位发生缺血性坏死。妊娠母牛还可出现流产。

3. 尸体解剖变化　胃肠黏膜充血、水肿、出血，脾脏充血、肿大，肠系膜淋巴结肿大、出血。

4. 确诊 须作病原学和血清学检查。

(二) 治疗

（1）用抗沙门氏菌病血清 100～150 毫升肌肉注射。
（2）药物治疗可参考猪沙门氏菌病。

(三) 预防

搞好平时的卫生防疫工作。免疫接种可用沙门氏菌病弱毒菌苗给犊牛接种。

二十五、牛布氏杆菌病

布氏杆菌病是由布氏杆菌引起的人畜共患传染病。

(一) 诊断要点

1. 流行特点 母牛较公牛易感，性成熟后的牛对本病极为敏感。感染途径是消化道、生殖道、皮肤和黏膜。

2. 症状 多数病牛为隐性感染，初期表现体温升高、食欲减退、结膜炎等。妊娠母牛常表现流产（多发生于妊娠 6～8 个月）或产死胎、弱胎，或者发生胎衣滞留、子宫内膜炎、子宫积脓。多数牛流产后仍可受孕，且只发生一次流产，重复流产者少见；产乳量减少或出现乳房炎症状。公牛发生睾丸炎、阴茎红肿及关节炎。

3. 尸体解剖变化 胎衣部分或全部呈黄色胶冻样浸润，覆盖有纤维素和脓液；胎儿皮下和肌间呈出血性浆液性浸润，真胃中有白色或微黄色黏液和絮状物，胃、肠和膀胱的黏膜和浆膜上有出血斑点，腹水和胸水呈微红色。母体子宫黏膜增厚如皮革样，覆盖着黄绿色渗出物，乳房变硬，有坏死灶。公牛的精囊、睾丸、副睾有出血点、坏死灶或结缔组织增生、粘连。

4. 确诊　须作病原学和血清学检查。

（二）治疗

病畜的治疗可参看猪布氏杆菌病。

（三）预防

搞好平时的卫生防疫工作，预防接种可用布氏杆菌羊型 5 号菌苗、布氏杆菌猪型 2 号弱毒菌苗、布氏杆菌 19 号弱毒菌苗。

二十六、牛李氏杆菌病

李氏杆菌病是由单核细胞增生李斯特氏杆菌引起的一种散发的人畜共患传染病。

（一）诊断要点

1. 流行特点　各种年龄的牛都可感染发病，犊牛和妊娠母牛易感性高，一年四季均可发生。

2. 症状　病牛体温升高，舌麻痹，采食、咀嚼、吞咽困难，流涎，流鼻液；不安，不听驱使，作转圈运动；头颈呈一侧性麻痹，弯向对侧，麻痹侧的耳下垂，鼻不动，眼半闭，最后衰弱，昏迷。妊娠母牛常发生流产。

3. 血液学检查　血液中单核细胞增多。

4. 尸体解剖变化　脑膜和脑充血、水肿，脑干变软，有小脓灶。

5. 确诊　须作病原学和血清学检查。

（二）防制

参看猪李氏杆菌病。

二十七、牛摩拉氏杆菌病

牛摩拉氏杆菌病又称牛传染性角膜结膜炎，是由牛摩拉氏杆菌（革兰氏阴性菌）引起牛流泪、羞明和角膜混浊的一种传染病。

（一）诊断要点

1. 流行特点　各种年龄的牛都可感染发病，而幼牛和青年牛多发。主要发生于天气炎热的夏秋季节。本病通过被病畜眼分泌物、鼻液污染的饲料及环境而间接传染，或者通过病牛与健牛的直接接触传染，此外还可通过苍蝇等媒介传播此病。

2. 症状　一般无全身症状，病牛表现羞明流泪，眼睑肿胀，结膜潮红，有黏液性或脓性分泌物；角膜浑浊或溃疡，严重者可穿孔和前房积脓。

3. 确诊　须作病原学和血清学检查。

（二）治疗

（1）可选用四环素、红霉素、青霉素（粉剂、软膏、水剂）等进行点眼，每日1～2次，连用3～5天。

（2）如有角膜浑浊时，可用1％～2％黄降汞软膏或甘汞吹眼，也可用自血疗法。

（三）预防

搞好平时的卫生防疫工作，搞好防蝇和灭蝇的工作，注意眼的卫生。

二十八、牛破伤风

破伤风又名强直症，是由破伤风梭菌引起的一种人畜共患的急性、创伤性、中毒性传染病。

（一）诊断要点

1. 流行特点　不分品种、性别、年龄的牛均可感染发病。一年四季都可发生。

2. 症状　多发生于分娩、去角和带鼻环之后。病牛反刍和嗳气停止，腹肌紧缩，常发生臌气，瞬膜外露，牙关紧闭，流涎，运动不灵活，四肢僵硬，怕光和刺激。

3. 实验室检查　参看猪破伤风一节。

（二）防制

参看猪破伤风。用破伤风抗毒素治疗时，第一次注射30万～50万国际单位。以后每天注射15万国际单位，连用1周。

二十九、牛坏死杆菌病

坏死杆菌病是由坏死梭杆菌引起的各种哺乳动物和禽类的一种传染病。

（一）诊断要点

1. 流行特点　各种年龄的牛都可感染发病，低洼潮湿地区和多雨季节多发，也可继发于口蹄疫等疾病。

2. 症状　犊牛易发生坏死性口炎（常见于生齿期），体温升高，食欲减退或废绝，流涎，在齿龈、舌、上腭、颊内面及喉头有界限明显的硬肿，上面覆盖坏死物质，脱落后露出溃疡面。有的犊牛表现坏死性脐炎和腹膜炎。青年牛和成年牛发生腐蹄病，病牛表现跛行，蹄部发热肿大，在趾间或蹄后部皮肤有坏死区；清理蹄底时可见小孔或创洞，内有腐烂的角质和污黑臭水，严重的蹄壳脱落。有的病牛还可发生坏死性肝炎、坏死性皮炎以及真胃、乳房、子宫、阴户、肺脏的坏死性炎症。

3. 尸体解剖变化　坏死性肝炎者，肝肿大，出现干燥、坚实的坏死灶，呈灰黄色至金黄色，界限明显。

4. 确诊　须作病原学检查。

（二）治疗

（1）坏死性口炎和坏死性皮炎的治疗可参看猪坏死杆菌病。

（2）腐蹄病的治疗，先彻底清除患部的坏死组织，用 1% 高锰酸钾液冲洗或用 10% 硫酸铜浸泡患蹄，然后在坏死腔内填塞高锰酸钾粉或硫酸铜粉，用绷带包扎，涂布融化的沥青。病畜多时，可用 10% 硫酸铜液进行蹄浴，每日 1～2 次，直至痊愈。

（3）在进行局部处理时（如坏死性子宫炎、乳房炎等）还应肌肉注射或静脉注射磺胺类药物、四环素和土霉素、螺旋霉素等。

（4）根据病情适时作对症治疗。

（三）预防

搞好平时的卫生防疫工作，注意修蹄，搞好皮肤、黏膜的伤口处理。

三十、牛钩端螺旋体病

钩端螺旋体病是由致病性钩端螺旋体引起人畜共患的一种传染病。

（一）诊断要点

1. 流行特点　各种年龄的牛都可感染，一年四季都可发病。

2. 症状　病牛体温升高，食欲减退或废绝，反刍减少或停止，腹泻，粪便中混有黏液和血液；血尿，黄疸；母牛产奶量下降，乳汁黏稠，并带血色；妊娠母牛常发生流产。

3. 尸体解剖变化　皮肤、皮下组织、浆膜和黏膜黄染，心、肺、肾、肠系膜、肠和膀胱黏膜出血。

4. 确诊　须作病原学和血清学检查。

（二）防制

参看猪钩端螺旋体病。预防接种可用钩端螺旋体多价活菌苗10毫升，两次皮下注射，间隔期7天，免疫期1年。

三十一、牛放线菌病

放线菌病是由牛型放线菌引起家畜的一种慢性传染病。

（一）诊断要点

1. 流行特点　本病主要发生于牛，尤其是2～5岁的牛最易感染，常发生在换齿的时候，本病主要通过损伤感染。

2. 症状　牛型放线菌常侵害牛下颌骨，而上颌骨则少见。患部肿大，界限明显，表面不平，肿大部初期有疼痛，后期多无痛感；牙齿松动，咀嚼和吞咽都困难，病牛消瘦；当肿胀部皮肤化脓破溃时，肉芽组织呈蘑菇云状突出于皮肤表面，并形成瘘管，流出白色或黄色的脓液，经久不愈（图31、32、33）。

3. 实验室检查　用蒸馏水稀释脓汁，找出硫磺样颗粒，洗净后置载玻片上，加入一滴15％氢氧化钾溶液，覆盖载玻片用力搓压，在低倍弱光下镜检，可见菊花状菌块的结构，四周有屈光性较强的放射形棍棒状体。如经革兰氏染色法染色，可见中央为革兰氏阳性的密集菌丝体，外周为革兰氏阴性的放射形棍棒状。

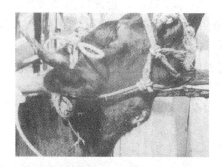

图 31　患放线菌病牛肿块破裂不断排脓

图 32　患放线菌病牛下颌组织肿块

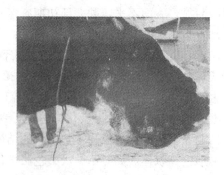

图 33　患放线菌病牛下颌部增大

（二）治疗

软组织病灶，经治疗较易恢复。而骨质的病变，则无法使之恢复。

（1）内服碘化钾，成年牛每天 5～10 克，犊牛 2～4 克，连用 2～4 周。

（2）可同时应用青霉素和链霉素，注射于患部周围，连续 5 天为一个疗程。

（3）对体积不大的软组织局限病灶可进行外科手术切除；对顽固性病例可反复多次烧烙，每次间隔 3～5 天。

（三）预防

搞好平时的卫生防疫工作。舍饲时，最好于饲喂前将干草、谷糠等浸软，避免刺伤口腔黏膜。发现伤口要及时处理治疗。

三十二、牛衣原体病

衣原体病是由鹦鹉热亲衣原体（革兰氏染色阴性）引起家畜、家禽的传染病。

（一）诊断要点

1. 流行特点　不同年龄的牛均可感染，在密集拥挤的环境可促进本病的发生。感染途径主要是消化道、呼吸道、眼结膜，也可通过交配或用病公牛的精液人工授精而传染。

2. 症状

（1）肺-肠炎型　多见于 6 月龄前的犊牛，病牛表现精神不振，流泪，腹泻，粪便中有黏液、血液，体温升高；鼻流浆液性或黏液性鼻液，咳嗽，肺部听诊可听到罗音、捻发音。尸体解剖变化主要是肺脏有灰红色病灶，肠黏膜肿胀、充血、出血，严重的还有溃疡。

（2）关节炎型　多见于1～3周龄的新生犊牛，病牛表现虚弱，体温升高达40℃以上，食欲废绝，轻度腹泻，肢体和关节肿胀，跛行。尸体解剖变化为患病关节周围充血、水肿，关节和腱鞘的滑液增加、浑浊。内有纤维素絮片。

（3）脑脊髓炎型　多见于2岁以下的牛，特别是6月龄以下的牛。病牛表现体温升高达40.5℃以上，食欲减退或废绝，流涎、咳嗽；行走摇摆，常呈高跷样步伐，有的病牛还以头抵饲槽或墙壁，或出现转圈运动，四肢关节肿胀，严重者出现角弓反张，麻痹，最后死亡。尸体解剖变化主要是尸体消瘦，胸腹腔液体增量，内有纤维素性丝状物，脾脏肿大，脑膜和脑血管充血。

（4）流产型　易感母牛感染后都有短暂的发热反应。孕牛发生流产（大多在妊娠的8～9个月时），一般没有胎衣滞留现象。流产母牛胎膜水肿，胎儿苍白、贫血，皮肤和黏膜有小点出血，皮下水肿。青年公牛发生附性腺、副睾和睾丸慢性炎症，病牛的精液质量低劣。

3. 确诊　须作病原学和血清学检查。

（二）防制

病畜可用四环素、强力霉素等进行治疗。预防应搞好平时的卫生防疫工作。

三十三、牛乏浆体病

牛乏浆体病曾称边虫病，是由边缘乏浆体和中央乏浆体引起的一种传染病。

（一）诊断要点

1. 流行特点　本病经蜱及吸血昆虫传播，外科手术或注射器消毒不严也可传播本病，此外也可经子宫内感染和经眼感染。多发生于夏秋季节。

2. 症状

（1）急性型　病牛精神沉郁，体温升高，食欲减退或废绝，贫血，可视黏膜苍白、黄染；呼吸困难，脉搏增数，节律不齐。乳牛泌乳减少或停止，孕牛流产。红细胞数减少。

（2）慢性型　病牛衰弱、消瘦、贫血、黄疸等逐渐增重。

3. 尸体解剖变化　皮下组织胶样性浸润和全身黄染；肝、脾、淋巴结肿大。

4. 血液涂片　姬姆萨氏染色后镜检，在红细胞内查出乏浆体即可确诊，乏浆体呈紫红色，圆形或椭圆形致密团块，边缘整齐。

（二）防制

治疗可用土霉素、四环素、黄色素等药物，并根据病情适时进行对症治疗。预防应搞好平时的卫生防疫工作，消灭蜱和吸血昆虫。预防接种可用乏浆体灭活佐剂苗和弱毒苗。

第八章　羊的传染病

一、羊传染性脓疱

羊传染性脓疱又称羊脓疱性皮炎，俗称"羊口疮"，是由传染性脓疱病病毒引起的羊的一种传染病。

(一) 诊断要点

1. 流行特点　各种年龄的羊均可感染，而以 3～6 月龄羔羊发病最多。多发于秋季。感染途径主要是损伤的皮肤和黏膜。

2. 症状

(1) 唇型　病羊首先在口角、上唇、鼻镜上发生散在的小红斑点，逐渐变为丘疹或小结节，继而形成水疱或脓疱，脓疱破溃后，结成黄色或棕色的疣状硬痂，经 1～2 周痂皮干燥、脱落。严重者，水疱、脓疱相互融合，波及整个口唇周围及眼睑和耳廓等部，水疱、脓疱破溃后形成大面积的痂垢，痂垢不断增厚，痂垢下伴有肉芽组织增生，整个嘴唇肿大外翻呈桑葚状隆起，并影响采食，病羊日渐衰弱而死（图 34、图 35）。

(2) 蹄型　几乎只侵害绵羊，多单独发生，偶有和唇型同时发生。多为一肢患病，也有四肢先后都发病者。在蹄叉、蹄冠或系部皮肤上形成水疱或脓疱，破溃后形成由脓液覆盖的溃疡，病羊跛行，严重者长期卧地，衰弱或败血病而死。

(3) 外阴型　病羊阴唇肿胀、疼痛，其附近皮肤上有溃疡，乳房和乳头的皮肤上发生水疱、脓疱，破溃后形成溃疡和痂垢。

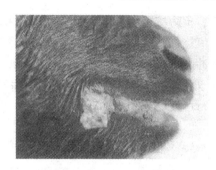

图 34　患传染性脓疱病羊口角变化（陈可毅）

图 35　患传染性脓疱病羊鼻唇部发生花椰菜头样病变

公羊的阴鞘肿胀，阴鞘口和阴茎上发生小脓疱和溃疡。

3. 确诊　须作病原学和血清学检查。

（二）治疗

隔离进行治疗，应先用 5% 水杨酸软膏将痂垢软化，然后用 0.1% 高锰酸钾液冲洗创面，再涂 2% 龙胆紫或碘甘油、5% 土霉素软膏。

（三）预防

搞好平时的卫生防疫工作，防止皮肤和黏膜的损伤，损伤后要及时进行治疗。预防接种可用自然病羊痂皮毒给绵羊或山羊的尾根无毛部行划痕接种。具体的做法是：采集自然发病羊的痂皮材料；用甘油缓冲盐水制成 1‰病毒悬液，在健康羊的尾根无毛部划痕接种，10 天后产生免疫力，免疫期达 1 年左右。活毒疫苗只限于本病流行区使用。

二、羊蓝舌病

蓝舌病是由蓝舌病病毒引起反刍动物的一种以昆虫为传播媒介的传染病。

(一) 诊断要点

1. 流行特点　各种年龄的羊都可感染，其中以 1 岁左右的绵羊最易感染。传播媒介为库蠓，湿热的夏秋雨季为发病季节。

2. 症状　病羊体温升高达 40.5℃以上，稽留 2～3 天，精神沉郁，食欲减退或废绝，流涎，上下唇水肿，可蔓延到面部和耳部，口腔黏膜发绀呈青紫色。以后口腔、唇、齿龈、齿垫、颊、舌黏膜糜烂，流涎带有不洁的血色，口臭。鼻流浆液性或黏液脓性鼻液，结痂于鼻孔周围，引起呼吸困难和鼾声。有的病羊蹄部发生炎症，表现跛行。病羊消瘦、衰弱。血液学检查，白细胞数减少。

3. 尸体解剖变化　口腔糜烂，发绀。瘤胃前肉柱和食道沟常有黑红色区。心内、外膜和心肌出血。皮肤点状出血，皮下组织广泛充血和胶样浸润，肌肉出血。蹄冠会出现红点或红线。

4. 确诊　须作病原学和血清学检查。

(二) 治疗

参看牛蓝舌病。

（三）预防

搞好平时的卫生防疫工作，做好消灭库蠓的工作。预防接种可用蓝舌病病毒鸡胚化弱毒疫苗。

三、羊口蹄疫

口蹄疫是由口蹄疫病毒引起偶蹄兽的一种急性、发热性、高度接触性的传染病。

（一）诊断要点

1. 流行特点　各种年龄的羊均可感染，一年四季均可发生。感染途径主要是消化道、呼吸道、黏膜和皮肤。

2. 症状　病羊症状与牛大致相同（参看牛口蹄疫）。但山羊多见于口腔，水疱发生在硬腭与舌面。羔羊有时有出血性胃肠炎，常因心肌炎而死亡。

3. 尸体解剖变化　参看牛口蹄疫。

4. 确诊　须进行口蹄疫毒型的鉴定。

（二）防制

参看猪口蹄疫。

四、绵 羊 痘

绵羊痘是由绵羊痘病毒引起的一种急性、发热性传染病。

（一）诊断要点

1. 流行特点　在自然情况下，绵羊痘发生于绵羊，不能传染给山羊或其他家畜。本病主要发生于冬末春初。感染途径主要是呼吸道、损伤的皮肤和黏膜。

2. 症状 病羊体温升高达 41℃ 以上，精神不振，食欲减退或废绝，结膜潮红，鼻孔流出浆液性、黏液性或脓性鼻液。在眼周围、唇、鼻、颊、四肢、尾内面、阴唇、乳房、阴囊和包皮上发生痘疹，痘疹初为红斑，1～2 天后形成丘疹，随后丘疹逐渐增大，变为灰白色或淡红色的半球状结节（图 36、图 37）。结节在几天内变成水疱，随后变成脓疱，如无继发感染则逐渐干燥成棕色痂块，痂块脱落后，遗留下红斑，红斑颜色逐渐变淡。有的病例见痘疱内出血，呈黑色痘；有的痘疱发生化脓和坏疽，形成深的溃疡，发出恶臭。

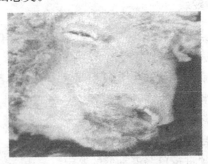

图 36　患绵羊痘病羊鼻痘、结膜发炎、眼睑肿

图 37　患绵羊痘病羊皮肤上大小不等、界线明显的圆形痘疹

3. 尸体解剖变化 除在上述部位皮肤无毛或少毛部分有红

斑、结节、水疱、脓疱、痂块或溃疡外，在前胃或真胃黏膜上有大小不等的圆形或半球形坚实的结节或糜烂、溃疡；咽和支气管黏膜亦常有痘疹。

4. 确诊 须作病原学和病理组织学检查。

(二)治疗

（1）可应用康复血清，治疗量为：成年羊 10～30 毫升，小羊 5～15 毫升；预防量减半。

（2）防止继发感染，局部可用 0.1％高锰酸钾液洗涤，擦干后涂擦紫药水或碘甘油等。

(三)预防

搞好平时的卫生防疫工作。预防接种可用羊痘鸡胚化弱毒疫苗。

（附）山羊痘

山羊痘是由山羊痘病毒引起山羊的一种急性发热性传染病。幼羊易感性最高。其临床症状和尸体解剖变化与绵羊痘相似，主要是皮肤和黏膜上形成痘疹。防治参着绵羊痘一节。

五、梅迪—维斯纳病

羊梅迪—维斯纳病是由梅迪—维斯纳病毒引起羊的一种不表现发热症状的接触性传染病。

(一)诊断要点

1. 流行特点 主要引起绵羊发病，梅迪（呼吸道型）多见于 3～4 岁的绵羊，维斯纳（神经型）多见于 2 岁以上的绵羊。一年四季均可发生。感染途径主要是呼吸道。

2. 症状

（1）梅迪（呼吸道型）　病初，在驱赶羊群时，病羊就落于群后。当病情恶化时，病羊呼吸困难，呼吸次数增加，鼻孔扩张，头高仰，有时张口呼吸；病羊体温一般正常，仍有食欲，但体重下降，表现消瘦和衰弱。听诊时在上部肺区有罗音，叩诊时在下部肺区发现浊音。血液学检查，血红蛋白偏低，白细胞增多。

（2）维斯纳（神经型）　病羊落群，体重减轻，后肢失足、发软，随后跗关节不能伸直，休息时常用蹠骨后段着地，四肢麻痹并逐渐发展为全身麻痹，头向侧偏，唇部和眼睑震颤，最终死亡。

3. 尸体解剖变化　病肺体积膨大 2～4 倍，打开胸腔时肺不塌陷，各叶之间以及肺和胸壁粘连，肺重量增加（正常为 300～500 克，病肺平均为 1 200 克），呈淡灰黄色或暗红色，触摸有橡皮样感觉。病肺组织致密，质地如肌肉。在肺胸膜下散在许多针尖大小、半透明、暗灰白色小点，严重时突出于表面。死于维斯纳的病羊，后肢肌肉萎缩；脑膜充血，白质的切面有灰黄色小斑。

4. 确诊　须作病原学和血清学检查。

（二）防制

目前尚无有效的治疗方法和有效的疫苗来预防本病。因此要搞好平时的卫生防疫工作，防止健羊接触病羊，病羊应隔离和淘汰；场地、用具用 2%氢氧化钠或 4%碳酸钠消毒；引进种羊应来自无病区。

六、绵羊肺腺瘤病

绵羊肺腺瘤病又称绵羊肺癌或驱赶病，是由绵羊肺腺瘤病毒引起成年绵羊的一种接触性传染病。

（一）诊断要点

1. 流行特点 各种品种的绵羊均可感染发病，而以美利奴绵羊的易感性最高，临床表现多数是 3～5 岁的羊。除绵羊以外，山羊也可发生。感染途径主要是呼吸道。

2. 症状 本病属缓慢的病毒感染，潜伏期 2 个月以上。因此其症状是不知不觉地出现呼吸困难。病初，病羊落群，随剧烈运动而呈现呼吸加快。以后，呼吸仍然快而浅表，咳嗽，当头下垂时，一种稀薄的分泌物从鼻孔流出，听诊可闻湿罗音，叩诊可发现浊音区；体温一般正常。后期，病羊衰竭、消瘦、贫血，最后死亡。

3. 尸体解剖变化 肺上有直径 11～20 毫米的灰白色小结节，切面呈明显的颗粒状突起物，反光强，数量从一个至几十个，有时一个肺叶的结节继续增生，融合而成很大的肿块。部分病例的支气管和纵隔淋巴结增大，形成不规则的肿块。

4. 确诊 须作病原学、血清学和病理组织学检查。

（二）防制

目前尚无有效疗法，也没有研制出主动免疫的疫苗。因此必须搞好平时的卫生防疫工作。建立和保持无病畜群，病群有计划地淘汰，引进新的无病羊。

七、山羊关节炎脑炎

山羊关节炎脑炎是由山羊关节炎脑炎病毒引起山羊的一种慢性传染病。

（一）诊断要点

1. 流行特点 羊的感染无品种、性别的差异，感染 2～4 月龄羔羊以神经型（脑炎）为主，而1岁以上羊则以关节炎为主，感染途径主要是消化道。

2. 症状

（1）脑炎型　多见于2～4月龄的羔羊，早期病羔精神沉郁，跛行，继而出现共济失调，一肢或数肢麻痹，后肢软弱，站立不稳或卧下。有的病羔还出现角弓反张、眼球震颤、惊恐、头颈歪斜或转圈运动，经半个月至1年后死亡。

（2）关节炎型　多见于1岁以上的羊，腕关节、跗关节肿胀、热痛，触之有波动感，此时病羊跛行或跪地爬行。

3. 尸体解剖变化　脑炎型者，脑膜充血，脑切面有散在的点状黄色坏死灶。

4. 确诊　须作病原学和血清学检查。

（二）防制

目前尚无有效疗法，也没有研制出主动免疫的疫苗，因此必须搞好平时的卫生防疫工作。建立和保持无病群，病群必须有计划地淘汰。从外地引进种羊时，必须是经检疫后证明健康的羊只才可引进，并经隔离3个月后，再经检疫后是健康者才可作种用。

八、绵羊痒病

绵羊痒病又称慢性传染性脑炎或驴跑病，是由病毒引起的一种传染病。

（一）诊断要点

1. 流行特点　主要感染绵羊，偶见于山羊；不同性别、品种的羊均可感染发生痒病，但以英国品种萨福克绵羊敏感性高，一般发生于2～4岁的羊，以3岁半的羊发病率最高。

2. 症状 自然感染的潜伏期为1～5年。病初,病羊表现易惊,眼光不安或凝视,颤栗,耳朵抽搐。发病1～2个月后发生行为扰乱,前肢作摇摆不稳的类似驴跑的特殊僵硬跑步,后肢分开高举短步急行(雄鸡步);病羊不能跳跃,遇低矮的障碍物(如门槛)即倒卧,当被驱赶时,可反复跌倒。大多数病例很早就表现发痒,最后剧痒,病羊咬啮臀部、荐部、股部、前肢、体侧,用后蹄搔头,向墙壁或其他器物摩擦这些部位(图38、图39);当人的手指在发痒的皮肤搔痒时,可反射地刺激羊伸颈、摇头、咬嘴唇和舔舌,尾巴和臀部皮肤剧烈发抖,低声鸣叫;由于摩擦使颈部、体侧、背部、荐部、臀部的被毛断裂和脱落,皮

图38 绵羊痒病患羊在绳索下摩擦发痒背部

图39 绵羊痒病患羊啃咬发痒前肢皮肤(冯泽光)

肤发红、发炎和产生痂块（但在脱落的皮屑中查不到螨）；病羊消瘦、贫血，最后麻痹卧地，但仍继续咬啮。

3. 尸体解剖变化　除见到羊尸消瘦、脱毛和皮肤损伤外，无其他明显的肉眼变化。

4. 确诊　本病的诊断在目前主要依据症状的观察，以及脑的病理组织学检查发现灰质部神经元有空泡形成，而作为确诊的依据。

（二）防制

由于本病的特殊性（潜伏期长，发展缓慢），一般的防治措施无效。因此，在没有发生过本病的国家、地区，如输入种羊后发现本病，应将其全部淘汰，以防本病的传播。

九、小反刍兽疫

又名小反刍兽伪牛瘟，是由小反刍兽疫病毒引起山羊、绵羊的一种急性、亚急性病毒性传染病。以发热、口炎、腹泻、肺炎为特征。世界动物卫生组织（OIE）将其列为 A 类疫病。

（一）诊断要点

1. 流行特点　主要感染山羊、绵羊、羚羊、美国白尾鹿等小反刍动物，山羊发病比较严重。牛、猪等可以感染，但通常为亚临床经过。目前，主要流行于非洲西部、中部和亚洲的部分地区。

传染源主要为患病动物和隐性感染动物，病畜的分泌物和排泄物均含有病毒。处于亚临床型的病羊尤为危险。本病主要通过直接和间接接触传染或呼吸道飞沫传染。

2. 症状　小反刍兽疫潜伏期为 4～5 天，最长 21 天（《陆生动物卫生法典》规定为 21 天）。

自然发病仅见于山羊和绵羊。山羊发病严重，绵羊也偶有严重病例发生。一些康复山羊的唇部形成口疮样病变。感染动物临诊症状与牛瘟病牛相似。急性型体温可上升至41℃，并持续3～5天。感染动物烦躁不安，背毛无光，口鼻干燥，食欲减退。流黏液脓性鼻漏，呼出恶臭气体。在发热的前4天，口腔黏膜充血，颊黏膜进行性广泛性损害、导致多涎，随后出现坏死性病灶，开始口腔黏膜出现小的、粗糙的红色浅表坏死病灶，以后变成粉红色，感染部位包括下唇、下齿龈等处。严重病例可见坏死病灶波及齿垫、腭、颊部及其乳头、舌头等处。后期出现带血水样腹泻，严重脱水，消瘦，随之体温下降，出现咳嗽、呼吸异常。发病率高达100％，在严重暴发时，死亡率为100％，在轻度发生时，死亡率不超过50％。幼年动物发病严重，发病率和死亡率都很高。

3. 尸体解剖变化　尸体剖检病变与牛瘟病牛相似。患畜可见结膜炎、坏死性口炎等肉眼病变，严重病例可蔓延到硬腭及咽喉部。皱胃常出现病变，而瘤胃、网胃、瓣胃很少出现病变，病变部常出现有规则、有轮廓的糜烂，创面红色、出血。肠可见糜烂或出血，尤其在结肠直肠结合处呈特征性线状出血或斑马样条纹。淋巴结肿大，脾有坏死性病变。在鼻甲、喉、气管等处有出血斑。

4. 确诊　根据临床症状和病理变化可作出初步诊断，确诊需进一步做实验室诊断。小反刍兽疫诊断时，应注意与牛瘟、蓝舌病、口蹄疫做鉴别。

（二）防制

1. 预防　严禁从存在本病的国家或地区引进相关动物。在发生本病的地区，可根据小反刍兽疫病毒与牛瘟病毒抗原相关原理，用牛瘟组织培养苗进行免疫接种。

2. 处理　一旦发生本病，应按《中华人民共和国动物防疫法》规定，采取紧急、强制性的控制和扑灭措施，扑杀患病和同群动物。疫区及受威胁区的动物进行紧急预防接种。

十、羊布氏杆菌病

布氏杆菌病是由布氏杆菌引起的人畜共患传染病。

（一）诊断要点

1. 流行特点　各种羊均可感染发病，易感性随性成熟年龄接近而增高。

2. 症状　妊娠母羊表现流产（常发生于怀孕 3～4 个月），有时产出死胎或弱胎，严重时，山羊群流产率可达 50%～90%，绵羊可达 40%，有的山羊流产 2～3 次。有的病羊还出现乳房炎，乳量减少，乳汁有凝块，乳房组织有结节性硬块。公羊发生睾丸炎，睾丸肿胀、疼痛（图 40）；有的还发生关节炎，出现跛行。

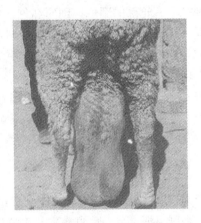

图 40　布氏杆菌病患羊阴囊肿胀拖地

3. 尸体解剖变化　与牛大致相同。

4. 确诊 须作病原学和血清学检查。山羊、绵羊群检疫用变态反应方法比较合适。

(二) 治疗

参看猪布氏杆菌病。

(三) 预防

参看牛布氏杆菌病。

十一、羊 炭 疽

炭疽是由炭疽杆菌引起的人畜共患的急性、败血性传染病。

(一) 诊断要点

1. 流行特点 参看猪炭疽。

2. 症状 绵羊与山羊常发生最急性型炭疽，表现为突然眩晕，摇摆，磨牙，全身痉挛，有的病羊天然孔流血，很快倒地死亡。

3. 尸体解剖变化 当生前有上述临床症状，而死后有尸僵不全，从天然孔道中流出暗红色血液，血液凝固不良，尸体极易腐败等特征时，则应怀疑是炭疽病，严禁尸体解剖检查。

4. 确诊 须作病原学和血清学检查。

(二) 治疗、预防及注意事项

参看猪炭疽。抗炭疽血清用量为 30～60 毫升/次，必要时于12 小时后再注射一次。预防接种，山羊和绵羊可用 Ⅱ 号炭疽芽孢苗，此外绵羊还可用无毒炭疽芽孢苗（此菌苗对山羊毒力较强，因此山羊不宜使用）。

十二、羊坏死杆菌病

坏死杆菌病是由坏死梭杆菌引起的各种哺乳动物和禽类的一种传染病。

（一）诊断要点

1. 流行特点　各种年龄的羊都可感染发病；低洼潮湿地区和多雨季节多发；本病常与口蹄疫、羊痘等并发或继发。

2. 症状　羔羊易发生坏死性口炎，青年羊和成年羊发生腐蹄病、坏死性肝炎等，此部分内容可参看牛坏死杆菌病。

3. 尸体解剖变化　参看牛坏死杆菌病。

4. 确诊　须作病原学检查。

（二）防制

参看牛坏死杆菌病。

十三、羊破伤风

破伤风是由破伤风梭菌引起的一种人畜共患的急性、创伤性、中毒性传染病。

（一）诊断要点

1. 流行特点　各种羊都可感染发病，多见于去势、断脐、断角和绵羊的剪毛、断尾之后。

2. 症状　羊病初常表现站立时不能自由卧下或卧下后不能自主起立。随病情的发展才表现出四肢强直，运步困难，牙关紧闭，流涎，瘤胃臌气，角弓反张等特征性症状。对突然的音响可使骨骼肌发生痉挛，致使病羊倒地。有的病羊还发生腹泻。

3. 实验室检查 参看猪破伤风。

（二）防制

参看猪破伤风。

十四、羊沙门氏菌病

羊沙门氏菌病是由鼠伤寒沙门氏菌或羊流产沙门氏菌、都柏林沙门氏菌等引起的一种传染病。

（一）诊断要点

1. 流行特点 各种年龄的羊都可感染发病，以断乳和断乳不久的羔羊最易感染，无季节性。

2. 症状

（1）下痢型 病羊体温升高，精神不振，虚弱，食欲减退或废绝，腹泻，稀粪中混有黏液和血液，恶臭。

（2）流产型 妊娠母羊在怀孕的最后 1/3 期间发生流产或死亡。在流产前病羊体温升高，精神沉郁，食欲减退或废绝，有的病羊还发生腹泻。病羊产的活羔表现衰弱、精神萎顿、不吮乳，往往在 1 周内死亡。

3. 尸体解剖变化

（1）下痢型 真胃和肠道空虚，有半液状内容物，黏膜充血、出血，肠系膜淋巴结肿大。

（2）流产型 母羊子宫肿胀，常含有坏死组织；胎盘水肿、出血。

4. 确诊 须作病原学和血清学检查。

（二）治疗

参看猪沙门氏菌病。

(三) 预防

搞好平时的卫生防疫工作。预防接种可用羊沙门氏杆菌菌苗。

十五、羔羊大肠杆菌病

羔羊大肠杆菌病是由多种血清型的致病性大肠杆菌引起的一种急性传染病。

(一) 诊断要点

1. 流行特点　多发于 6 周龄内的羔羊，当气候不良、营养不足、场圈潮湿污秽时更易发生。冬春季节比夏秋季节发病多。

2. 症状

(1) 败血型　羊病初体温升高达 41℃ 以上，精神沉郁，呼吸浅表，心跳快而弱；有明显的神经症状，四肢僵硬，运步失调，头常弯向一侧，视力障碍，继而卧地、磨牙、头向后仰。病羊口吐泡沫，鼻流黏液性鼻液，肘、腕等关节肿大。此型多发生于 2～6 周龄羔羊和部分 3～8 月龄羊。

(2) 肠型　主要发生于 7 日龄以内的羔羊。羊病初体温升高达 40.5℃ 以上，出现腹泻后体温下降，粪便初呈半液状，黄色或灰色，以后粪呈液状，带气泡，混有黏液和血液，病羊腹痛、虚弱、卧地，如不及时治疗可在 36 小时内死亡。

3. 尸体解剖变化　死于败血型的羊，肘和腕关节肿大，关节腔内的滑液混浊或有脓性絮状片；胸、腹腔积液，内有纤维素；脑膜充血，有出血点，大脑沟常含有多量脓性渗出物。死于肠型的羊，真胃、小肠和大肠内容物呈黄灰色半液状，黏膜充血。

4. 确诊　须作病原学和血清学检查。

（二）治疗

参看仔猪黄痢。

（三）预防

搞好平时的卫生防疫工作。预防接种应根据病原菌的血清型，选择同型的羊大肠杆菌病菌苗。

十六、羊巴氏杆菌病

巴氏杆菌病是由多杀性巴氏杆菌和溶血性巴氏杆菌引起的一种传染病。

（一）诊断要点

1. 流行特点 绵羊易感性高，多发生于幼龄绵羊和羔羊。一年四季均可发生，特别在气候骤变时更易发生。

2. 症状

（1）最急性型 多见于哺乳羔羊，突然发病，高热稽留，全身震颤，呼吸困难，倒地抽搐，于数分钟至数小时内死亡。

（2）急性型 病羊体温升高达 41℃ 以上，精神沉郁，食欲废绝，呼吸急促，咳嗽，眼、鼻有浆液性、黏液性或脓性分泌物；胸部敏感，听诊有罗音，胸膜摩擦音；颈部、胸部皮下水肿。有的病羊还发生腹泻，粪便中含有黏液和血液。

（3）慢性型 病羊消瘦，食欲减退，咳嗽，鼻流黏液脓性鼻液，呼吸困难；腹泻，粪便恶臭。

3. 尸体解剖变化 最急性者，浆膜、黏膜有出血点，淋巴结肿大，有点状出血。急性者，除有败血症变化外，肺有肝变区，内有化脓灶和坏死灶；胸腔内有纤维素性渗出物；颌下、颈部、胸前部皮下有胶样出血性浸润。慢性者，尸体消瘦，常见胸

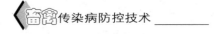

膜肺炎和心包炎病变。

4. 确诊　须作病原学和血清学检查。

(二) 治疗

（1）可应用磺胺类药物与抗菌增效剂、青霉素、链霉素等药物。

（2）根据病情适时进行对症治疗。

(三) 预防

搞好平时的卫生防疫工作。

十七、羊气肿疽

气肿疽是由肖氏梭菌引起反刍兽的一种急性、热性传染病。

(一) 诊断要点

1. 流行特点　在自然情况下，气肿疽主要侵害黄牛。而在牛气肿疽常发的地区，习惯于牛、羊混牧或混圈关养时，羊也发生气肿疽。感染途径主要是消化道和创伤。

2. 症状　创伤感染的病羊，感染部位肿胀。非创伤感染的病例与病牛的症状相似，即体温升高，精神不振，食欲减退或废绝，跛行，患部（常为颈部、胸部）发生肿胀，触之有捻发音，皮肤蓝红色或黑色，若切开肿胀部位，从切口流出污红色带泡沫的酸臭的液体。

3. 尸体解剖变化　参看牛气肿疽。

4. 确诊　须作病原学检查。

(二) 防制

参看牛气肿疽。

十八、羊李氏杆菌病

李氏杆菌病是由单核细胞增生李斯特氏杆菌引起的一种散发的人畜共患传染病。

(一)诊断要点

1. 流行特点　各种年龄的羊都可感染发病，羔羊和妊娠母羊易感性高，一年四季均可发生，但以冬季和早春多发。

2. 症状　羊病初体温升高，不久下降接近常温。病羊精神沉郁，不随群活动或无目的地乱跑。舌麻痹，采食、咀嚼、吞咽困难；从鼻孔流出黏液性分泌物；流泪，结膜发炎，眼球突出、斜视，严重的视力丧失；头颈偏于一侧，行走时向一侧转圈，当遇有障碍物，则以头抵靠不动，颈项强硬，头颈呈角弓反张；后期病羊卧地不起，昏迷。妊娠母羊常发生流产。

3. 尸体解剖变化　脑和脑膜充血、水肿；脑脊液增多，稍混浊；脑干变软，有小脓灶。

4. 确诊　须作病原学和血清学检查。

(二)防制

参看猪李氏杆菌病。

十九、羊恶性水肿

恶性水肿是由梭菌属病菌（主要是腐败梭菌）引起的一种急性、创伤性传染病。

(一)诊断要点

1. 流行特点　各种年龄的羊均可感染发病，但绵羊发病比山羊多见。其传染主要由外伤如去势、断尾、斗殴、分娩、外科手术、注射等没有注意消毒，污染本菌芽孢而致。当绵羊经消化道感染腐败梭菌时，则引起另一种疾病，称羊快疫。

2. 症状 病羊虚弱，精神沉郁，体温升高，呼吸困难，伤口周围发生炎性水肿。有的病羊还出现腹痛、臌气、腹泻。绵羊病程短，死亡快，往往未至严重水肿的程度即倒毙。

3. 尸体解剖变化 发病局部水肿，皮下有污黄色液体浸润，含有腐败酸臭味的气泡；肌肉呈灰白或暗褐色，多含气泡。实质器官变性，脾和淋巴结肿大。

4. 确诊 须作病原学检查。

（二）防制

参看马恶性水肿。

二十、羊 快 疫

羊快疫是由腐败梭菌（革兰氏染色阳性细菌）引起的一种急性传染病。

（一）诊断要点

1. 流行特点 绵羊发病较山羊多见，发病年龄多在 6 月龄至 2 岁之间。一年四季均能发生，特别是秋、冬和初春气候骤变、阴雨连绵之际发病较多。感染途径是消化道。

2. 症状 突然发病，病羊往往在未被人发觉时就突然死亡在放牧场或羊舍内。有的病羊离群独处，卧地，虚弱。强迫行走时表现运动失调，行走不稳；腹痛、腹胀；体温正常或升高。病羊最后极度衰竭、昏迷，通常经数分钟至几小时死亡。

3. 尸体解剖变化 新鲜尸体的主要损害为真胃出血性炎症变化显著，胃黏膜，尤其是胃底部及幽门附近的黏膜有大小不等的出血斑块，其表面发生坏死，出血坏死区略低于周围的正常黏膜，黏膜下组织水肿；胸腔、腹腔、心包有大量积液，暴露于空气易于凝固；心内膜和心外膜下有多数点状出血；胆囊多肿胀。如未及时剖检，尸体则迅速腐败。

4. 确诊　须作病原学检查。

(二) 治疗

由于本病的病程短促，往往来不及治疗。对病程稍长的病羊可施行对症治疗，如给予强心剂、肠道消毒药、抗生素、磺胺类药物等。此时还应转移牧地，转移到高燥地区放牧，可以收到减少发病和停止发病的效果。

(三) 预防

搞好平时的卫生防疫工作。预防接种可用羊快疫、猝狙、肠毒血症三联菌苗或羊快疫、猝狙、肠毒血症、羔羊痢疾、黑疫五联菌苗，羊快疫、黑疫二联苗。

二十一、羊肠毒血症

羊肠毒血症又称软肾病，是由 D 型魏氏梭菌（革兰氏染色阳性细菌）引起的一种急性传染病。

(一) 诊断要点

1. 流行特点　绵羊发病较山羊多见，2～12 月龄的羊最易发病，发病的羊多为膘情较好的羊。多发生于春末夏初青草萌发和秋季牧草结籽后的一段时期，此时羊只采食被病原菌污染的草与饮水进入消化道后大量繁殖，产生大量毒素并进入血液，引起毒血症。

2. 症状　突然发作，羊往往在发病后 1～4 小时内死亡。羊只表现不安，腹痛、腹胀，离群呆立，体温一般不高，有的羊还发生腹泻。临死前病羊表现步态不稳，心跳加快，呼吸增数，肌肉震颤，磨牙，侧身倒地，四肢痉挛，头向后弯曲，口流白沫，口黏膜苍白，四肢及耳尖发冷，在昏迷中死亡。

3. 尸体解剖变化 肠道（尤其是小肠）黏膜充血、出血，严重的整个肠段呈血红色；有的羊一侧或两侧肾脏软化如泥样，稍加触压即朽烂。心肌松软，心内、外膜有出血点；淋巴结肿大，切面呈黑褐色；肝脏肿大，被膜下有出血点；肺脏充血、水肿。

4. 确诊 须作病原学和肠道内毒素的检查。

（二）治疗

对急性病例往往来不及治疗。对病程较长的病羊可注射羊肠毒血症免疫血清（D 型魏氏梭菌抗毒素）30 毫升或应用磺胺脒素等抗菌药物，同时配合对症治疗，能治愈部分羊只。

（三）预防

搞好平时的卫生防疫工作。预防接种可用羊快疫、猝狙、肠毒血症三联苗或羊快疫、猝狙、肠毒血症、羔羊痢疾、黑疫五联苗。

二十二、羊 猝 狙

羊猝狙是由 C 型魏氏梭菌（革兰氏染色阳性细菌）引起的一种急性传染病。

（一）诊断要点

1. 流行特点 本病以 1～2 岁的绵羊发病较多。常见于低注、沼泽地区。多发生于冬、春季节。羊只采食了被病原菌污染的饲草和饮水进入消化道后，病菌繁殖，产生毒素并进入血液，引起毒血症。

2. 症状　病程短促，常未见到症状羊即突然死亡。有时发现病羊掉群，卧地，不安，衰弱和痉挛，在数小时内死亡。

3. 尸体解剖变化　十二指肠和空肠黏膜严重充血、糜烂，有的肠段还可见到大小不等的溃疡；胸腔、腹腔和心包积液，暴露于空气后可形成纤维素絮块，浆膜上有小点出血。

4. 确诊　须作病原学和小肠内容物毒素的检查。

（二）防制

可参照羊快疫和肠毒血症的的防治措施进行。

二十三、羊 黑 疫

羊黑疫又称传染性坏死性肝炎，是由 B 型诺维氏梭菌（革兰氏染色阳性细菌）引起的一种急性、高度致死性传染病。

（一）诊断要点

1. 流行特点　绵羊和山羊均可感染发病；以 2～4 岁的绵羊发病最多。本病主要在春夏发生于肝片吸虫流行的低洼潮湿地区。羊只采食被病菌污染的饲料后，病菌经肠壁进入肝脏后迅速生长繁殖，产生毒素并进入血液，引起毒血症。

2. 症状　与羊肠毒血症、羊快疫等极其类似，病程急促，绝大多数病例表现突然死亡，少数病例可延至 1～3 天。病羊掉群，食欲废绝，精神沉郁，体温升高，呼吸困难，最后呈昏睡俯卧姿势直到死亡。

3. 尸体解剖变化　病羊尸体皮下静脉显著充血，使其皮肤呈暗黑色外观，黑疫之名即由此而来。肝脏充血肿胀，有数目不等的灰黄色坏死病灶，界限明显，为不整圆形，周围常为一鲜红

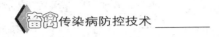

色的充血带围绕，坏死灶直径可达 2～3 厘米，切面呈半圆形。胸腔、腹腔、心包积液，暴露于空气易于凝固；心内膜下出血。

4. 确诊 须作病原学和毒素检查。

(二) 治疗

由于病程短促，病羊常来不及治疗。对病情稍缓的病羊可用抗诺维氏梭菌血清 50 毫升 （每毫升含 7 500 国际单位）或青霉素治疗。

(三) 预防

搞好平时的卫生防疫工作，控制肝片吸虫的感染。预防接种可用羊快疫、猝狙、肠毒血症、羔羊痢疾、黑疫五联苗或羊快疫、黑疫二联苗。

二十四、羔羊痢疾

羔羊痢疾是由 B 型魏氏梭菌 （革兰氏染色阳性细菌）引起的初生羔羊的一种急性传染病。

(一) 诊断要点

1. 流行特点 主要危害 7 日龄以内的羔羊，其中又以 2～3 日龄发病最多，7 日龄以上的很少发病。当母羊怀孕期营养不良、羔羊体质瘦弱、气候寒冷和气候突变时，发病最为严重。外来纯种羊的发病率和死亡率比本地羊高。病菌可以通过羔羊吮乳、羊的粪便进入羔羊消化道，在外界不良诱因的影响下，羔羊抵抗力减弱，病菌在小肠里大量繁殖，产生毒素，引起发病。

2. 症状 病羔精神萎顿，不想吃奶，腹泻，粪便为面糊状或水样，颜色呈黄绿或黄白、灰白色，恶臭，后期还混有血液，甚至排血便。若不及时治疗，病羊虚弱，卧地不起，常在 1～2

天内死亡。有的病羔则腹胀而不下痢，或只排少量稀粪或血便，其主要表现是神经症状，四肢瘫软，卧地不起，呼吸急促，口流白沫，最后昏迷，头向后仰，体温降至常温以下，常在十几小时内死亡。

3. 尸体解剖变化　小肠（特别是回肠）黏膜充血发红，有数量不等的直径为 1～2 毫米的溃疡，溃疡周围有一出血带环绕，肠内容物呈血色；肠系膜淋巴结充血、肿胀，间或出血；心包积液。

4. 确诊　须作病原学和毒素的检查。

（二）治疗

（1）可应用抗羔羊痢疾高免血清 3～10 毫升（预防量为 1 毫升）治疗。

（2）抗菌消炎可用土霉素、磺胺胍等。

（3）根据病情适时进行对症治疗，如强心、补液、收敛、止痛等。

（4）中药治疗病初灌服增减承气汤 20～30 毫升，6～8 小时后改服增减乌梅汤，每次 30 毫升，每日 1～2 次。对已下痢的病羊，一开始即可灌服增减乌梅汤。增减承气汤：大黄、酒黄芩、焦栀、枳实、厚朴、青皮、甘草各 6 克，芒硝 15 克。将前七味药研碎，加水 400 毫升，煎汤 150 毫升，再加入芒硝。增减乌梅汤：乌梅（去核）、炒黄连、黄芩、郁金、炙甘草、猪苓各 10 克，柯子肉、焦山楂、神曲各 12 克，泽泻 8 克，干柿饼（切碎）1 个。将上药研碎，加水 400 毫升，煎汤 150 毫升，红糖 50 克为引。

（三）预防

搞好平时的卫生防疫工作。预防接种可用羊快疫、猝疽、肠毒血症、羔羊痢疾、黑疫五联苗或羔羊痢疾菌苗。

二十五、羊链球菌病

羊链球菌病是由羊溶血性链球菌（革兰氏染色阳性细菌）引起的一种急性、热性传染病。

（一）诊断要点

1. 流行特点 各种年龄的羊均可感染发病。冬春季多发。感染途径主要是呼吸道和皮肤伤口。

2. 症状 病羊精神沉郁，体温升高达41℃以上，食欲减退或废绝；流泪，结膜充血，有脓性分泌物流出；鼻流浆液性或黏液脓性鼻液，呼吸急促而困难，心跳增快；流涎，并混有泡沫，咽喉肿胀，颌下淋巴结肿大，有时舌肿胀，粪便松软，混有黏液和血液。有的病羊眼睑、唇、颊肿胀。临死前磨牙、呻吟、抽搐。

3. 尸体解剖变化 各个脏器都广泛出血，淋巴结出血、肿大；鼻腔、咽喉、气管黏膜出血；肺有水肿、气肿和出血；胸腔、腹腔及心包积液，腹腔器官的浆膜面都附有黏稠可拔成丝状的纤维素性渗出液；肝、脾肿大，胆囊肿大2~4倍；心内膜、心外膜有出血点。

4. 确诊 须作病原学检查。

（二）治疗

（1）早期可应用青霉素和磺胺类药物。
（2）根据病情适时进行对症治疗。

（三）预防

搞好平时的卫生防疫工作。预防接种可用羊链球菌氢氧化铝甲醛菌苗。

二十六、羊假结核棒状杆菌病

羊假结核棒状杆菌病是由假结核棒状杆菌（革兰氏染色阳性细菌）引起羊化脓性－干酪性淋巴结炎为特征的一种传染病。

（一）诊断要点

1. 流行特点 各种羊均可感染发病。感染途径主要是皮肤伤口，有的可能因摄食污染的饲料而传染。

2. 症状

（1）绵羊 不见羔羊发病，随着年龄增长，发病增多，病情加重。起初感染局部发生炎症，后来波及邻近淋巴结，淋巴结慢慢增大和化脓，以肩前、股前淋巴结较常见，脓汁初稀，渐变为牙膏样、干酪样，切面常呈同心轮层状，一般没有明显的全身症状。当体内淋巴结或内脏受到波及时，病羊表现逐渐消瘦、衰弱、咳嗽、呼吸困难，最后死亡。

（2）乳山羊 受侵害的淋巴结以头部和颈部的淋巴结多见，肩前、股前、乳房等淋巴结较少；淋巴结脓肿可自行破溃、结疤，有的形成瘘管。老病灶由于钙盐沉着，呈灰沙样。

（3）山羊羔 常发生于肩前淋巴结，不化脓破溃，切开后流出乳白色黏性液。

3. 确诊 须作病原学和血清学检查。

（二）治疗

本菌对青霉素高度敏感，但因脓肿有厚包囊，疗效不好。

（三）预防

搞好平时的卫生防疫工作。皮肤的伤口应及时治疗。对有此病的羊群剪毛时应将健康羊和体表淋巴结肿胀的羊分开剪毛，注

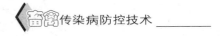
意剪毛剪的消毒。

二十七、山羊传染性胸膜肺炎

山羊传染性胸膜肺炎俗称"烂肺病",是由丝状支原体(革兰氏染色阴性)引起的一种山羊特有的接触性传染病。

(一)诊断要点

1. 流行特点　在自然条件下,本病只发生于山羊,3岁以下的山羊最易感染。主要见于冬、春季节和炎热潮湿的雨季。传播迅速,发病后,在一群羊中传播只需要20天左右就可波及全群。感染途径是呼吸道。

2. 症状

(1)最急性型　病羊体温升高可达41℃以上,精神沉郁,食欲废绝;咳嗽,呼吸困难,鼻孔流出浆液性带血的鼻液;可视黏膜潮红或发绀;肺部听诊肺泡音减弱,消失,有捻发音,胸部叩诊呈半浊音或浊音。最后病羊卧地不起,呼吸极度困难,呻吟哀鸣,不久窒息死亡。病程在5天以内。

(2)急性型　病羊体温升高,食欲减退或废绝,咳嗽,鼻液初为浆液性,后转为黏液脓性并呈铁锈色,黏附于鼻孔和上唇,结成干固的棕色痂垢,肺部听诊呈支气管呼吸音和胸膜摩擦音,按压胸壁表现敏感、疼痛,叩诊有大面积浊音区;呼吸困难;眼睑肿胀,流泪或有黏液脓性分泌物;孕羊发生流产。有的病羊还发生臌气和腹泻,口腔溃烂,唇、乳房等部皮肤发疹。病程7～15天。

(3)慢性型　多由急性转来,病羊表现身体衰弱,被毛粗乱无光,间有咳嗽和腹泻,鼻液时有时无。

3. 尸体解剖变化　肺脏肝变区由红色至灰色不等,切面呈大理石样;胸膜变厚而粗糙,上有黄白色纤维素层附着,直至肺胸膜与肋胸膜、心包发生粘连；支气管淋巴结和纵隔淋巴结肿大，切面多汁并有出血点；心包积液，心肌松弛、变软。慢性者肺肝变区机化，或有包囊化的坏死灶。

4. 确诊　须作病原学和血清学检查。

（二）治疗

（1）可用"914"（新胂凡纳明），5月龄以下羔羊用 0.1～0.15 克，5月龄以上的羊用 0.2～0.25 克，用生理盐水稀释成 5% 溶液，一次静脉注射，必要时间隔 4～9 天再注射一次。

（2）也可用土霉素或磺胺类药物等进行治疗。

（3）根据病情适时进行对症治疗。

（三）预防

搞好平时的卫生防疫工作。预防接种可用山羊传染性胸膜肺炎氢氧化铝菌苗。

二十八、羊衣原体病

衣原体病是由鹦鹉热亲衣原体引起家畜、家禽的一种传染病。

（一）诊断要点

1. 流行特点　各种年龄的羊均可感染，在密集拥挤的环境可促进本病的发生。

2. 症状

（1）流产型（又称羊地方性流产）　怀孕母羊发生流产、死产或产弱羔，流产发生在怀孕中后期，但以怀孕最后 1 个月为常见。分娩后胎衣停滞，子宫排出物持续数天，病羊体温升高。羊群第一次发生本病时，流产率可达 20% 以上，以后则减少到 5%

左右。

（2）关节炎型（又称羊多发性关节炎）　主要发生于 3～8 月龄羔羊。病羊体温升高达 39.5℃以上，精神不振，食欲减退或废绝，离群独处，不愿走动，关节僵硬，跛行；发生滤泡性结膜炎。发病率一般达 30％，严重者可达 80％以上。

（3）结膜炎型（又称滤泡性结膜炎）　主要发生于绵羊，尤其是哺乳羔羊和肥育羔羊。病羊的一眼或双眼的结膜充血、水肿、流泪；角膜混浊，血管翳，糜烂，溃疡和穿孔；在瞬膜和眼结膜上有直径 1～10 毫米的淋巴样滤泡。有的病羊还发生关节炎。发病率可达 90％。

3. 尸体解剖变化

（1）流产型　流产母羊胎膜水肿，血染，子叶呈黑红至黏土色。流产胎儿水肿，腹腔积液，气管有淤血点。

（2）关节炎型　关节周围充血、水肿，关节和腱鞘的滑液增量、混浊，内杂有纤维素絮片。

4. 确诊　须作病原学和血清学检查。

（二）治疗

可用四环素、强力霉素等进行治疗。结膜炎病羊可用 0.5％ 土霉素眼膏点眼。

（三）预防

搞好平时的卫生防疫工作。羊地方流行性流产的预防接种可用羊衣原体鸡胚卵黄囊福尔马林灭活佐剂苗，用于母羊首次配种之前，一次注射可获三胎甚至终生免疫力。

第九章　家禽的传染病

一、禽流感

禽流感（Avian Influenza，AI）就是禽流行性感冒，是由 A 型流感病毒引起的禽类传染病。

A 型禽流感病毒在人和动物中广泛分布，常以流行形式出现。根据 HA 和 NA 的抗原特性将 A 型流感病毒分成若干亚型，目前已经发现 15 种特异的 HA 亚型，新的亚型出现则可引起世界性流感大流行。根据临床表现可分为两大类：高致病性禽流感（HPAI）和低致病性禽流感（LPAI）。高致病性禽流感是将 A 型流感病毒中某些高致病力亚型（H5 和 H7）引起的一种急性、高度致死性传染病，旧称真性鸡瘟或欧洲鸡瘟。世界动物卫生组织将其列为 A 类疫病。我国将其列为一类疫病。

（一）诊断要点

1. 流行病学　病禽是主要传染源，野生水禽是自然界流感病毒的主要带毒者，鸟类也是重要的传播者。

传播途径主要经消化道传播，也可通过伤口、呼吸道、眼结膜传染。垂直传播的证据很少，但有证据表明实验感染鸡的蛋中有禽流感病毒存在。因此，不能完全排除垂直传播的可能性。

2. 临床症状　禽流感潜伏期从几小时到几天不等，其长短与病毒的致病性、感染病毒的剂量、感染途径和被感染禽的品种有关。一般为 3～5 天。《陆生动物卫生法典》规定为 21 天。

　　临床症状依感染禽类的品种、年龄、性别、并发感染程度、病毒毒力和环境因素等而异。可表现为呼吸道、消化道、生殖系统、神经系统异常等其中一组或多组症状。如病鸡精神沉郁、减食及消瘦；蛋鸡产蛋量下降或停止；轻度到严重的呼吸道症状，包括咳嗽、打喷嚏、啰音和大量流泪；头部和脸部水肿，无毛皮肤发绀；神经紊乱；排黄白、黄绿或绿色稀粪（图41、图42）。隐性感染不表现任何症状。

图41　患禽流感病鸡精神萎顿

图42　患禽流感病鸡冠、肉髯发紫、水肿

　　有时疾病暴发很迅速，在没有明显症状时就已发现鸡死亡（图43）。发病率和死亡率与临床症状一样差异很大，取决于禽类种别和毒株以及年龄、环境和并发感染等，通常表现高发病率和低死亡率，但高致病力病毒感染时，发病率和死亡率均可达100%。

图43 高致病性禽流感患鸡大批死亡

3. 病理剖解变化 病变可能还伴有窦肿胀的头部水肿及肉髯极度肿胀并伴有眶周水肿，脚趾肿胀，并有淤斑性变色。内脏病变包括各种浆膜和黏膜表面的小出血点，特别是腺胃黏膜可见点状或片状出血，腺胃与食道交界处、腺胃与肌胃交界处有出血带或溃疡。气管黏膜可能水肿，并伴有浆液性到干酪样不等的渗出物。气囊可能增厚并有纤维素性或干酪样渗出物，可能有卡他性到纤维素性腹膜炎和"卵黄性腹膜炎"。

（二）防制

1. 预防 发生疫情的地区，可使用相对应亚型的灭活疫苗免疫接种进行预防。严禁从存在该病的国家或地区引进各种禽类动物。

2. 处理 发现可疑病禽应立即上报疫情，按《动物防疫法》及其有关规定，采取紧急、强制性的控制和扑灭措施，扑杀所有病禽和同群禽，并做无害化处理，禽舍、饲养管理用具等进行严格消毒，污水、污物、粪便无害化处理，对疫区、受威胁区的所有禽实施紧急免疫接种。

二、鸡新城疫

鸡新城疫又称亚洲鸡瘟、伪鸡瘟和鸡肺脑炎，民间俗称"鸡瘟"，是由鸡新城疫病毒引起的一种主要侵害鸡和火鸡的急性、高度接触性传染病。

(一)诊断要点

1. 流行特点 鸡、火鸡、珍珠鸡、野鸡、鹌鹑对本病都有易感性，其中鸡、火鸡、野鸡易感性最高。此外鸽、麻雀、老鹰、乌鸦、燕八哥、猫头鹰、孔雀、鹦鹉、燕子等都可感染发病。幼雏和中雏比2岁以上的老鸡感受性高。本病一年四季均可发生，但以春秋两季较多。感染途径是呼吸道和消化道，创伤及交配也可引起传染。

2. 症状 最早的病例见于2日龄的幼雏。

(1)**最急性型** 多见于流行初期和雏鸡。突然发病，常无特征性症状而迅速死亡。

(2)**急性型** 病鸡体温升高达43℃以上，精神沉郁，垂头缩颈，翅膀下垂，眼半开或全闭，状似昏睡，鸡冠及肉髯渐变暗红色或暗紫色，食欲减退或废绝。咳嗽、呼吸困难，有黏液性鼻液，伸头、张口呼吸，并发出"咯咯"的喘鸣声。口角常流多量黏液，嗉囊内充满液体内容物，倒提时有大量酸臭液体从口内流出；粪便稀薄，呈黄绿色或黄白色，后期排出蛋清样排泄物。有的病鸡还出现神经症状，如翅、腿麻痹等，最后在昏迷中死亡，病程2～5天。

(3)**亚急性和慢性型** 病鸡初期症状与急性型相似，不久后渐见减轻，但同时出现神经症状，病鸡跛行、站立不稳，翅、腿麻痹，头颈向后或向一侧扭转，常伏地旋转，动作失调，反复发作，最终瘫痪或半瘫痪，一般经 10～20 天死亡。

3. 尸体解剖变化　口腔中积有灰白色黏液，嗉囊空虚但有较多黏液或带有酸臭味的液体；腺胃黏膜水肿，其乳头或乳头尖有鲜明的出血点，或有溃疡和坏死；肌胃角质下常见有出血点；由小肠到盲肠和直肠黏膜有大小不等的出血点，肠黏膜上有纤维素性坏死性病变或溃疡；盲肠扁桃体肿大、出血和坏死。气管出血或坏死；脑膜充血或出血。

4. 确诊　须作病原学和血清学检查。

（二）治疗

目前尚无有效的治疗药物。高免血清对早期病例有一定疗效，治疗量为每千克体重静脉注射或肌肉注射 2～4 毫升。

（三）预防

搞好平时的卫生防疫工作。预防接种可用鸡新城疫弱毒疫苗、鸡新城疫油乳剂灭活苗，按鸡传染病的免疫程序进行。

三、鸡马立克氏病

鸡马立克氏病是由马立克氏病疱疹病毒引起的一种淋巴组织增生性疾病。

（一）诊断要点

1. 流行特点　本病主要发生于鸡，尤其是对集约化程度高的鸡群威胁性更大，火鸡、野鸡、鹌鹑、高地鹅、鸭的病例少见。年龄小的鸡较年龄大的鸡易感染，特别是 1 日龄雏鸡的易感性比任何日龄的鸡都高。多数病鸡是在 2～5 月龄时出现症状，而急性病例则在3～4周龄时就会出现症状。感染途径主要是消化道和呼吸道。

2. 症状

（1）神经型（古典型）　由于鸡被侵害的神经部位不同，其症状各有不同。当坐骨神经受侵害时，引起单侧性或双侧性麻痹，一个非常典型的姿势是病鸡一只腿向前伸，另一只腿向后伸，即俗称"劈叉"姿势，严重者则卧地不起（图44）；当臂神经受侵害时，表现翅膀下垂；当支配颈肌的神经受侵害时，则出现低头、歪颈；当迷走神经受侵害时，可引起失声、嗉囊扩张、呼吸困难等。

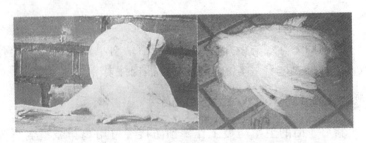

图44　马立克氏病患鸡翅下垂、前后腿呈"劈叉"姿势

（2）急性型（内脏型）　主要是幼龄鸡，表现精神委顿，不吃，病程较短，突然死亡。

（3）眼型　病鸡一眼或两眼发病，轻者对光反应迟钝，重者失明。虹膜正常色素消失，呈锯齿状乃至弥漫的灰白色，故俗称"白眼病"、"灰眼病"、"银眼病"。

（4）皮肤型　病鸡毛囊出现小结节或脂状物，初见于颈部皮肤及两翅，以后可蔓延到其他部位皮肤。

3. 尸体解剖变化

（1）神经型　受侵害的神经（坐骨神经、臂神经、腹腔神经丛、内脏大神经）肿大变粗，比正常粗2～3倍以上，黄白色或灰白色。

（2）内脏型　内脏器官（卵巢、肾、脾、肝、心、肺、胰、腺胃、肠道等）及肌肉可发现单个或多个淋巴性肿瘤块，呈灰白色，质地坚硬而致密；有的肿瘤在组织中弥漫性增长，整个器官变大，灰白色的肿瘤组织与原有组织的色彩相间存在，成为大理石状斑纹。

（3）皮肤型　皮肤上可发现灰白色的结节或瘤状物，有时呈淡褐色的痂皮。

4. 确诊　须作病原学和血清学检查。

（二）治疗

目前尚无特效药物治疗。

（三）预防

搞好平时的卫生防疫工作。预防接种可用火鸡疱疹病毒HVT‐126 冻干苗、鸡马立克氏病"814"弱毒疫苗、鸡马立克氏 2 价油佐剂灭活疫苗，按鸡传染病免疫程序进行。

四、鸡传染性法氏囊病

鸡传染性法氏囊病又称鸡传染性腔上囊病和冈博罗病，是由传染性法氏囊病病毒引起的一种以破坏法氏囊和淋巴组织的高度接触性传染病。

（一）诊断要点

1. 流行特点　主要发生于 2～15 周龄的鸡，其中 4～6 周龄的鸡最易感染，而 1～14 日龄的幼雏感染时很少出现临床症状。感染途径主要是消化道，还可通过鸡蛋传递。小粉甲虫蚴是本病的传播媒介。

2. 症状　雏鸡群突然大批发病，2～3 天内可波及大部分雏鸡，病初可发现有些鸡啄自已的肛门，随着可见病鸡羽毛蓬松，精神萎顿，畏寒厌食（图45）；排浅白色或黄白色水样稀粪，粪中混有白色尿酸盐，有的病雏头、颈、身躯震颤。

图 45　患传染性法氏囊病鸡精神萎顿、羽毛蓬乱、严重者呈昏睡状态

3. 尸体解剖变化　法氏囊肿大或萎缩。肿大时，法氏囊肿胀达樱桃大，甚至有核桃大，在浆膜面覆盖有黄色胶状物，表面有镍铬合金色条纹。萎缩时，体积缩小，呈灰白色或蜡黄色，触之坚韧；切开后黏膜皱褶混浊不清，有黏液性分泌物和黄色栓塞物。法氏囊常有坏死灶。

4. 确诊　须作病原学和血清学检查。

（二）治疗

在病的早期可用鸡传染性法氏囊卵黄抗体及高免血清进行治疗。

鸡传染性法氏囊卵黄抗体（蛋黄匀浆）的制备：选择健康商品鸡群或曾发生过法氏囊病的蛋鸡群，经常规两次免疫后，在产蛋前用法氏囊组织油乳剂灭活苗2毫升，二次肌肉注射。15天后抽取蛋样作琼脂扩散法检测卵黄液抗体效价，达到1∶32以上时留蛋。提取卵黄搅匀，于卵黄内加入等量灭菌生理盐水，三层纱布过滤，然后按每毫升卵黄液加入青霉素和链霉素各1 000国际单位及0.01%硫柳汞混合，分装、冰冻保存备用。治疗量按每千克体重肌肉注射 1 毫升，紧急预防量减半。

（三）预防

搞好平时的卫生防疫工作。预防接种可用鸡传染性法氏囊病弱毒冻干苗和鸡传染性法氏囊病油乳剂灭活苗，按鸡传染病的免疫程序进行。

五、鸡传染性喉气管炎

鸡传染性喉气管炎是由鸡传染性喉气管炎病毒引起的一种急性、接触性呼吸道传染病。

（一）诊断要点

1. 流行特点　各种年龄的鸡、野鸡、幼火鸡均可感染发病，但以成年鸡的症状最为特征。感染途径主要是呼吸道和眼结膜。

2. 症状　突然发生，在鸡群中迅速传播。病鸡突出的症状就是呼吸困难和咳嗽、常呈伏卧姿势，呼吸困难的鸡可见伸颈张口吸气、低头缩颈呼气，并伴有罗音和喘鸣音（图 46）；咳嗽，常咳出带血的黏液性分泌物或血凝块；检查口腔，可见喉部黏膜

图 46　患传染性喉气管炎病鸡喘气、呈张口呼吸

上附着有黄色或带血的浓稠黏液性分泌物或干酪样渗出物。产蛋鸡产蛋量下降，流泪，结膜发炎

3. 剖解变化 喉部和气管的黏膜肿胀、充血、出血，甚至坏死有带血的黏液性分泌物或干酪样渗出物；部分病例可见到支气管和肺的炎症变化。

4. 确诊 须作病原学和血清学检查。

（二）治疗

在病初可用高免血清治疗。除加强饲养管理和搞好消毒工作外，根据情况给予抗生素等药物，如链霉素、氟哌酸，以防止细菌性疾病的继发性感染，并配合对症治疗，可达到减短病程，减少死亡的目的。

（三）预防

搞好平时的卫生防疫工作。预防接种可用鸡传染性喉气管炎弱毒疫苗。

六、鸡传染性支气管炎

鸡传染性支气管炎是由鸡传染性支气管炎病毒引起鸡的一种急性、高度接触性传染病。

（一）诊断要点

1. 流行特点 各种年龄的鸡均可感染发病，但雏鸡最为严重。一年四季均可发生。感染途径是呼吸道和消化道。

2. 症状

（1）以呼吸道症状为主的传染性支气管炎 雏鸡发生在5周龄以内，病雏精神沉郁，食欲废绝，呼吸困难，可见病雏伸颈、张口呼吸，打喷嚏、咳嗽，可听到罗音，最后窒息而死。产蛋鸡

则产蛋下降，见有软壳蛋、畸形蛋或粗壳蛋，蛋清稀薄如水样，蛋黄与蛋清分离。

（2）以肾病变为主的传染性支气管炎　20～30 日龄鸡是本病的高发阶段，引起肾炎、肠炎，病鸡下痢，但呼吸道症状不明显或呈一过性。40 日龄以后的鸡发病比较少。

3. 尸体解剖变化

（1）以呼吸道症状为主的病死鸡：鼻道、窦内和气管内有浆液性、黏液性或干酪样渗出物；气管和支气管内可发现淡黄色干酪样物质形成的栓塞；有的可见到肺炎灶；气囊混浊、囊腔内见有黄色干酪样渗出物。产蛋鸡可见卵黄性腹膜炎，卵子充血、出血或变形。

（2）以肾病变为主的病死鸡：肾脏明显肿大、色淡，有尿酸盐沉着，肾脏外观呈花斑状；输尿管扩张，管内有尿酸盐。

4. 确诊　须作病原学和血清学检查。

（二）治疗

目前尚无有效的治疗方法。应用广谱抗生素以控制感染，可减少死亡。

（三）预防

搞好平时的卫生防疫工作。预防接种可应用鸡传染性支气管炎弱毒（H120，H52）疫苗、鸡传染性支气管炎油乳剂灭活苗和鸡新城疫、鸡传染性支气管炎二联油乳剂苗，以及鸡传染性支气管炎、鸡传染性法氏囊病、鸡新城疫三联油乳剂苗，按鸡传染病免疫程序进行。

七、鸡　　痘

鸡痘是由鸡痘病毒引起鸡的一种急性、高度接触性传染病。

（一）诊断要点

1. 流行特点　主要发生于鸡，火鸡、野鸡和其他鸟类也可感染发病，鸭、鹅偶尔也有发生。各种年龄的鸡均可感染，但以雏鸡和幼鸡最常发病。感染途径主要是损伤的皮肤和黏膜，蚊子和体表寄生虫可传播本病。一年四季均可发生，但以春、秋两季和蚊子活动季节最易流行。

2. 症状

（1）皮肤型　病鸡以头部的冠、肉髯、喙角、眼皮和耳球的皮肤上，有时在腿、脚、泄殖腔和翅内侧的皮肤上形成一种特殊的痘疹为特征（图47、图48）。病初在上述部位出现轻度隆起的微红色小斑点，迅速长成灰白色小结节，逐渐增大如豌豆大并变为灰黄色，表面凸凹不平，呈干而硬的结节，内含有黄脂状糊块。痘疹少时只有几个，多时可密布头部，并相互融合形成大的痘疹，致使眼缝完全闭合，影响采食，痘痂经3～4周逐渐脱落。病重的小鸡还表现精神不振、食欲消失等症状；产蛋鸡则产蛋减少或停止。

图47　患鸡痘病鸡冠上痘疹

（2）黏膜型（白喉型）　多发生于雏鸡和幼鸡。在口腔和咽喉部的黏膜上发生痘疹，初呈圆形黄色斑点，逐渐扩散形成一层黄白色干酪样假膜，故又称鸡白喉，假膜不易剥脱。有些病鸡发生结膜炎和鼻炎，眼和鼻孔流出浆液性、黏液性或脓性分泌物。

图 48　患鸡痘病鸡眼睑、鼻孔周围有痘疹

（3）混合型　病鸡皮肤和口腔、咽喉部的黏膜上都发生痘疹，病情较为严重，病死率也较高。

3. 尸体解剖变化　病理变化与临床所见相同，但口、咽喉黏膜的病变有的可蔓延到气管、食道和肠。

（二）治疗

目前尚无特效的药物治疗。一般只进行对症治疗，以减轻症状和防止破溃感染，如皮肤上的痘疹用镊子剥离后，伤口涂碘酊；而口腔、咽喉黏膜上的假膜用镊子剥离后，涂碘甘油；眼部肿胀的病鸡，可挤出里面的干酪样物质，用 2% 硼酸水冲洗干净，再滴入 5% 蛋白银溶液。

（三）预防

搞好平时的卫生防疫工作。预防接种可用鸡痘鹌鹑化弱毒疫苗、鸡痘鹌鹑化弱毒甘油苗、鸡痘鹌鹑化弱毒细胞苗、鸽痘源鸡痘蛋白明胶弱毒疫苗，按鸡传染病免疫程序进行。

八、鸡产蛋减少综合征

鸡产蛋减少综合征又称鸡减蛋综合征或鸡产蛋下降综合

征（简称 EDS—76），是由腺病毒引起的以产蛋下降及产软壳蛋、薄壳蛋、无壳蛋、褪色蛋和畸形蛋为特征的一种鸡的传染病。

（一）诊断要点

1. 流行特点 仅侵害禽类，鸡对本病最易感，尤以 25～35 周龄的鸡更为明显，但鸭、鹅、雉、珠鸡、火鸡中广泛存在该病毒的抗体。鹌鹑可排出病毒。本病以产褐壳蛋的鸡多发，而产白壳蛋的鸡较少发生。本病主要经卵垂直传播（经卵传播胚胎感染），种公鸡的精液也可传播病毒。

2. 症状 幼龄鸡感染不表现临床症状，体内也查不到抗体（只有当鸡性成熟时体内病毒才开始活化，才能测到抗体）。成年鸡发病同样无明显的临床症状（精神、采食和饮水均无明显变化），只是感染鸡群以突然发生群体性产蛋下降为特征，产蛋率可下降 20%～30%，甚至可达 40%～50%；此外所产的蛋变化是多种多样的，有软壳蛋、薄壳蛋、无壳蛋、各种形状的畸形蛋，蛋壳的颜色由褐色变为浅白色或粉皮蛋，蛋白稀薄如水样，卵黄与蛋清分离；种蛋的孵化率降低。产蛋下降可持续 4～8 周，10 周后开始好转，鸡群产蛋水平可接近原有水平，鸡蛋的颜色、形状、质量均恢复正常。鸡群发病过程中很少因此病死亡。

3. 确诊 须作病原学和血清学检查。

（二）治疗

目前尚无有效的治疗方法。

（三）预防

搞好平时的卫生防疫工作。预防接种可用鸡减蛋综合征氢氧化铝胶灭活苗或鸡减蛋综合征双相油乳剂灭活苗。

九、鸡病毒性关节炎

鸡病毒性关节炎又称传染性腱鞘炎、病毒性腱鞘炎或呼肠孤病毒性败血症，是由呼肠孤病毒属中的传染性关节炎病毒引起的一种传染病。

（一）诊断要点

1. 流行特点　主要发生于肉鸡，其次是蛋鸡和火鸡。1日龄雏鸡最易感染，随着日龄的增加易感性降低，感染后出现临床症状的病鸡多是2～7周龄的鸡。感染途径主要是呼吸道和消化道，亦能经卵垂直传播。

2. 症状

（1）腱鞘炎型　病鸡食欲减退，步态不稳，继而出现跛行或单腿跳跃，足部、胫腱鞘及跖、跗关节肿胀，病鸡以膝着地，部分病鸡的腓肠肌腱断裂。

（2）败血型　病鸡精神不振，体温升高，食欲减退或废绝，全身发绀及脱水，鸡冠呈紫色或深紫色，最后死亡。

3. 尸体解剖变化　跖屈肌腱和跖伸肌腱肿胀，腱鞘水肿；跗关节内常有黄色或血样渗出物或脓性分泌物。慢性病例为腱鞘硬化和粘连，关节软骨上有凹陷的溃烂等变化。败血型的主要病变是全身发绀、充血、出血、腹膜炎等。

4. 确诊　须作病原学和血清学检查。

（二）治疗

目前尚无有效的药物治疗，常用抗生素防止继发感染。

（三）预防

搞好平时的卫生防疫工作。预防接种可用禽呼肠孤病毒性关

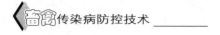

节炎弱毒 1 号活毒冻干苗、禽呼肠孤病毒性关节炎弱毒 Ⅰ、Ⅱ 号活毒冻干苗和禽呼肠孤病毒性关节炎灭活苗。

十、鸡传染性贫血

鸡传染性贫血是由鸡传染性贫血病病毒引起雏鸡再生障碍性贫血、全身淋巴组织萎缩、皮下和肌肉出血为特征的一种传染病。

(一)诊断要点

1. 流行特点　肉鸡比蛋鸡易感，公鸡较母鸡易感，1～7 日龄鸡最易感染，并随鸡只日龄的增长，其易感性、发病率、死亡率逐渐降低，感染后出现临床症状的病鸡多是 2～3 周龄的鸡。该病的主要传播方式是经卵垂直感染。

2. 症状　病雏羽毛蓬松，精神不振，冠、髯苍白，瘦弱，后期可见腹泻。血液学检查，病鸡血液稀薄，色淡红，血液凝固时间延长，血细胞压积明显降低，红细胞数量显著减少，血红蛋白量低。

3. 尸体解剖变化　消瘦、肌肉苍白；骨髓呈淡黄色；胸腺、法氏囊萎缩；肝脏肿大，呈淡黄色。

4. 确诊　须作病原学和血清学检查。

(二)治疗

目前尚无特效药物治疗。

(三)预防

搞好平时的卫生防疫工作。预防接种可用鸡传染性贫血弱毒冻干苗。

十一、禽白血病

禽白血病是由禽白血病/肉瘤病毒群中的病毒引起禽类（主要是鸡）多种肿瘤性传染病的统称，主要是淋巴白血病，其次是成红细胞白血病、成髓细胞白血病等。

（一）诊断要点

1. 流行特点　本病在自然条件下只有鸡能感染，布鲁斯氏肉瘤病毒人工接种野鸡、珠鸡、鸭、鸽、鹌鹑、火鸡，引起肿瘤的发生。该病的主要传播方式是经卵垂直传播。

2. 症状和尸体解剖变化

（1）淋巴细胞性白血病　感染后出现临床症状的病鸡是 14 周龄以上的鸡，最高出现率多集中在性成熟时。病鸡表现精神不振，食欲减退或废绝，消瘦，虚弱，鸡冠苍白、皱缩，腹泻，腹部常增大，有时可摸到肿大的肝脏。病死鸡的肿瘤主要见于肝、脾和法氏囊，肿瘤呈结节性或弥漫性，灰白色至黄白色，大小不一。在肾、肺、心肌、性腺、骨髓和肠系膜等也可见到肿瘤。

（2）成红细胞白血病和成髓细胞白血病　比较少见。病鸡表现衰弱，嗜睡，消瘦，下痢，毛囊出血，鸡冠苍白或发绀。血液涂片检查时，可见到早期成红细胞以及各种不成熟的红细胞（成红细胞白血病）或成髓细胞（成髓细胞白血病）。死于成红细胞白血病鸡的骨髓的变化有两种，第一种是骨髓极柔软或水样，呈暗红色或樱桃红色，并伴有肝、脾、肾的弥漫性肿大，呈暗红色，质地柔软，易碎；第二种是骨髓色淡，胶冻样，并伴有脾和其他内脏萎缩。死于成髓细胞白血病鸡的骨髓坚实，呈红灰色至灰色，肝、脾、肾有灰色弥漫性肿瘤结节。

3. 确诊　除血液学检查外，还须作病理组织学、病原学和血清学检查。

（二）防制

目前本病尚无切实可行的治疗方法，也没有有效的疫苗。因此在没有本病的地区和鸡场要搞好平时的卫生防疫工作，引种时要严格检疫，严防将本病引入。有本病的地区和鸡场应培育无白血病鸡群。

十二、禽脑脊髓炎

禽脑脊髓炎又称禽传染性脑脊髓炎，是由禽传染性脑脊髓炎病毒引起的一种传染病。

（一）诊断要点

1. 流行特点　鸡为主要的易感动物，雉鸡、鹌鹑、火鸡也可感染发病。任何年龄的鸡均可感染，一般 1～2 日龄易感，7～14 日龄的雏鸡最易感染。本病的主要传播方式是经卵垂直传播，也可经消化道感染。

2. 症状　病雏呆滞或疲乏嗜睡，行走不稳，用翅膀作为支柱，向一侧或向后跌倒，或坐于跗骨上，有时可见震颤与抽搐。产蛋母鸡感染后的唯一症状是产蛋量稍减。

3. 尸体解剖变化　心室肌壁和肝切面有白斑，其他病变不明显。

4. 确诊　须作病原学、血清学和病理组织学检查。

（二）治疗

目前尚无有效的药物治疗方法。

（三）预防

搞好平时的卫生防疫工作。预防接种可用鸡传染性脑脊髓炎冻干苗、鸡传染性脑脊髓炎深冻疫苗、鸡脑脊髓炎油乳剂灭活苗。

十三、禽网状内皮组织增生病

禽网状内皮组织增生病是由网状内皮组织增生病病毒引起禽类的肿瘤性传染病。

(一)诊断要点

1. 流行特点　鸡、火鸡、鸭、鹌鹑等均可感染发病。病鸡可通过精子将病毒传给后代，也可通过交配传播。

2. 症状　病禽羽毛稀少，生长停滞，贫血，瘦弱；有的病禽还表现运动失调，肢体麻痹。

3. 尸体解剖变化　肝、脾肿大，有针尖大弥漫性浸润病变，脾常有结节，肝呈浅黄色；最急性病例的胆囊肿大，其他内脏也可见到结节，大结节中央有坏死灶；有的病例还见外周神经增粗。

4 确诊　须作病原学和血清学检查。

(二)防制

目前本病尚无切实可行的治疗方法，也没有有效的疫苗。因此应特别注意搞好平时的卫生防疫工作。

十四、鸭　　瘟

鸭瘟俗称"大头瘟"，是由鸭瘟病毒引起水禽（主要是鸭）的一种急性、热性、败血性传染病。

(一)诊断要点

1. 流行特点　本病主要发生于鸭，鹅也可以感染发病。各种年龄的鸭均可感染，其中成年鸭和产蛋母鸭发病和死亡都较严重，而1月龄以下雏鸭发病者较少。一年四季均可发生。本病的传播途径主要是消化道、呼吸道及眼结膜，亦可通过交配传播。

2. 症状 病鸭体温升高达43℃以上，呈稽留热，精神萎顿，羽毛松乱，翅下垂，食欲减退或废绝，不戏水，静卧于地或蹲于一隅，不愿走动，强行驱赶时，两翅拍地，重者伏卧；腹泻，排绿色或灰绿色稀粪，腥臭；两眼肿胀，流泪，眼睑粘着，角膜混浊；鼻流浆液性或黏液性鼻液，呼吸困难；头颈和下颌肿胀，俗称"大头瘟"，常衰竭死亡。

3. 尸体解剖变化 头颈部肿胀的病死鸭，切开此处的皮肤流出淡黄色透明液体，口腔和食道黏膜有灰黄色假膜覆盖，剥离后可见到不规则的溃疡；肌胃角质层下充血或出血，腺胃黏膜有出血斑点；肠黏膜充血、出血；泄殖腔黏膜有出血斑点和假膜，剥离假膜后可见到溃疡；肝、脾脏有点状出血和大小不等的坏死灶；心包积液，心外膜充血、出血。产蛋鸭的卵巢充血和出血。

4. 确诊 须作病原学和血清学检查。

（二）治疗

病初可肌肉注射抗鸭瘟高免血清0.5～1毫升，有一定疗效。

（三）预防

搞好平时的卫生防疫工作。预防接种可用鸭瘟鸡胚化弱毒疫苗。

十五、鸭病毒性肝炎

鸭病毒性肝炎是由鸭肝炎病毒引起的雏鸭的一种急性、致死性传染病。

（一）诊断要点

1. 流行特点　主要发生于 3～20 日龄雏鸭，5 周龄以上的鸭即不易感染。鸡和鹅不感染。本病的传播途径主要是消化道和呼吸道。

2. 症状　鸭突然发病，病程短促，常不超过几小时。病雏精神不振，不喜活动，蹲伏，眼半闭，体温升高。病鸭身体多侧卧，头扭向后背呈"背脖"状，两脚痉挛性踢蹬，有时在地上旋转，最后死亡。部分鸭死前排黄白色或绿色稀粪。1 周龄雏鸭群的死亡率可达 90％以上。

3. 尸体解剖变化　肝脏肿大，呈黄红色或花斑状，表面有出血点或出血斑；脾脏肿大，也有花斑；肾脏充血、肿大；心肌如煮肉状。

4. 确诊　须作病原学和血清学检查。

（二）治疗

初期可肌肉注射抗鸭病毒性肝炎高免血清或康复血清或鸭病毒性肝炎卵黄抗体 1 毫升（预防量为 0.5 毫升）。

（三）预防

搞好平时的卫生防疫工作。预防接种鸭病毒性肝炎弱毒冻干苗、鸭病毒性肝炎油乳剂灭活苗。也可用高免血清或康复血清或卵黄抗体肌肉注射 0.5 毫升进行预防。

鸭病毒性肝炎卵黄抗体的制备　选择健康商品蛋鸭群，给母鸭胸肌注射鸭病毒性肝炎弱毒苗 1 毫升，共两次，间隔 7～10天，产蛋前用鸭病毒性肝炎油乳剂灭活苗再肌肉注射 1 毫升。15天后抽检蛋样，经间接血凝试验或中和试验检测合格后，收集鸭蛋取出蛋黄，搅匀，用灭菌生理盐水作 1∶2（或视效价高低而定）稀释后，制成匀浆，三层纱布过滤，按每毫升加入青霉素、链霉素各 1 000 国际单位和 0.01‰ 硫柳汞，分装后冰冻保存备用。治疗量按每只雏鸭 1 毫升肌肉注射（根据鸭只大小酌情增减），预防量每只雏鸭 0.5 毫升。

免疫血清的制备　选择康复鸭无菌采血清，或经弱毒疫苗 2～3 次强化免疫肉鸭或淘汰种鸭无菌采集血清，按每毫升加青霉素、链霉素各 1 000 国际单位，经无菌检查和安全检查合格后分装，冰冻保存备用，治疗量按每只雏鸭 1 毫升（根据鸭只大小酌情增减），预防量每只雏鸭 0.5 毫升。

十六、小 鹅 瘟

小鹅瘟是由小鹅瘟病毒引起雏鹅的一种急性或亚急性的败血性传染病。

（一）诊断要点

1. 流行特点　一般仅发生于 1 月龄以下的雏鹅，而 3～20 日龄的雏鹅多发。雏鸡、雏鸭不易感。传播途径主要是消化道。

2. 症状

（1）最急性型　常发生于 1 周龄以内的雏鹅，往往无先驱症状而突然死亡或在发现精神萎顿、衰弱或倒地乱划后不久死亡。

（2）急性型　发生在 15 日龄以内的雏鹅，病雏食欲减退或废绝，精神不振，排黄白色或淡黄绿色稀粪，内混有气泡或纤维碎片，饮水增加，嗉囊松软，含有液体和气体；呼吸用力，鼻孔流浆液性分泌物，喙端和蹼色泽发暗；濒死前两腿麻痹或抽搐。

（3）亚急性型　发生于 15 日龄以上雏鹅，病程 3～7 天，病雏表现精神萎顿，不愿走动，食欲减退或废绝，拉稀，消瘦。

3. 尸体解剖变化　最急性者病变不明显，仅小肠前段黏膜充血，覆盖有淡黄色黏液，有时有出血；胆囊肿大，充满稀薄的胆汁。急性和亚急性者呈现典型的肠道病变，小肠黏膜发炎、坏死和大量渗出物，并有带状的假膜。在靠近回盲部的小肠肠段，外观极度膨大，质地坚实，长约2～5厘米，状如香肠，剖开后可见一淡灰或淡黄色的栓子将肠管塞满，栓子的中心为深褐色干燥的肠内容物。肝脏稍肿大呈土黄色，脑膜充血、出血。

4. 确诊　须作病原学和血清学检查。

（二）治疗

病初可肌肉或皮下注射抗小鹅瘟血清0.8～1毫升（预防量0.3～0.5毫升）。

（三）预防

搞好平时的卫生防疫工作。预防接种可给母鹅产蛋前15～30天注射小鹅瘟鸭胚化GD弱毒疫苗，使雏鹅获得母源抗体以抵抗小鹅瘟。孵坊的用具、设备及种蛋均要消毒。

抗小鹅瘟血清的制备：鹅胚绒尿液病毒液用生理盐水作100倍稀释，成年鹅皮下注射或肌肉注射1毫升。15天后再注射1毫升未稀释的绒尿液病毒液。10～15天后，将鹅宰杀无菌采血分离血清，加入0.5％石炭酸或0.01％硫柳汞，或每毫升中加入青霉素、链霉素各1 000国际单位，混匀后置冰箱中冰冻保存，保存期1年以上。

十七、禽巴氏杆菌病

禽巴氏杆菌病又称禽霍乱、禽出血性败血病（简称禽出败），是由多杀性巴氏杆菌引起家禽的一种传染病。

（一）诊断要点

1. 流行特点　各种年龄的鸡、鸭、鹅、火鸡、鸽等家禽均可感染发病，但以成禽多发。一年四季都可发生，特别在气候骤变时更易发生。本病经消化道、呼吸道、皮肤伤口感染。

2. 症状

(1) 最急性型　见于流行初期，禽常不见任何症状而突然死亡；或发现时，病禽表现沉郁、不安，倒地挣扎，拍翅抽搐，迅速死亡。

(2) 急性型　病禽精神沉郁，羽毛蓬松，呆立或独蹲一隅；食欲废绝，饮欲增加，腹泻，排灰白或绿色稀粪，臭，有的还混有血液；呼吸困难，严重者张口呼吸，可视黏膜发绀；口、鼻有浆液性或黏液性分泌物流出，特别是病鸭常常摇头，所以有"摇头瘟"之称，有的病禽还出现跛行。

(3) 慢性型　见于流行后期，病禽食欲不振，经常腹泻，消瘦，贫血；鼻窦肿大，呼吸作响，鼻流黏液性鼻液；肉垂肿，耳片肿胀；腿部关节或趾关节肿胀，出现跛行。

3. 尸体解剖变化　急性病死家禽的心外膜、心冠状沟脂肪有出血点；肝脏稍肿、质脆，表面散布有许多灰白色、针头大的坏死灶；肺有暗红色实变区。慢性病死的家禽，在肿胀的肉垂及关节处，切开后可见干酪样渗出物；有的还可见到肺炎、鼻炎的变化。

4. 确诊　须作病原学和血清学检查。

(二) 治疗

(1) 可应用青霉素、链霉素（鸡对链霉素比较敏感，最好不用）、土霉素、红霉素、庆大霉素、氟哌酸、恩诺沙星、喹乙醇等抗菌药物。在有条件的地区、养殖场，当禽群发病，需要应用抗菌药物时应通过药敏试验后，选择有效的抗菌药物全群给药，可获得较好的效果。在治疗过程中，剂量要足，疗程合理，当禽死亡明显减少后，再继续用药2～3天以巩固疗效防止复发。

(2) 根据病情适时进行对症治疗。

（三）预防

搞好平时的卫生防疫工作。预防接种可用禽霍乱氢氧化铝胶菌苗、禽霍乱油乳剂灭活苗、禽霍乱蜂胶灭活苗、禽霍乱冻干苗、禽霍乱 731 弱毒冻干苗。药物预防可按抗苗药物治疗量减半混入饲料中投喂，连续投喂 3～5 天。

十八、鸡白痢

鸡白痢是由鸡白痢沙门氏菌（革兰氏阴性细菌）引起的鸡和火鸡的一种传染病。

（一）诊断要点

1. 流行特点　鸡和火鸡易感，野鸡、鸭、雏鹅也可感染发病。各种年龄的鸡都可以感染发病，但主要侵害雏鸡，出壳后 5～7 天开始发病，2～3 周龄为发病高峰。一年四季均可发生，以育雏季节发病最多。本病可通过带菌卵、病菌污染卵壳而成为感染卵，以及雏鸡通过消化道、呼吸道或眼结膜感染而传播。

2. 症状

（1）雏鸡　雏鸡和雏火鸡的症状相似，最急性者在未发现症状时就已突然死亡。一般的病雏表现精神萎顿，绒羽松乱，翅膀下垂，低头缩颈，拥挤在一起，闭目嗜睡；食欲减退或废绝，嗉囊胀大，触之柔软，腹泻，排白色糊糊状粪便，肛门周围绒毛被粪便污染，有的因粪便干结封住肛门周围而影响排粪。有的病雏还有呼吸困难或肢关节肿大、跛行。

（2）成年鸡　母鸡产蛋量和受精率降低。少数鸡表现精神萎顿、腹泻、排白色稀粪，产蛋停止。

3. 尸体解剖变化　雏鸡的肝脏肿大、充血或出血；心肌、肺、肝、盲肠、肌胃有坏死灶或结节；盲肠膨大，有干酪样物堵塞肠腔。有的病雏的肺可见到黄色结节和灰色肝变。成年母鸡的病变主要是卵巢，仅有少量接近成熟的卵子，正在发育的卵子变色和变形，颜色有灰、黄灰、黄绿、灰黑色，形状有三角形、梨形、不规则等；卵子内容物稀薄如水样或米汤样或油脂状；当卵子破裂则造成卵黄性腹膜炎。公鸡的睾丸萎缩并有小脓肿。

4. 确诊 须作病原学和血清学检查。

（二）治疗

可应用庆大霉素、新霉素、氟哌酸、乙基环丙沙星等抗菌药物。此外还可应用微生物制剂如乳酸菌、促菌生、调痢生等，在应用这类制剂时应注意在用药期间和用药的前后 4～5 天禁止使用抗菌药物。

（三）预防

搞好平时的卫生防疫工作，特别是要搞好种蛋、孵化器、育雏室的消毒，搞好鸡场的净化工作。药物预防可选用上述药物混入饲料中投喂，一般投药 4～7 天可达到预防的目的。

十九、禽 伤 寒

禽伤寒是由鸡伤寒沙门氏菌（革兰氏阴性细菌）引起鸡、鸭及火鸡的急性、败血性传染病。

（一）诊断要点

1. 流行特点 主要发生于鸡，鸭、火鸡、鹌鹑、鸵鸟也可感染发病。而鹅、鸽、野鸡不易感。多发生于青年鸡和成年鸡，也可经卵传递或因蛋壳污染而使初生雏鸡感染。多发生于春、夏季节。

2. 症状 雏鸡和雏鸭的症状与鸡白痢相似。青年鸡和成年鸡表现精神沉郁，羽毛松乱，冠、肉髯苍白并皱缩，体温升高，食欲减退或废绝，排黄绿色稀粪。

3. 尸体解剖变化　鸡的肝脏肿大，呈青铜色或绿色，胆囊肿大并充满多量绿色油状胆汁；脾、肾充血肿大；肝和心肌有灰白色、粟粒大的坏死灶。雏鸭的心包膜出血，脾脏轻度肿大，肺及肠呈卡他性炎症。

4. 确诊　须作病原学和血清学检查。

（二）防制

参看鸡白痢。

二十、禽副伤寒

禽副伤寒是指由有鞭毛、能运动的各种沙门氏菌所致的禽类疾病的统称。在这些病原菌中以鼠伤寒沙门氏菌最为常见，其次是德尔俾沙门氏菌、海德堡沙门氏菌、鸭沙门氏菌等。

（一）诊断要点

1. 流行特点　各种家禽均易感染。3 周龄内的鸡、火鸡、鸭多发生。本病通过消化道感染，也可通过卵垂直传染。

2. 症状

（1）幼禽　各种幼禽的症状大致相似。最急性者往往不显任何症状突然死亡。一般病雏表现嗜睡呆立，垂头闭眼，两翅下垂，羽毛松乱震颤，食欲废绝，饮水增加，腹泻，排水样便，畏寒，拥挤在一起。病雏鸭还表现喘息，眼睑浮肿，并常突然倒地而死，故有"猝倒病"之称。

（2）成年禽　一般为慢性带菌者，多不出现症状。少数病鸭表现精神不振、腹泻。

3. 尸体解剖变化　初生雏主要病变是卵黄吸收不全和脐炎，

卵黄黏稠、色深。日龄较大的幼雏可见肝、脾、肾淤血肿大，肝脏表面有出血和灰白色坏死点；盲肠肿胀，盲肠内常有淡黄白色干酪样物；小肠黏膜充血、出血。

4. 确诊　须作病原学检查。

（二）防制

参看鸡白痢。

二十一、禽大肠杆菌病

禽大肠杆菌病是由致病性大肠埃希氏菌不同血清型引起的家禽的一类疾病，包括脐炎、急性败血症、气囊病、肉芽肿、全眼球炎、输卵管炎及蛋黄腹膜炎等。

（一）诊断要点

1. 流行特点　鸡、鸭、鹅等家禽都能感染发病，各种年龄的家禽均可感染。一年四季都可发生，在多雨、闷热、潮湿季节多发。大肠杆菌可因粪便沾污蛋壳或从感染的卵巢、输卵管侵入卵内，亦可经消化道和呼吸道感染。

2. 症状和尸体解剖变化

（1）脐炎　主要发生在出壳初期。病雏脐孔红肿并常破溃，后腹部肿大，发红或呈青紫色，常被粪便及脐孔渗出物污染，病雏精神沉郁，食欲减退或废绝。尸体解剖变化可见残余卵黄囊胀大，充满黄绿色稀薄液体。

（2）急性败血症　幼禽和成禽均可发生。病禽体温升高，精神萎顿，缩头闭眼，蹲于一隅；食欲减退或废绝，呼吸困难，下痢，有的临死前出现仰头、扭头等神经症状。尸体解剖变化可见实质器官肿大，常有出血点；肝脏呈绿色，有的还有白色坏死灶；常伴有心包炎和心肌炎、肠炎或眼球炎的病变。

（3）气囊炎　多见于 5～12 周龄的禽，常与其他病并发或继发。表现轻重不一的呼吸道症状，如打喷嚏、咳嗽、呼吸困难、鼻流浆液性或黏液性鼻液，听到罗音等。尸体解剖可见到气囊增厚，内有干酪样物，并有原发性呼吸道病变。

（4）肉芽肿　病禽在肝、肠系膜或肺上长有菜花状增生物。

（5）全眼球炎　病禽一眼或双眼发生，病禽眼睑肿胀，有脓性分泌物，角膜混浊，眼前房也有脓液，严重时失明。

（6）输卵管炎　病禽多呈慢性经过，常并发卵巢炎、子宫炎和腹膜炎。产蛋减少或停产，常呈直立企鹅姿式，腹下垂，消瘦。尸体解剖可见输卵管扩张，内有干酪样及恶臭的渗出物。

（7）蛋黄腹膜炎　鸡、鸭、鹅均会发生，尤以鹅突出。鹅大肠杆菌性卵黄腹膜炎俗称"蛋子瘟"，病鹅停产，在排泄物中混有蛋清或凝固蛋白及蛋黄，最后消瘦死亡。尸体解剖可见腹水较多，腹腔内布满蛋黄凝块的碎块，肠系膜、肠管相互粘连；正在发育的卵泡充血、出血、变形、变色。

3. 确诊　须作病原学检查。

（二）治疗

（1）可应用庆大霉素、新霉素、氟哌酸等抗菌药物。

（2）根据病情施行对症治疗，如脐部破溃的可以涂龙胆紫液，眼发炎的病禽可用庆大霉素洗眼。

（3）不能治愈的病禽则应淘汰。

（三）预防

搞好平时的卫生防疫工作，特别是对种蛋、孵化箱、鸡舍等做好消毒。预防接种，鸡可用鸡大肠埃希氏菌氢氧化铝胶菌苗、鸡大肠埃希氏菌油乳剂灭活苗，鸭可用大肠杆菌—鸭疫巴氏杆菌二联苗。

二十二、禽结核病

禽结核病是由结核分枝杆菌中的禽型菌引起禽类的一种慢性传染病。

(一)诊断要点

1. 流行特点 禽型结核杆菌是家禽结核病的病原菌，但也可感染牛、羊、猪、马和人。各种年龄的家禽均可感染，但由于此病的潜伏期较长，因此在临床上以成年家禽较为多见。本病主要通过呼吸道和消化道感染。

2. 症状 禽结核多为肝、脾等内脏结核，主要表现进行性消瘦、贫血，冠、肉垂、可视黏膜苍白，母鸡产蛋减少或停止。当肠结核时还发生持续性腹泻；关节结核时关节肿大，跛行。

3. 尸体解剖变化 肝、脾肿大，切面见大小不一的结节状干酪样病灶；肠道有溃疡，并有肿瘤样物突出于肠管的表面；感染的关节肿大，内含干酪样物质；股骨和腔骨结核时，可见骨中有干酪样结节；有的病例可在肺、气管、生殖器见到结节状的干酪样病灶。

4. 确诊 须作病原学检查。鸡还可作变态反应检查，即用禽型结核菌素，以 0.1 毫升注射于鸡的肉垂内，48 小时内出现肿胀和发红者可判定为阳性。

(二)治疗

一般没有治疗价值，应予淘汰。

(三)预防

搞好平时的卫生防疫工作，引种时经检疫后引入健康鸡。若已发生结核病的鸡群，应全部淘汰，彻底消毒后再引进健康鸡。

二十三、鸡传染性鼻炎

鸡传染性鼻炎是由鸡嗜血杆菌（革兰氏阴性细菌）引起的鸡的一种急性呼吸道传染病。

（一）诊断要点

1. 流行特点　各种年龄的鸡都有易感性，但以 4 周龄以上的鸡发病较多。本病主要通过呼吸道感染发病后，几天内就可波及全群。

2. 症状　病鸡颜面肿胀，眼睑和肉垂水肿，结膜炎与窦炎，鼻腔流浆液性或黏液性鼻液，食欲减退，产蛋鸡产蛋减少。本病发病率虽高，但死亡率低。

3. 尸体解剖变化　鼻腔和窦黏膜充血肿胀，有大量的黏液、凝块及干酪样坏死；结膜充血肿胀，失明时，内有干酪样物。

4. 确诊　须作病原学和血清学检查。

（二）治疗

（1）可应用磺胺类药物，抗菌增效剂、青霉素、链霉素、红霉素、土霉素等抗菌药物。

（2）根据病情适时进行对症治疗。

（三）预防

搞好平时的卫生防疫工作。预防接种可用鸡传染性鼻炎氢氧化铝胶菌苗、鸡传染性鼻炎油乳剂菌苗。

二十四、鸡葡萄球菌病

鸡葡萄球菌病是由葡萄球菌（革兰氏阳性细菌）引起的鸡和

火鸡的一种传染病。

(一) 诊断要点

1. 流行特点　各种年龄的鸡和火鸡均可发病，但以 1.5～3 月龄的幼鸡多见。金色葡萄球菌是本病的主要病原体。通过各种途径均可发生感染，如损伤的皮肤、呼吸道。

2. 症状

新生雏鸡脐炎　脐孔及其周围发红、肿胀、有脓液。

（1）败血型　病鸡精神萎顿，食欲减退或废绝，体温升高；胸、腹甚至股内侧皮肤水肿，外观呈紫黑色，脱毛或溃破流出血水。有时仅见翅膀内侧、翅尖或尾部皮肤上有大小不等的出血、糜烂和炎性坏死，局部干燥呈红色或暗紫红色，无毛。

（2）关节炎型　多发生于跗关节，关节肿胀，有热痛感，病鸡行走不便，跛行，喜卧。

3. 尸体解剖变化　败血型病死鸡的局部皮肤增厚、水肿，切开皮肤可见皮下有数量不等的紫红色液体，胸、腹部肌肉出血、溶血形同红布。有的病例肺脏呈黑紫色，质地柔软。关节炎型的病死鸡关节肿大，内含血样浆液或干酪样物。

4. 确诊　须作病原学检查。

(二) 治疗

（1）可应用庆大霉素、卡那霉素、新霉素、青霉素、氟哌酸等抗菌药物。

（2）根据病情适时进行对症治疗。

(三) 预防

搞好平时的卫生防疫工作。防止皮肤和黏膜损伤，当发生外伤时应及时处理。预防接种可用鸡葡萄球菌多价氢氧化铝灭活苗。

二十五、鸡坏死性肠炎

鸡坏死性肠炎是由魏氏梭菌引起鸡的一种传染病。

（一）诊断要点

1. 流行特点　鸡对本病易感，尤以 1～4 月龄的鸡多发。本病的传播途径主要是消化道。当鸡舍潮湿、拥挤、卫生条件差，饲喂变质的动物性饲料，长期在饲料中添加抗生素（如土霉素），饲料突然变更，肠道损伤或球虫病等不良因素存在时，均可诱发本病的发生。

2. 症状　突然发病，病鸡精神萎顿，羽毛蓬松，食欲减退或废绝，腹泻、排稀便，粪便呈黑色间或混有血液。

3. 尸体解剖变化　肠道表面呈污灰黑色或污黑绿色，肠腔扩张、充气，肠内容物呈液状，呈污红色，肠黏膜充血，散在有大小不一的土黄色的坏死灶。

4. 确诊　须作病原学检查。

（二）治疗

（1）可应用庆大霉素等抗菌药物。

（2）根据病情适时进行对症治疗。若与球虫病同时发生，应同时用抗球虫药。

（三）预防

搞好平时的卫生防疫工作，消除上述各种诱因的不利因素。可用上述治疗药物作为预防药物。

二十六、初生雏鸡绿脓杆菌感染

初生雏鸡绿脓杆菌感染是由绿脓杆菌（革兰氏阴性细菌）引起的初生雏鸡的一种急性、败血性传染病。

(一) 诊断要点

1. 流行特点　孵化环境被绿脓杆菌污染，感染途径是外伤（如注射马立克氏病疫苗时所造成的针刺外伤）。发病所造成的死亡，多数从 2 日龄雏鸡开始，3～5 日龄为高峰期，以后迅速下降。死亡率 25% 以上。

2. 症状　突然发病，病程短。病雏精神萎顿，食欲废绝，卧地；眼周围潮湿，角膜或眼前房混浊；震颤，衰竭死亡。

3. 尸体解剖变化　外伤部皮下水肿，水肿液呈黄色或黄绿色胶冻样；有的死雏的肝脏肿大并有黄白色坏死灶。

4. 确诊　须作病原学检查。

(二) 治疗

病雏逐只注射庆大霉素或庆大—小诺霉素、多黏菌素、丁胺卡那霉素。

(三) 预防

搞好平时的卫生防疫工作，特别是种蛋、孵化设备和环境、注射器具的消毒工作，并在马立克氏病疫苗中添加庆大霉素等抗菌药物。

二十七、鸡弯杆菌病

鸡弯杆菌病，是由空肠弯杆菌（革兰氏阴性细菌）引起的鸡和火鸡的一种传染病。

（一）诊断要点

1. 流行特点　主要发生于育成鸡和产蛋鸡。感染途径主要是消化道。

2. 症状　本病在鸡群中发生缓慢，但持续持久。小母鸡开产推迟，成年蛋鸡产蛋量减少（减少 20％～30％）；病鸡精神不振，消瘦，鸡冠皱缩并带皮屑；有的鸡还发生腹泻。

3. 尸体解剖变化　肝脏肿大，有一些瓜子大的出血斑，有的还有小星状、菜花样的灰白色或灰黄色坏死灶，胆囊壁增厚；腹腔内有较多的积液，卵泡萎缩，只有绿豆大至黄豆大，聚成一丛；脾脏肿大，有灰白或紫黑色坏死灶；肠道黏膜充血、肿胀；心包积液。

4. 确诊　须作病原学检查。

（二）治疗

可应用链霉素、土霉素等抗菌药物及复合维生素。

（三）预防

搞好平时的卫生防疫工作。

二十八、鸭传染性浆膜炎

鸭传染性浆膜炎是由鸭疫巴氏杆菌（革兰氏阴性细菌）引起的一种传染病。

（一）诊断要点

1. 流行特点　1～8 周龄的鸭易感，尤以 2～3 周龄的鸭最易感染，此外火鸡也可以感染发病。本病主要经呼吸道和皮肤感染。

2. 症状　一般可于 2 周龄时见到鸭发病和死亡，3 周龄时死亡增多，可一直持续到填鸭期。

（1）最急性型　无明显症状即突然死亡。

（2）急性型　病鸭精神不振，食欲废绝，腹泻，排绿色稀粪便；眼和鼻有浆液性或黏液性分泌物，腿软不愿走动，共济失调，最后倒地抽搐而死，病程 1～3 天。

（3）亚急性和慢性型　病鸭站立呈犬坐姿势，前仰后翻，翻倒后仰卧不易翻转，有的病鸭还出现头颈歪斜、转圈或倒退，病程 1 周以上。

3. 尸体解剖变化　在气囊、心包膜、肝脏表面有纤维素性渗出物，心包积液，脾脏肿大呈灰色斑驳状。

4. 确诊　须作病原学检查。

（二）治疗

可应用土霉素等抗菌药物。

（三）预防

搞好平时的卫生防疫工作。预防接种可用鸭疫巴氏杆菌灭活苗、大肠杆菌—鸭疫巴氏杆菌二联苗。

二十九、鹅败血嗜血杆菌病

鹅败血嗜血杆菌病是由鹅败血嗜血杆菌（革兰氏阴性细菌）引起的一种急性传染病。

（一）诊断要点

1. 流行特点　本病一般仅发生于鹅，500 克左右的小鹅最易发病。

2. 症状　病鹅精神不振，羽毛蓬乱，缩头卧伏，食欲减退或废绝；从鼻孔流出多量的浆液性或黏液性鼻液，并且每隔一短时间即作强力摇头，把鼻液飞溅出 40～50 厘米外，病鹅呼吸困难，常常发出声，有时张口呼吸。少数病而不死的鹅，遗留足部麻痹症，病鹅站立不稳或不能起立，短期内难于恢复。

3. 尸体解剖变化　鼻腔、气管、支气管内充满半透明的渗出液，肺脏淤血；心外膜及心内膜常有出血，胆囊和脾脏肿大。

4. 确诊　须作病原学检查。

（二）治疗

可应用磺胺类药物、链霉素、卡那霉素、庆大霉素、多黏菌素等抗菌药物。

（三）预防

搞好平时的卫生防疫工作。预防接种可将鹅败血嗜血杆菌培养物制成灭活苗进行注射或口服免疫。

三十、鸡败血支原体病

鸡败血支原体病又称鸡慢性呼吸道病（简称"慢呼"），是由鸡败血支原体（革兰氏阴性细菌）引起的一种慢性呼吸道传染病。

（一）诊断要点

1. 流行特点　各种年龄的鸡和火鸡对本病都易感染，以 1～2 月龄者多见。鹌鹑、珠鸡、鸽子也可感染发病。一年四季都可发生，但寒冷季节发生较多。经呼吸道、消化道感染，并能经种蛋传递给下一代雏鸡。

2. 症状　病禽精神不振，食欲减少，咳嗽，打喷嚏，流浆液性或黏液脓性鼻液，鼻孔周围和颈部羽毛常被沾污，可听到罗音；眼睛流泪，眼睑肿胀，严重的双眼失明；眶下窦肿胀，致使颜面肿胀。产蛋母鸡还表现产蛋减少，孵化率下降，弱雏增加。

3. 尸体解剖变化　鼻、喉、气管黏膜肿胀，黏膜表面有灰白色黏液，在喉部常可见到黄色纤维素性渗出物；气囊壁增厚，囊内有纤维素性渗出物或干酪样物；眶下窦内有混浊黏液或干酪样物；在失明的眼中可挤出灰黄色干酪样物。

4. 确诊　须作病原学和血清学检查。

(二) 治疗

可应用链霉素、土霉素、四环素、强力霉素、红霉素、泰乐菌素、林肯霉素、庆大霉素、螺旋霉素等进行治疗。

(三) 预防

搞好平时的卫生防疫工作。定期进行血清学检查，淘汰阳性鸡，建立无病鸡群。同时应用上述药物作药物预防。

三十一、禽疏螺旋体病

禽疏螺旋体病是由鹅疏螺旋体（或称鸡疏螺旋体）引起的一种败血性传染病。

(一) 诊断要点

1. 流行特点　鸡、火鸡、鹅、鸭均可以感染发病，但鸡群多见。本病多发于热带和亚热带，而少发于温带。自然感染主要是通过蜱的刺螫，也可通过在禽间相互接触而传染。本病多见于夏季和初秋。

2. 症状　病禽体温升高，食欲减退或废绝，鸡冠苍白，腹泻，虚弱昏睡，迅速死亡。有的病禽还发生腿麻痹及翅膀麻痹，站立不稳或不能站立。

3. 尸体解剖变化　鸡冠及可视黏膜苍白；肝、脾肿大，出血，病程长者有坏死灶。

4. 确诊　须作病原学检查。

（二）治疗

可应用青霉素、链霉素、卡那霉素、四环素、新胂凡纳明治疗。

（三）预防

搞好平时的卫生防疫工作。做好消灭蜱、蚊、蛾和虱的工作。预防接种可由感染器官和血液或鸡胚中取得螺旋体，用0.1‰福尔马林和1‰石炭酸在50℃处理15～30分钟，制成灭活苗，肌肉或皮下注射。

三十二、念珠菌病

念珠菌病又称鹅口疮，是由白色念珠菌（革兰氏阳性细菌）引起的主要侵害禽类的一种传染病。

（一）诊断要点

1. 流行特点　各种年龄的鸡、火鸡、鹅和鸽均易感染发病，其中幼禽易感性较成年禽高，鸡群发病大多数为2月龄以内的幼鸡。野鸡、鹌鹑也可感染发病。长期使用抗菌药物和维生素缺乏的动物易感发病。主要经消化道和损伤的皮肤、黏膜感染。

2. 症状　病禽精神不振，羽毛粗乱，食欲减退，口腔和咽喉部黏膜可见到白色或灰白色假膜，假膜与下层组织紧密相连，病禽吞咽困难；嗉囊膨大，触摸时感觉柔软，当倒提病禽并用手压迫嗉囊时，有酸味的内容物从口腔流出，有的病禽还出现腹泻。

3. 尸体解剖变化 口腔、咽喉、食道、嗉囊、肌胃、腺胃黏膜有白色、灰白色、黄色或褐色假膜，假膜与黏膜下层紧密相连，剥离后留下红色的溃疡。肠管内有灰白色或红色稀粥状内容物。

4. 确诊 须作病原学检查。

（二）治疗

1. 可应用制霉菌素、两性霉素、克霉唑等抗真菌药物，此外还可用 0.5％硫酸铜液代替饮水。

2. 口腔局部治疗可将假膜剥去，涂搽碘甘油。由于本病可引起人的肺念珠菌病、阴道炎、皮炎和婴儿的鹅口疮，因此饲养员及兽医应注意个人防护。

（三）预防

搞好平时的卫生防疫工作。应注意种蛋、孵化箱、育雏室及环境的消毒。

三十三、禽曲霉菌病

禽曲霉菌病是由曲霉属中的霉菌（主要是烟曲霉、寄生曲霉等）引起的真菌性疾病。

（一）诊断要点

1. 流行特点 曲霉菌容易在成堆的潮湿饲料、垫草和阴暗潮湿的栏舍内生长，家禽发病多是因吸入大量的曲霉菌孢子或种蛋被污染所致。各种禽类（鸡、火鸡、鸭、鹅、鸽、鹌鹑等）都有易感性，幼禽的易感性最高，成年家禽仅为散发。

2. 症状 病雏精神萎顿，喜卧，食欲减退或废绝，呼吸困难，张口呼吸，饮水增多，常有腹泻，有的病禽还发生跛行、瘫痪。当病原侵害眼睛时，眼球发生灰白色混浊或眼睛肿胀，眼内有干酪样分泌物，病死率高达 50％以上。成年鸡有类似喉气管炎症状，产蛋量下降，死亡率低。

3. 尸体解剖变化　肺部可见粟粒大至绿豆大的黄白色或灰白色结节，质地较硬；气囊壁增厚，壁上有大小不一的干酪样斑块，甚至在气囊壁及干酪样斑块上有灰绿色霉菌斑。严重者在胸腔、腹腔等部位也有灰白色结节和灰绿色斑块。

4. 确诊　须作病原学检查。

（二）治疗

可用制霉菌素、两性霉素、克霉唑等抗真菌药物，同时用 0.5％硫酸铜液代替饮水。

（三）预防

搞好平时的卫生防疫工作。不使用发霉的垫草和发霉的饲料，保持禽舍的卫生、干燥，严格进行种蛋、孵化室、育雏室及环境的消毒。

三十四、皮肤霉菌病

禽皮肤霉菌病是由多种皮肤霉菌（鸡毛癣菌、猿猴毛癣菌等）引起的一种皮肤传染病。

（一）诊断要点

1. 流行特点　在自然条件下鸡可感染发病（俗称黄癣），各种年龄的鸡都易感，特别是阴暗、潮湿、拥挤时。传播途径为直接接触或通过被污染的媒介，如用具、鸡舍等传播。

2. 症状　在鸡冠、肉髯等无毛处出现白色小结节，逐步蔓

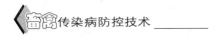

延至整个鸡冠、肉髯和耳片，形成石棉瓦状白膜；进一步发展时，病变可蔓延到面部、头顶、颈部、前躯，使羽毛成片脱落，皮肤变厚和形成皱痂。病鸡表现痛痒不安，消瘦、贫血。

3. 确诊　须作病原学检查。

（二）治疗

1. 局部用 0.1％高锰酸钾液清洗后，涂以 10％福尔马林软膏或 1.5％克霉唑癣药水。

2. 内服制霉菌素、克霉唑等药物。

（三）预防

搞好平时的卫生防疫工作。鸡舍可用 2％热苛性钠或 0.5％过氧乙酸液消毒。

三十五、禽 霍 乱

禽霍乱又名禽巴氏杆菌病、禽出血性败血病，是由多杀性巴氏杆菌引起的禽的一种急性、败血性传染病。本病常呈现败血性症状，发病率和死亡率很高，但也常出现慢性或良性经过。

（一）诊断要点

1. 流行特点　本病对各种家禽，如鸡、鸭、鹅、火鸡等都有易感性，但鹅易感性较差，各种野禽也易感。雏鸡发病较少，3～4 月龄的鸡和成年鸡较易感染发病。呈散发或流行性。

2. 症状

（1）最急性型　多见于肥胖、高产的家禽，几乎不见任何症状，突然死亡。

（2）急性型　病禽体温升高至 43～44℃，羽毛松乱，精神沉郁，缩颈闭眼，离群呆立，食欲废绝，渴欲增加，冠髯呈黑紫色，有的病鸡肉髯肿胀，有热痛感；口、鼻内有黏液流出，呼吸困难，有时发出"咯咯"声；剧烈腹泻，粪便呈灰黄或铜绿色。产蛋鸡停止产蛋。最后发生衰竭，昏迷而死亡，病程短的约半天，长的1～3天。

（3）慢性型　以慢性肺炎、慢性呼吸道炎和慢性胃肠炎较多见。病禽鼻孔有黏性分泌流出，鼻窦肿大，喉头积有分泌物而影响呼吸；经常腹泻；日渐消瘦，冠和肉髯苍白、水肿；关节肿胀或化脓，跛行，病程可拖至1个月以上，但生长发育和产蛋长期不能恢复。

3. 尸体解剖变化

（1）最急性型　死亡的病鸡无特殊病变，有时能见到病禽心外膜、心冠脂肪或肠黏膜有少量出血点，肝脏有针尖大、黄白色坏死点。

（2）急性型　病禽腹膜、皮下组织及腹部脂肪常见小点出血；心包积有较多黄色液体，有的含纤维素絮状液体；心冠脂肪、心外膜有洒水样的点状出血；龙骨内侧浆膜、肠浆膜、肺胸膜、腹腔脂肪可见出血点；肝肿大、质脆，呈棕色或黄棕色，表面有灰白色、针尖大坏死点；十二指肠弥漫性出血，黏膜肿胀，呈紫红色，肠内容物血样；肺高度淤血、水肿。

（3）慢性型　本病无明显败血症变化，通常有鼻炎、关节炎、腹膜炎、气囊炎、结膜炎、卵变形等病变。

4. 应与鸡新城疫和鸭瘟区别

（二）防治

1. 抗生素治疗　链霉素每千克体重20～30毫克、青霉素每千克体重3万～5万国际单位，注射，每天2～3次；或环丙沙星或恩诺沙星每千克体重5毫克，注射，每天2次，连用2天；或氟甲砜霉素每千克体重20毫克，注射，每天1次，连用2天。大群治疗时，1 000千克饲料混200～600克金霉素、土霉素，连用 3～5 天；或每升饮水中加环丙沙星或恩诺沙星 50～75 毫克，连用 3～5 天。

2. 磺胺类药物治疗　磺胺二甲基嘧啶按 0.2％～0.5％用量混饲 3 天，或按 0.1％～0.2％用量混水饮用 3 天。

3. 喹乙醇治疗　每千克体重按 20～30 毫克拌入料中，每天 1 次，连用 3～5 天为一个疗程。如需再用药，应隔 3～5 天后，再用一个疗程即可。

4. 发病严重的禽场，可用禽霍乱疫苗进行预防接种。

第十章 犬、猫的传染病

一、狂 犬 病

狂犬病又名恐水病，俗称疯狗病，是由狂犬病病毒引起的一种人畜共患的急性、接触性传染病。

（一）诊断要点

1. 流行特点 各种年龄的犬、猫均可感染发病。本病的传播方式是被患病的动物（如病犬）咬伤后而感染。

2. 症状 犬、猫的潜伏期一般为 20～60 天。

（1）狂暴型 临床表现可分为 3 期。前驱期（沉郁期）病犬精神沉郁，不听呼唤，常躲在暗处，食欲异常，喜吃异物，轻度刺激即易兴奋。约 1～2 天后进入兴奋期（狂暴期），病犬惶恐并异常兴奋，追咬人、畜，或自咬四肢、尾部等，流涎和夹尾。经 2～3 天后转入麻痹期，呈现下颌下垂，舌脱出口外，流涎，后躯及四肢麻痹，卧地不起，最后死亡。

（2）麻痹型（沉郁型） 病犬表现为兴奋期短或轻微即转入麻痹期，出现喉头、下颌、后躯、四肢麻痹，流涎，吞咽困难和恐水等，经 2～4 天死亡。猫多为狂暴型，症状与犬相似，但病程较短，因其行动迅速，故对人、畜的危险性更大。

3. 确诊 须作病原学、血清学和病理组织学检查。

（二）治疗

病犬、病猫无治疗意义，一经发现，应一律扑杀。

（三）预防

（1）搞好平时的卫生防疫工作。预防接种可用下列狂犬病疫苗：狂犬病固定毒绵羊（或山羊）组织石炭酸灭活苗，犬、猫肌肉或皮下注射 3～5 毫升；狂犬病固定毒仓鼠肾组织培养石炭酸（或甲醛）灭活苗，犬、猫肌肉或皮下注射 3～5 毫升；狂犬病固定毒仓鼠肾组织培养甲醛灭活苗（加佐剂），犬 2 毫升、猫 1 毫升，肌肉或皮下注射；Flury 株狂犬病鸡胚高代次疫苗，5 日龄以上猫肌肉注射 1 毫升；Flury 株狂犬病鸡胚低代次疫苗，3 月龄以上犬肌肉注射 2～3 毫升；Flury 鸡胚低代次鸡胚细胞培养苗，犬肌肉注射 1 毫升；Flury 株鸡胚低代次仓鼠肾组织培养苗，犬肌肉注射 2 毫升；Flury 株鸡胚高代次犬肾组织培养疫苗，犬、猫肌肉注射 1 毫升；狂犬病 ERA 株猪肾组织培养苗，犬、猫肌肉注射 2 毫升。所有活毒苗都是冻干苗，稀释后 45 分钟内用完，对犬的免疫期均为 3 年。此外还可用兽用狂犬病 BHK_{21}-ERA 株弱毒冻干疫苗，或使用犬瘟热、犬传染性肝炎、犬狂犬病、犬细小病毒性肠炎、犬副流感五联苗。

（2）搞好犬、猫的管理工作，捕杀野犬。

二、伪狂犬病

伪狂犬病又称奥叶兹基氏病，是由伪狂犬病病毒引起的一种多种哺乳动物共患的急性、发热性传染病。

（一）诊断要点

1. 流行特点　犬、猫常因吃病鼠、病猪内脏经消化道感染，此外还可通过呼吸道、损伤的皮肤、黏膜感染发病。本病多发生于冬、春两季，这与鼠类活动有关。

2. 症状　病初犬、猫精神不振，对周围事物表现冷漠，拒食，不安，呕吐，体温正常间或升高。然后痒觉增加，舔啃、搔抓痒处导致出血，损伤处糜烂，周围肿胀，甚至感染溃烂。有的病例虽无奇痒表现，但有身体某处疼痛的呻吟表现。部分病例表现兴奋不安，咬、撕各种物体，扑向墙壁，突然摔倒在地，头颈部肌肉和唇肌间断性抽搐，呼吸障碍，吞咽障碍，通常在发病后1～2天死亡。

3. 尸体解剖变化　常有皮肤损伤；脑膜充血，脑脊液增多。

4. 确诊　须作病原学和血清学检查。

（二）治疗

早期应用抗伪狂犬病高免血清有一定疗效。

（三）预防

目前尚无合适的疫苗可供使用。因此必须搞好平时的卫生防疫工作，特别是灭鼠工作，禁止喂病猪肉。本病对人也有一定危害，因此处理病犬时要注意保护皮肤，避免感染。

三、犬　瘟　热

犬瘟热是由犬瘟热病毒引起犬和野生食肉兽的一种高度接触性传染病。

（一）诊断要点

1. 流行特点　犬最易感，尤其是 3～6 月龄的幼犬。此外，狼、豺、黄鼠狼、大小熊猫、水貂也可感染发病。感染途径主要是呼吸道，也可经胎盘传染。本病多发生于寒冷季节。

2. 症状 病犬精神萎顿，食欲减退或废绝，眼、鼻流浆液性分泌物，体温升高至 39.5～41℃，约持续 2 天，然后下降至常温，此时病犬精神和食欲略有好转。2～3 天后，体温再次升高并持续数天至数周，病情恶化，食欲废绝，呕吐，鼻镜、眼睑干燥，眼、鼻流浆液性或黏液脓性分泌物，咳嗽、打喷嚏，呼吸困难，多呈腹式呼吸，肺部听诊有罗音。严重者还排恶臭带有黏液的血样稀粪。当中枢神经系统受侵害时，出现阵发性痉挛，共济失调，癫痫样惊厥及后肢瘫痪。部分病犬的腹部和股内侧还发生水疱性、脓疱性皮疹。病程稍长者，可见脚垫增厚、变硬甚至干裂，故又称硬脚垫病。

3. 尸体解剖变化 特征性变化为胸腺明显缩小，呈胶冻状，肾上腺皮质变性。上呼吸道和眼结膜呈卡他性或化脓性炎症变化；肺部呈卡他性或化脓性支气管肺炎变化；肠道呈卡他性或出血性肠炎变化。

4. 确诊 须作病原学和血清学检查。

(二) 治疗

发病早期应用抗犬瘟热血清、抗菌药物、皮质激素类药物、维生素 C、维生素 K 和对症治疗（输液、镇静等），再配合良好的护理，可获一定疗效。

(三) 预防

搞好平时的卫生防疫工作。预防接种可用犬瘟热鸡胚弱毒疫苗和犬瘟热鸡胚细胞培养疫苗，犬瘟热、犬传染性肝炎、狂犬病、犬细小病毒性肠炎、犬副流感五联苗。此外，可使用麻疹疫苗，于注射后 8 小时引起一种由于细胞封闭而产生的对犬瘟热的保护力，至少可持续半年，并在 4 月龄进行犬瘟热免疫时不受影响，仍能产生免疫力。

四、犬细小病毒病

犬细小病毒病又称犬细小病毒性肠炎，是由犬细小病毒引起的一种接触性、急性传染病。

(一)诊断要点

1. 流行特点 不同年龄的犬均易感染，尤以断奶犬最易感染。此外，狼、狐等也可感染发病。感染途径主要经消化道。本病一年四季均可发生，但以春季多发。

2. 症状

(1)肠炎型 多见于3～4月龄的犬，病犬精神沉郁，体温升高至40℃以上，食欲减退或废绝，呕吐，腹泻，初排淡灰或黄灰色液状粪便，含有血丝或混有血液，后为水样粪便，内含多量血液而呈酱油色，腥臭。

(2)心肌炎型 多见于3～10周龄的仔犬，表现为突然发病，呼吸困难，可视黏膜发绀；轻度的呕吐和腹泻，心悸亢进，期外收缩，心律不齐，常因急性心力衰竭而突然死亡。血液学检查的特征性变化是白细胞显著减少，严重时减少到 2×10^9/升。

3. 尸体解剖变化 空肠和回肠充血水肿，肠黏膜坏死脱落，肠内空虚，有黏液或血性液体；肠系膜淋巴结肿大、充血、出血。死于心肌炎型的犬则肺充血、水肿、出血；心室、心房内有淤血块，心肌和心内膜上有非化脓性坏死灶。

4. 确诊 须作病原学和血清学检查。

(二)治疗

初期可用犬细小病毒病高免血清或康复犬血清30～50毫升，腹腔注射1～3次，配合对症治疗（输液、止泻、止吐，防止脱水），为防止继发感染可选用庆大霉素、卡那霉素等。

（三）预防

搞好平时的卫生防疫工作。预防接种可用犬细小病毒灭活苗、犬细小病毒弱毒苗、猫细小病毒灭活苗，以及犬瘟热、犬传染性肝炎、狂犬病、犬细小病毒性肠炎、犬副伤寒五联苗。

五、犬传染性肝炎

犬传染性肝炎是由犬传染性肝炎病毒引起的一种接触性、急性传染病。

（一）诊断要点

1. 流行特点 犬最易感，各种年龄的犬都可发生，但最常见于幼犬，且发病率和死亡率均高于成年犬；一年四季均可发生。此外，狐、黑熊也可感染发病。本病的感染途径主要是消化道。

2. 症状

（1）肝炎型 病犬精神沉郁，体温升高达41℃以上，随后可降至常温以下。厌食，渴感增加。伴有呕吐，腹泻，腹痛，呻吟；很少出现黄疸，但血液不易凝结，如有出血则往往流血不止；扁桃体常发炎肿大，齿龈有出血斑；有的病例还发生头颈和下腹部水肿。在疾病的恢复期，单眼或双眼呈暂时性的角膜混浊。

（2）呼吸型 病犬体温升高，精神萎顿，食欲减退或废绝，肌肉震颤；呼吸困难，咳嗽，流浆液性或黏液脓性鼻液；心跳加快，节律不齐。有的病犬还发生呕吐，排带有黏液的稀粪。

3. 尸体解剖变化

（1）肝炎型 皮下水肿，腹腔积液，液体含血液。暴露于空气后极易凝固，肠系膜有纤维素渗出物附着。肝脏肿大，颜色较淡，胆囊壁增厚、水肿、出血，整个胆囊呈黑红色，胆囊膜有纤维素沉着。

（2）呼吸型 肺脏膨胀不全、充血，并伴有不同程度的硬变，支气管淋巴结充血、出血。

4. 确诊 须作病原学和血清学检查。

（二）治疗

病初可用抗犬传染性肝炎血清，每千克体重按 2 毫升皮下或肌肉注射，连用 3 天，同时根据病情进行对症治疗，如保肝利胆可口服肝泰乐片，脱水时可进行输液。此外，为防止继发感染，可应用抗生素。

（三）预防

搞好平时的卫生防疫工作。预防接种可用犬传染性肝炎弱毒疫苗、犬传染性肝炎灭活疫苗，以及犬瘟热、犬传染性肝炎、狂犬病、犬细小病毒性肠炎、犬副流感五联苗。

六、犬轮状病毒病

犬轮状病毒病是由轮状病毒引起的一种急性胃肠道传染病。

（一）诊断要点

1. 流行特点 各种年龄的犬都可感染，一般发病多是新生或幼龄犬。感染途径主要是消化道。本病多发生于寒冷季节。

2. 症状 1 周龄以内的幼犬突然发生腹泻，粪便呈黄色或褐色，呈水样，恶臭，有的病例还带有黏液和血液。病犬精神沉郁，食欲减退或废绝，不愿走动。脱水严重的病犬常以死亡告终。

3. 尸体解剖变化 肠黏膜出血，易脱落，肠腔内充满灰色或灰黑色液体。

4. 确诊 须作病原学和血清学检查。

（二）治疗与预防

参看猪轮状病毒病。

七、犬冠状病毒病

犬冠状病毒病是由犬冠状病毒引起的一种犬消化道传染病。

（一）诊断要点

1. 流行特点 各种年龄的犬均有易感性。本病多发生于冬季。感染途径主要是消化道。

2. 症状 突然爆发、传播迅速，全群迅速蔓延。病犬精神沉郁、衰弱，厌食，呕吐，腹泻，粪便为糊状或水样，呈橙色至绿色，带有黏液和血液，恶臭。大多数病犬不发热，并在 7～10 天后自行康复，但重病的幼犬，在发病后 24～36 小时死亡。成年犬一般很少死亡。

3. 尸体解剖变化 肠黏膜充血、出血，肠腔内充满白色或黄绿色液体；肠系膜淋巴结肿大。

4. 确诊 须作病原学和血清学检查。

（二）治疗

根据病情适时进行对症治疗，并注意防止继发感染。感染不严重者，常能自愈。

（三）预防

至今尚无疫苗可供使用，因此一定要搞好平时的卫生防疫工作。

八、犬疱疹病毒病

犬疱疹病毒病是由犬疱疹病毒引起的一种急性传染病。

（一）诊断要点

1. 流行特点 各种年龄的犬均有易感性，但主要发生于1月龄以内的幼犬。本病主要通过与患犬污染物接触或在子宫内或阴道内感染而发生传播。

2. 症状 发病幼犬精神沉郁，流涎，呕吐，腹泻，粪便呈黄绿色，腹痛；鼻流浆液性或黏液脓性鼻液或出血性鼻液，咳嗽。有的病犬的腹下、腹股沟部可见到红斑、水肿或水疱。而较老的公犬的阴茎包皮转折处和母犬阴户与阴道黏膜也有水疱。

3. 尸体解剖变化 气管、支气管黏膜充血、肿胀，并附有分泌物，肺充血、水肿；胃肠道充血、出血；肾脏皮质部充血、出血。

4. 确诊 须进行病原学和血清学检查。

（二）治疗

根据犬疱疹病毒在39℃时生长不好的特点，把病犬保持在35℃和湿度为45%～55%的环境下，并结合对症治疗，可降低死亡率。

（三）预防

搞好平时的卫生防疫工作。预防接种可应用犬疱疹病毒灭活佐剂疫苗对母犬进行注射，通过母源抗体保护仔犬。

九、犬传染性口腔乳头状瘤

犬传染性口腔乳头状瘤是由大乳头状瘤病毒引起的一种良性

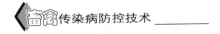

肿瘤性传染病。

(一)诊断要点

1. 流行特点 各种年龄的犬都易感，但以幼犬和成年犬多发。感染途径主要是破损的口腔黏膜。

2. 症状 病犬流涎、口臭，在唇和舌、口腔内壁有突出于口腔内的乳头状、菜花状肿瘤；当有吞咽障碍的病犬则在咽内壁上可见到乳头状、菜花状肿瘤。

3. 确诊 须作病原学及动物接种试验检查。

(二)治疗

可应用水杨酸铋、环磷酰胺等药物进行治疗，亦可用外科手术或冷冻法除去肿瘤。

(三)预防

搞好平时的卫生防疫工作。对口腔黏膜、唇部的损伤应及时处理。预防接种可用犬传染性口腔乳头状瘤福尔马林灭活肿瘤组织乳剂疫苗。

十、犬副流感病毒病

犬副流感病毒病是由犬副流感病毒引起的一种呼吸道传染病。

(一)诊断要点

1. 流行特点 各种年龄的犬均易感染。感染途径主要是呼吸道。

2. 症状 病犬精神不振，减食或不食，咳嗽，呕吐。鼻流浆液性或黏液脓性鼻液，肺部听诊可听到罗音。

3. 确诊 须作病原学检查。

(二)治疗

无特殊的治疗方法。主要采取对症治疗，应用镇咳剂和祛痰药，为防止继发性感染可用抗生素和磺胺类药物。

(三)预防

搞好平时的卫生防疫工作。预防接种可应用犬副流感疫苗和犬瘟热、犬传染性肝炎、狂犬病、犬细小病毒性肠炎、犬副流感五联苗。

十一、猫泛白细胞减少症

猫泛白细胞减少症又称猫传染性肠炎、猫瘟热病，是由猫泛白细胞减少症病毒引起的一种急性、致死性传染病。

(一)诊断要点

1. 流行特点 1 岁以下的猫最易感染，多发于冬末春初。感染途径主要是消化道，也可经蚤及其他吸血昆虫叮咬传播，此外，病毒还可通过胎盘传染给胎儿。

2. 症状 猫突然发病，体温升高，持续 24 小时左右，然后下降近常温，经 1～3 天后第二次上升。病猫精神倦怠，伏卧，呕吐，腹泻，粪呈水样，含有血液。白细胞计数检查，白细胞数减少。母猫还可发生流产、早产，产死胎、畸胎。

3. 尸体解剖变化 小肠黏膜水肿，覆盖有假膜，肠系膜淋巴结肿胀、充血。

(二)治疗

目前尚无特效药物。主要是对症治疗，如补液、应用广谱抗

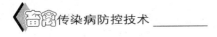

生素防止继发感染。

（三）预防

搞好平时的卫生防疫工作。预防接种可应用猫泛白细胞减少症灭活疫苗和其弱毒疫苗。

十二、猫传染性腹膜炎

猫传染性腹膜炎是由猫传染性腹膜炎病毒引起的一种传染病。

（一）诊断要点

1. 流行特点　各种年龄的猫都易感染，以 6 月龄至 2 岁的猫发病率最高。感染途径主要是消化道，也可经子宫内感染，昆虫能作为传播的媒介。

2. 症状　病猫食欲减退，体重逐渐减轻，体温升高，呈波浪热，持续 1~6 周后腹部膨大，积有大量腹水。有的病例不出现腹水，而表现为角膜肿胀，有附着物，眼前房液呈红色，以及共济失调，眼球震颤，后躯轻瘫等症状。

3. 尸体解剖变化　腹腔有大量积液，腹水呈透明、淡黄色，有的呈胶冻状，接触空气后很快凝固。有的见脑水肿病变。

4. 确诊　须作病原学检查。

（二）防制

目前尚无特效的药物和供预防接种用的疫苗。对症状较轻者应用强的松，配合环磷酰胺或苯基丙氨酸氮芥治疗可取得一定疗效。对本病的预防主要是搞好平时的卫生防疫工作。

十三、猫病毒性鼻气管炎

猫病毒性鼻气管炎是由猫鼻气管炎病毒引起的一种急性上呼吸道传染病。

(一) 诊断要点

1. 流行特点 各种年龄的猫均易感染。感染途径主要是呼吸道和消化道。

2. 症状 病猫精神不振，体温升高，流泪，食欲减退或废绝；结膜潮红，有分泌物；鼻流浆液性或黏液脓性鼻液，咳嗽；肺部听诊可听到罗音。有的病例口腔发生溃疡。母猫发生子宫炎和流产。

3. 确诊 须作病原学及包涵体检查。

(二) 治疗

目前尚无特效药物，一般采取对症治疗。

(三) 预防

搞好平时的卫生防疫工作。预防接种用猫病毒性鼻气管炎弱毒疫苗。

十四、猫嵌杯病毒病

猫嵌杯病毒病是由猫嵌杯病毒引起的一种传染病。

(一) 诊断要点

1. 流行特点 一般多发生于 8～12 周龄的猫，发病率高，但死亡率低。感染途径主要是呼吸道。

2. 症状 病猫精神沉郁，体温升高，打喷嚏，流涎；鼻流浆液性或黏液脓性鼻液；舌和硬腭有溃疡。严重者表现呼吸困难。可视黏膜发绀，咳嗽，肺部听诊可听到罗音和捻发音。

3. 确诊 须作病原学和血清学检查。

（二）治疗

目前尚无特效的治疗药物。一般采取对症治疗，为防止继发性感染可应用抗生素和磺胺类药物。

（三）预防

搞好平时的卫生防疫工作。预防接种可应用猫嵌杯病毒疫苗。

十五、猫白血病

猫白血病又称猫白血病—肉瘤综合征。是由猫白血病病毒和猫肉瘤病毒引起的传染性肿瘤疾病。

（一）诊断要点

1. 流行特点 各种年龄的猫均易感染。感染途径主要是消化道和呼吸道，病毒也可经子宫内感染。

2. 症状

（1）消化器官型 老年猫主要是此型。病猫精神不振，食欲减退，贫血，消瘦，腹泻或便秘，甚至引起肠阻塞。触诊可在腹部摸到肿瘤块。

（2）胸型 病猫除表现食欲减退、消瘦、贫血外，还呈现呼吸困难、吞咽障碍、胸腔积液等病状。

（3）弥散型 病猫精神萎顿，消瘦，贫血，体表淋巴结肿大，肝脏肿大可触及。

3. 血液学检查　淋巴细胞增多和出现未成熟的淋巴细胞。

4. 尸体解剖变化　常见的有淋巴结肿大，胸、腹腔内有肿瘤，胸腔积液和肝、脾肿大。

5. 确诊　须作病原学和血清学检查。

（二）防制

目前尚无特效治疗方法和可供作预防接种的疫苗。放射性疗法可抑制胸腺淋巴瘤的生长，对全身性淋巴肉瘤也有一定的疗效。预防主要是搞好平时的卫生防疫工作，建立无猫白血病的健康猫群。

十六、猫免疫缺陷症

猫免疫缺陷症是由猫免疫缺陷症病毒在猫的 T 淋巴细胞内复制并杀死 T 淋巴细胞而引起的传染病。有的人还称其为猫艾滋病。

（一）诊断要点

1. 流行特点　只有猫易感染，感染年龄平均为 4 岁，而发病的年龄多为 10 岁。公猫比母猫的感染率高，杂种猫比纯种猫感染率高。感染途径主要是伤口，虫螨叮咬也可传播此病。至今尚无由猫传播给人的证据。

2. 症状　病程短者为数小时，长的可达 3 年之久。病猫表现免疫缺陷样疾病的症状，口炎和齿龈炎、鼻炎、鼻窦炎、发热、消瘦、流产，以及造血和淋巴系统的紊乱，全身淋巴结肿大，出现非再生障碍性贫血；血液学检查可见白细胞和中性粒细胞增多，或白细胞减少，出现非典型淋巴细胞。

3. 确诊　须作病原学和血清学检查。

（二）治疗

目前尚无有效的治疗方法。对可疑猫必须使用抗生素和灭螨药。

（三）预防

目前尚无供预防接种的疫苗。因此应做好平时的卫生防疫工作，特别是做好消灭虫螨的工作和对伤口做到及时处治。

十七、布氏杆菌病

布氏杆菌病是由布氏杆菌引起的人畜共患的传染病。

（一）诊断要点

1. 流行特点　犬均易感。感染途径主要是消化道，其次是生殖道和皮肤、黏膜。

2. 症状　病犬精神萎顿，间歇性发热，食欲减退。妊娠母犬常在妊娠后 40～50 天发生流产，流产后阴道长时间排出污秽的分泌物，而且在以后反复发生流产；公犬发生睾丸炎、副睾炎和关节炎。

3. 尸体解剖变化　胎盘、子宫、乳房、淋巴结、公犬的睾丸肿胀、坏死。

4. 确诊　须作病原学和血清学检查。

（二）治疗

早期可应用链霉素、金霉素、红霉素等有一定效果。

（三）预防

搞好平时的卫生防疫工作。预防接种可用布氏杆菌羊型 5 号弱毒疫苗。

十八、沙门氏菌病

沙门氏菌病又称副伤寒，是由沙门氏菌（主要是鼠伤寒沙门氏菌、肠炎沙门氏菌和猪霍乱沙门氏菌）引起的一种传染病。

(一)诊断要点

1. 流行特点　各种年龄的犬、猫均可感染，但幼龄犬、猫较成年者易感发病。感染途径主要是消化道和呼吸道。

2. 症状　病犬猫精神萎顿，体温升高，食欲减退或废绝，呕吐，腹痛，腹泻，粪便呈水样，混有黏液和血液，恶臭。有的病例还表现咳嗽、呼吸困难。

3. 尸体解剖变化　胃肠黏膜充血、出血、水肿和黏膜坏死、脱落；淋巴结、肝脏、脾脏肿大、出血。

4. 确诊　须作病原学和血清学检查。

(二)治疗

参看猪沙门氏菌病。

(三)预防

搞好平时的卫生防疫工作。

十九、大肠杆菌病

犬、猫的大肠杆菌病是由致病性大肠杆菌引起的传染病。

(一)诊断要点

1. 流行特点　本病发生于幼犬、幼猫，大多数在生后1周内发病。感染途径主要是消化道。

2. 症状 病犬、猫精神沉郁，虚弱，可视黏膜发绀，肢端发冷，腹泻，粪便内混有凝乳块，并有腥臭味。

3. 尸体解剖变化 尸体脱水，胃肠黏膜充血、出血，部分黏膜脱落，肠系膜淋巴结肿大。

4. 确诊 须作病原学和血清学检查。

(二) 治疗

参看仔猪黄痢。

(三) 预防

搞好平时的卫生防疫工作。对有本病发生的犬群和猫群，可在生后尚未吮乳前就服用抗菌药物，连服 3 天，以作预防。

二十、破 伤 风

破伤风是由破伤风梭菌引起的一种人畜共患的急性、创伤性、中毒性传染病。

(一) 诊断要点

1. 流行特点 各种年龄的犬、猫都易感染，幼犬、幼猫的脐带感染和阉割感染的病例多见。

2. 症状 患病动物主要表现为近受伤部位的肢体发生强直性痉挛，有时仅表现为暂时性的牙关紧闭。部分病例出现全身性强直性痉挛，呈典型的木马样姿势。病犬（猫）反射兴奋性增高，对声、光等刺激敏感。

3. 确诊 参看猪破伤风。

(二) 治疗

初期可静脉或皮下注射破伤风抗毒素，犬 3 万～5 万国际单位，猫1万～2万国际单位，第2天重复注射。其他参看猪破伤风。

（三）预防

参看猪破伤风。

二十一、结 核 病

结核病是由结核分枝杆菌引起的人畜和禽类的一种慢性传染病。

（一）诊断要点

1. 流行特点 一年四季均可发生，城市的犬、猫感染率与发病率均高于乡村。感染途径主要是消化道、呼吸道和生殖道。

2. 症状 病犬、猫精神萎顿，无力，食欲减退，进行性消瘦，被毛干枯。当肠结核时，还表现呕吐，腹泻；当淋巴结核时，浅表淋巴结肿大，甚至发生破溃；当肺结核时，表现间歇性咳嗽，咯血，呼吸困难，发生肺空洞时，听诊肺部可听到空瓮呼吸音；骨结核时，跛行及自发性骨折。皮肤结核时，可见到边缘不整齐，基底部由肉芽组织构成的溃疡。

3. 确诊 须作结核菌素试验或作病原学、血清学检查。

（二）防制

参看猪结核病。

二十二、瘟 疫

瘟疫是由瘟疫耶尔森氏球杆菌（革兰氏阴性细菌）引起的人

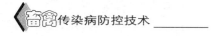

畜共患传染病。

（一）诊断要点

1. 流行特点　猫对此病比犬易感。感染途径主要是皮肤伤口、黏膜、消化道，被感染的蚤可传播此病。

2. 症状　发病动物表现精神萎顿，体温升高，食欲减少，流涎或打喷嚏；头、颈部淋巴结肿大，破裂，形成瘘管，并有奶油样脓汁漏出。

3. 确诊　须作病原学和血清学检查。

（二）治疗

（1）病猫、病犬可用链霉素、四环素进行治疗；局部瘘管用3％双氧水或0.1％高锰酸钾液冲洗后，撒布链霉素粉。

（2）无论有无蚤，犬和猫都要用局部杀虫药处理。

（3）处理病猫、病犬的兽医应穿戴手套、大褂和面罩，搞好自身防护。

（三）预防

目前尚无可供预防免疫的菌苗，因此应搞好平时的卫生防疫工作。

二十三、弯曲杆菌病

弯曲杆菌病是由空肠弯曲杆菌引起的人畜共患传染病。

（一）诊断要点

1. 流行特点　临床上多见于4月龄以下的幼犬。感染途径主要是消化道。

2. 症状　病犬精神沉郁，体温升高，食欲减退或废绝，呕吐，腹泻，粪便稀软或水样，有的病例排血样便。

3. 确诊 须作病原学和血清学检查。

（二）治疗

（1）可应用四环素、庆大霉素、红霉素、氨基糖苷类药物进行治疗。

（2）根据病情适时进行对症治疗。

（3）兽医须做好自我防护。

（三）预防

搞好平时的卫生防疫工作。

二十四、诺卡氏菌病

诺卡氏菌病是由诺卡氏菌属细菌（主要是星形诺卡氏菌、布兰雷立安诺卡氏菌等）引起的人畜共患传染病。

（一）诊断要点

1. 流行特点 各种年龄的犬、猫都可感染发病，犬的发病率比猫高。感染途径主要是呼吸道和皮肤伤口。

2. 症状

（1）全身型 病犬精神萎顿，体温升高，食欲减退或废绝，流涎，唾液腺发生结节和脓肿；体表淋巴结肿大；咳嗽，呼吸困难，流浆液性、黏液性鼻液；有的病例还出现神经症状，如阵发性痉挛、共济失调、癫痫样惊厥。

（2）胸型 病犬精神沉郁，体温升高，呼吸困难；胸腔渗出液增多，呈淡红色，甚至发生脓胸。

（3）皮肤型 病犬局部发生不易愈合的溃疡或瘘管、脓肿。

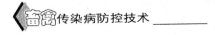

3. 确诊 须作病原学检查。

(二) 治疗

(1) 应用磺胺类药物和青霉素、链霉素、四环素，其中磺胺嘧啶、磺胺二甲氧嘧啶为首选药。

(2) 皮肤型者可用外科方法治疗。

(3) 脓胸则采用胸腔冲洗法。

(三) 预防

搞好平时的卫生防疫工作。

二十五、犬波氏杆菌病

犬波氏杆菌病是由支气管败血波氏杆菌引起的一种传染病。

(一) 诊断要点

1. 流行特点 各种年龄的犬对支气管败血波氏杆菌都有易感性，但幼犬的发病率较高，引起幼犬的气管—支气管炎。感染途径主要是呼吸道。

2. 症状 病犬精神不振，体温升高，食欲减退或废绝；剧烈咳嗽，鼻流浆液性、黏液脓性鼻液，听诊肺部可听到啰音。

3. 尸体解剖变化 气管和支气管黏膜充血，管腔内积有多量泡沫状黏液，甚至有稀脓液。

4. 确诊 须作病原学和血清学检查。

(二) 防制

参看猪传染性萎缩性鼻炎。

二十六、鼠咬热

鼠咬热是由念珠状链杆菌和小螺菌引起的一种急性传染病。

(一)诊断要点

1. 流行特点　犬、猫和人发病均是被鼠咬伤后感染而发病。

2. 症状　最急性者在未出现症状就突然死亡。急性型则精神沉郁，体温升高，食欲废绝，呼吸困难，发绀，心率加快；关节发炎，跛行。

(二)治疗

对被鼠咬伤而有可疑症状者，应及时应用青霉素、链霉素及新胂凡纳明进行治疗；局部伤口用0.1%高锰酸钾液冲洗后，撒布青霉素粉。

(三)预防

搞好平时的卫生防疫工作。做好防鼠、灭鼠工作。

二十七、肉毒梭菌中毒症

肉毒梭菌中毒症（简称肉毒中毒），是由于食入肉毒梭菌毒素而引起畜禽的一种急性、致死性疾病。

(一)诊断要点

1. 流行特点　犬、猫采食了被毒素污染的腐肉及生肉、饮水而发病。

2. 症状　患病动物从后肢到前肢发生进行性衰弱，瘫痪，但尾巴仍可摆动。病犬（猫）流涎，吞咽困难，两耳下垂，瞳孔散大；呼吸困难，心率增快，节律不齐；体温通常不高，最后因呼吸麻痹而死亡。

3. 确诊 须作饲料和尸体内有无毒素的检查。

（二）防制

参看牛肉毒梭菌中毒症。

二十八、钩端螺旋体病

钩端螺旋体病是由致病性钩端螺旋体引起人畜共患的一种传染病。

（一）诊断要点

1. 流行特点 鼠类为钩端螺旋体许多型的贮存宿主。犬发病较多，而猫则不多见。感染途径主要是黏膜、皮肤伤口、消化道，交配、胎盘也会传播，吸血昆虫可作为传播的媒介。

2. 症状

（1）感染犬型钩端螺旋体的犬，精神萎顿，体温升高，肌肉疼痛；食欲减退或废绝，流涎，呕吐，口腔内发生溃疡，腹泻，粪便中有黏液和血液；少尿或无尿，尿色浓暗，触诊肾脏肿大；尿液检查，蛋白质含量增高，尿沉渣中有多量肾上皮细胞、红细胞、白细胞、上皮细胞管型、颗粒管型等。

（2）感染出血性黄疸型钩端螺旋体的犬，精神沉郁，体温升高，出现黄疸、呕吐，呕吐物中混有血液；尿呈豆油色，尿内含有蛋白质和胆红素，可视黏膜黄染，有的病例还有出血点。

3. 确诊 须作病原学和血清学检查。

（二）防制

参看猪钩端螺旋体。

二十九、猫 瘟 热

猫瘟热又称猫流感，是由衣原体类微生物引起猫的一种高度接触性传染病。

（一）诊断要点

1. 流行特点　只有猫有易感性。感染途径主要是呼吸道。

2. 症状　病猫精神不振，体温升高，食欲减退或废绝；眼和鼻流出浆液性、黏液脓性分泌物，打喷嚏，咳嗽。病猫虚弱，病程一般为2～4周，并逐渐恢复健康。

3. 尸体解剖变化　上呼吸道和眼结膜潮红、肿胀、有渗出物；肺尖叶有实变，呈淡红色至淡灰色；支气管淋巴结肿大。

4. 确诊　须取病猫结膜上皮刮下物或呼吸道分泌物，或是肺尖叶实变肺做涂片，姬姆萨染色，镜检发现特征性原生小体。

（二）防制

可应用四环素、强力霉素等药物治疗。预防主要是搞好平时的卫生防疫工作。

三十、皮肤霉菌病

皮肤真菌病俗称钱癣或轮癣，是由皮肤霉菌引起人畜共患的传染病。

（一）诊断要点

1. 流行特点　引起犬、猫皮肤霉菌病的主要病原真菌是犬小孢子菌、石膏样小孢子菌和须毛癣菌；本病的传播方式是直接接触传染，如抚摸（梳毛）病犬或病猫，再抱（梳毛）健康的犬、猫时病菌会传给健康犬、猫。

2. 症状　患病动物皮肤出现环形的鳞屑斑，病灶内残留着毛根或形成脱毛斑，但瘙痒症状不明显。当继发细菌感染时，则出现水疱、脓疱和痂皮。

3. 确诊　须作病原学检查。

（二）治疗

（1）内服灰黄霉素。

（2）局部用肥皂水清洗后涂抗真菌药物，如10％水杨酸酒精或油膏，15％硫酸铜软膏，复方水杨酸软膏（水杨酸50克、鱼石脂50克、硫黄400克、凡士林600克）。

（3）兽医在治疗病犬、病猫时应注意自身防护。

（三）预防

搞好平时的卫生防疫工作。

三十一、组织胞浆菌病

组织胞浆菌病是由荚膜组织胞浆菌引起的人畜共患传染病。

（一）诊断要点

1. 流行特点　各种年龄的犬均易感染发病，而猫感染性较低。感染途径主要是呼吸道和消化道。

2. 症状与尸体解剖变化

（1）当肺脏感染时，病犬精神萎顿，体温升高，食欲减退或废绝、咳嗽，呼吸困难，鼻流浆液性、黏液脓性鼻液，肺部听诊可听到罗音、捻发音。肺组织形成结节。

（2）当肠道感染时，病犬精神不振，呕吐，腹围膨大，间歇性腹泻，消瘦。胃肠可发现溃疡。

（3）当侵害网状内皮组织时，则病犬出现体表淋巴结肿大，消瘦，贫血，腹水。肝脏、脾脏、内脏淋巴结肿大。

3. 确诊 须作病原学、血清学检查及皮肤变态反应检查。

（二）治疗

可应用两性霉素 B 进行治疗，并配合对症疗法。

（三）预防

搞好平时的卫生防疫工作。

三十二、孢子丝菌病

孢子丝菌病是由申克氏孢子丝菌引起的人畜共患传染病。

（一）诊断要点

1. 流行特点 各种年龄的犬、猫均易感染。感染途径主要是皮肤伤口、呼吸道和消化道。

2. 症状 在皮肤创伤部位的皮下形成脓性结节，结节处的被毛脱落，随着病程的发展结节破溃形成溃疡和糜烂。病灶周围的淋巴结肿大，并伴有淋巴管炎，最后淋巴结破溃流出脓液。当病菌沿淋巴转移至肺、胃肠、骨膜、肝等内脏器官时，则引起犬、猫体温升高，无力，贫血及相应的症状。

3. 确诊 须作病原学检查。

（二）治疗

应用两性霉素 B 和碘化钾进行治疗。

（三）预防

搞好平时的卫生防疫工作，及时处治皮肤伤口。

三十三、鼻孢子菌病

鼻孢子菌病是由希伯氏鼻孢子菌引起人和犬的一种传染病。

（一）诊断要点

1. 流行特点　各种年龄的犬都易感。感染途径是鼻黏膜的伤口。

2. 症状　病初犬频频打喷嚏，随后鼻黏膜水肿、瘙痒，鼻流大量浆液性、黏液性鼻液或混有血液的脓性鼻液。当临床上见有鼻血、鼾声和鼻塞性呼吸困难时，进行鼻腔检查可发现鼻腔内壁上生有嫩软的无蒂或有蒂的粉红色息肉，其表面呈分裂叶片状，如同花椰菜样的肿瘤状赘生物，并布满白色斑点。

3. 确诊　须作病原学检查。

（二）治疗

对症治疗，如用 0.1‰ 高锰酸钾液冲洗鼻腔。瘤状息肉可行外科手术切除。

（三）预防

搞好平时的卫生防疫工作，及时治疗鼻黏膜的外伤。

三十四、潜　蚤　病

潜蚤病又称皮肤链丝菌病，是由放线菌科沙蚤属的原核细菌引起的人畜共患传染病。

（一）诊断要点

1. 流行特点 犬和猫均可感染发病。传染途径一般认为是接触性感染。

2. 症状 患病动物初期皮肤呈丘疹样病变，以后为湿性皮炎，伴有瘙痒。犬、猫搔抓则形成局部溃烂，并常常继发感染，出现血样浆液性渗出和化脓，创面糜烂。

3. 确诊 须作病原学检查。

（二）治疗

（1）应用青霉素和磺胺类药物。

（2）局部可用0.1%高锰酸钾液清洗后，用碘制剂或浸有青霉素或链霉素药液的纱布敷在病灶创面上。

（3）兽医在治疗病犬、病猫时需注意自身防护。

（三）预防

搞好平时的卫生防疫工作。

三十五、附红细胞体病

附红细胞体病是由附红细胞体寄生于犬、猫、牛、羊、猪等哺乳动物的红细胞而引起的一种热性、溶血性传染病。

（一）诊断要点

1. 流行特点 各种年龄的犬、猫都可感染发病，主要发生于温暖季节。节肢动物是本病的传播媒介。

2. 症状 患病动物精神沉郁，体温升高，食欲减退或废绝，呕吐，腹泻，便稀，混有黏液、血液，呈黑红或暗褐色，粪腥臭；尿少色深黄；心率和呼吸增快；消瘦、贫血、黄疸。

3. 尸体解剖变化 贫血、黄疸，腹腔和心包腔积液，胃和肠道出血，肝脏黄染，脾脏肿大。

4. 确诊 须作病原学检查（参看猪附红细胞体病）和血清学检查。

（二）防制

参看猪附红细胞体病。

三十六、猫血巴尔通氏体病

猫血巴尔通氏体病又称猫传染性贫血，是由猫血巴尔通氏体寄生于红细胞而引起的一种溶血性贫血传染病。

（一）诊断要点

1. 流行特点 家猫和野猫都可感染发病。感染途径是消化道和子宫，也可通过斗咬时的噬咬传染。

2. 症状 病猫精神沉郁，体温升高，食欲减退或废绝，呼吸和心率增快，消瘦、贫血、黄疸及血红蛋白尿。

3. 尸体解剖变化 尸体消瘦、贫血、黄疸，肝脏黄染，脾脏肿大。

4. 血液涂片 姬姆萨染色发现猫血巴尔通氏体即可确诊。巴尔通氏体呈球形（0.1～0.8 微米）或短杆状（0.2～0.5 微米×0.1～1.5 微米）紫色颗粒。若用荧光抗体或吖啶橙染色法检查，精确率更高。

（二）治疗

应用四环素、土霉素和新胂凡纳明进行治疗，并根据病情适时进行对症治疗。

（三）预防

搞好平时的卫生防疫工作。管理好猫。

三十七、犬埃里希氏体病

犬埃里希氏体病是由犬埃里希氏体寄生在循环血液中的单核细胞、淋巴细胞的胞浆内而引起的一种传染病。

（一）诊断要点

1. 流行特点 各种年龄的犬均可感染发病，但幼犬死亡率较成年犬高，夏季多发。本病主要靠蜱进行传播。

2. 症状 病犬精神萎顿，食欲不振，周期性发热，体重下降；从口、鼻、眼流出黏液脓性分泌物，呼吸困难；呕吐，腹泻，口腔膜糜烂、出血，四肢和阴囊水肿，发生胸水和腹水；淋巴结肿大。有的病犬还有鼻腔和生殖道黏膜出血，甚至贫血。

3. 尸体解剖变化 口腔黏膜糜烂、出血，胸、腹腔积液，淋巴结和脾脏肿大。

4. 确诊 须作病原学和血清学检查。临床上根据血液涂片，在单核细胞内发现埃里希氏体就可作出诊断。

姬姆萨染色镜检，埃里希氏体有三种类型：①球状或杆状（直径约 0.5 微米），深紫色；②较大的圆形或卵圆形颗粒（1.3 微米×2.0 微米），常崩解成不规则的团块；③圆形或卵圆形的桑葚状块（2.5 微米×3.5 微米），由许多深蓝色或紫色小颗粒构成。

（二）治疗

应用四环素、强力霉素、土霉素、磺胺二甲基嘧啶治疗，并适时配合对症治疗。

（三）预防

搞好平时的卫生防疫工作。做好防蜱、灭蜱工作。

三十八、犬蠕虫新立克次氏体病

犬蠕虫新立克次氏体病是由蠕虫新立克次氏体引起犬的一种急性传染病。

（一）诊断要点

1. 流行特点　当犬食入感染蠕虫新立克次氏体蛙隐孔吸虫的后囊尾蚴（在鲜鱼和蹲鱼体内）后，立克次氏体由后囊尾蚴中逸出，侵害犬的网状内皮系统，引起本病的发生。本病还可通过呼吸道和污染的体温表经直肠感染。

2. 症状　病犬精神沉郁，体温升高，食欲减退或废绝，呕吐，腹泻，排黑色稀粪，常混有血液；体表淋巴结肿大。病后期体温降低，鼻和眼流脓性分泌物，消瘦，最后衰竭、死亡。

3. 确诊　须作病原学检查。

（二）治疗

应用四环素、磺胺类药物进行治疗，并配合对症治疗。

（三）预防

搞好平时的卫生防疫工作，禁止犬吃生鱼。

第十一章 兔的传染病

一、兔出血症

兔出血症俗称兔瘟，是由兔出血症病毒引起的一种急性传染病。

(一)诊断要点

1. 流行特点 家兔和野兔易感染，主要发生于 3 月龄以上的兔。一年四季均可发生，但以冬春季节多见。感染途径主要是消化道、呼吸道、皮肤伤口，此外经交配也可传染。

2. 症状

(1) 最急性型 病兔无明显症状而突然死亡。死后四肢僵直，头颈后仰，肛门和粪球外附有淡黄色胶样物，少数兔鼻孔流血。

(2) 急性型 病兔精神萎顿，体温升高，食欲减退或废绝，渴欲增加，病危时呼吸迫促，抽搐而死。有的出现兴奋不安，挣扎，在笼内狂奔，嘴咬笼架或全身不停地翻转，最后四肢不断作划船状运动，头颈扭向一侧而死亡。多数病例有皮肤碰伤，约有 1/10 左右的兔鼻孔流出泡沫状血水。

(3) 慢性型 多发生于 3 月龄以内兔，病兔精神萎顿，体温升高，食欲减退，渴欲增加，消瘦，部分病兔可以耐过而逐渐恢复健康。

3. 尸体解剖变化 最急性和急性型的死兔以全身器官淤血、

出血、水肿为主要特征。肝脏淤血、肿大，肝小叶间质增宽，肝细胞索明显，切面多呈槟榔样花纹，并有出血斑点。肾脏淤血、肿大，呈暗红色，皮质部有不规则的淤血区和灰黄色或灰白色区，表面呈花斑肾，有出血点。心脏扩张淤血，心内、外膜有出血点。鼻腔、喉头和气管黏膜淤血或弥漫性出血，并有泡沫状血色分泌物。肺脏淤血、水肿，有数量不等的出血斑点。小肠黏膜充血和出血。

4. 确诊　须作病原学和血清学检查。

（二）治疗

病初可应用兔出血症高免血清进行治疗，每千克体重注射 2 毫升。而抗生素和磺胺类药物均无治疗作用。

（三）预防

搞好平时的卫生防疫工作。预防接种可用兔出血症疫苗，兔出血症、巴氏杆菌二联苗，兔出血症、巴氏杆菌、魏氏梭菌三联苗。

二、兔黏液瘤病

兔黏液瘤病是由兔黏液瘤病毒引起的一种高度接触性、致死性的传染病。

（一）诊断要点

1. 流行特点　各种年龄的家兔和野兔均可感染发病，全年均可发生。本病的主要传播方式是直接与病兔接触或与被病毒污染的饮料、饮水和用具接触而传染，此外吸血昆虫如蚊子、跳蚤、刺蝇可成为传播媒介。

2. 症状　病兔眼睑皮下肿胀，严重的上下眼睑互相粘连，结膜发炎，流泪，眼和鼻均流出黏液性或脓性分泌物。随着病程发展，肿胀进一步蔓延至整个头部和耳朵皮下组织，使头部呈狮子头状外观。此外，耳根部、会阴部、外生殖器和上下唇发生水肿，最后在全身皮肤上出现硬实而凸起的肿块。

3. 尸体解剖变化 患部皮下组织聚集有多量淡黄色的胶样液体，脾脏和淋巴结肿大、出血。

4. 确诊 须作病原学、血清学和病理组织学检查。

（二）防制

目前尚无有效的治疗药物。预防仍然是要搞好平时的卫生防疫工作，严禁从有本病的国家进口种兔和未经消毒的兔产品。预防接种可用兔黏液瘤弱毒疫苗或灭活苗，也可应用兔纤维瘤病毒疫苗。

三、兔传染性水疱性口炎

兔传染性水疱性口炎俗称"流涎病"，是一种由病毒引起的，以口腔黏膜发生水疱和伴有大量流涎为特征的急性传染病。

（一）诊断要点

1. 流行特点 各种年龄的兔均易感染，但1～3月龄的兔更易感染，尤其是断乳后1～2周的仔兔发病最多，感染途径主要是消化道。

2. 症状 病兔口腔黏膜潮红，在唇、舌和口腔其他部位的黏膜上有粟粒大至扁豆大的水疱，里面充满含纤维素的液体，当水疱破溃后形成烂斑及溃疡，并有大量的唾液沿口角流出。外生殖器也可见到水疱和溃疡。当继发感染时，唇、舌和口腔黏膜发生坏死，伴有恶臭。多数病兔体温仍然正常，但少数严重的病例则体温升高，食欲减退或废绝，腹泻，消瘦，衰弱，最后死亡。

3. 根据流行特点和症状 一般可作出诊断，必要时可用易感兔作感染试验。

（二）治疗

目前尚无特异的治疗药物。一般作对症治疗，并用抗生素和磺胺类药物控制继发感染。

（三）预防

目前尚无可供预防接种的疫苗。因此，应做好平时的卫生防疫工作。

四、兔轮状病毒病

兔轮状病毒病是由轮状病毒引起的一种传染病。

（一）诊断要点

1. 流行特点 主要发生于 2～6 周龄仔兔，尤其是 4～6 周龄仔兔最易感染发病。感染途径主要是消化道。

2. 症状 病兔精神萎顿，甚至昏睡，食欲减退或废绝，腹泻，粪便呈黄色、黄白色，半流质或水样，有时带有黏液或血液；体温不高或略高。

3. 尸体解剖变化 小肠黏膜出血，肠黏膜容易脱落，内容物稀薄，小肠绒毛缩短变钝（用放大镜检查则更清楚）。

4. 确诊 须作病原学和血清学检查。

（二）防制

参看猪轮状病毒病。

五、兔巴氏杆菌病

兔巴氏杆菌病又称兔出血性败血病（简称兔出败），是由多杀性巴氏杆菌引起的一种急性传染病。

（一）诊断要点

1. 流行特点　各种年龄的兔均易感染，一年四季均可发生，特别在气候骤变时更易发生。感染途径是消化道、呼吸道和皮肤、黏膜的伤口。

2. 症状

（1）败血型　有的兔突然死亡。病程稍长的可见精神萎顿，体温升高，食欲废绝；呼吸困难，流浆液性、黏液脓性鼻液，打喷嚏，约经 1～3 天死亡。

（2）肺炎型　病兔精神沉郁，体温升高，食欲减退或废绝；打喷嚏、咳嗽，肺部听诊可听到罗音和胸膜摩擦音。

（3）中耳炎型　病兔出现斜颈，严重者则向一侧滚转，影响饮食，逐渐消瘦。

（4）结膜炎型　病兔眼睑肿胀，结膜潮红，有脓性分泌物。

3. 尸体解剖变化

（1）败血型　心外膜、呼吸道黏膜、肺淋巴结有出血斑点。

（2）肺炎型　肺脏有实变、萎缩不全、脓肿等变化；胸膜、肺、心包膜上有纤维素絮片。

（3）中耳炎型　鼓室内有奶油状白色渗出物，鼓室内壁和鼓膜发红、增厚。

4. 确诊　须作病原学和血清学检查。

（二）治疗

（1）可应用抗出血性败血病多价血清，每千克体重皮下注射

4～6 毫升，8～10 小时后再重复注射 1 次，或应用链霉素、庆大霉素、卡那霉素、土霉素、青霉素和磺胺类药物进行治疗。

（2）根据病情适时进行对症治疗。

（三）预防

搞好平时的卫生防疫工作。预防接种可用兔巴氏杆菌灭活菌苗，兔出血症、兔巴氏杆菌二联苗。

六、兔沙门氏菌病

兔沙门氏菌病是由沙门氏菌（主要是鼠伤寒沙门氏菌）引起怀孕母兔流产、死产和断乳仔兔下痢的传染病。

（一）诊断要点

1. 流行特点　流产型的病兔多是怀孕 25 天以后至临产前的母兔，而下痢型（又称兔副伤寒）多发生于断乳前后的仔兔和青年兔。

2. 症状

（1）流产型　突然发生，病兔表现不安，体温升高，食欲减退或废绝，并发生流产。流产的胎儿多数已发育完全，皮下水肿，皮肤呈灰褐色；有的胎儿木乃伊化或腐烂、液化。母兔阴道流脓性污秽物。

（2）下痢型　病兔精神沉郁，体温升高，食欲减退或废绝，腹泻，粪便稀烂或呈水样，带有胶冻样黏液。

3. 尸体解剖变化

（1）流产型　子宫肿大、充血，子宫壁增厚。局部黏膜有一层淡黄色纤维素性污秽物；肝脏有黄色坏死灶。

（2）下痢型　小肠黏膜充血、出血；空肠、回肠、盲肠有弥漫性或散在性的灰白色、粟粒大的坏死灶，有的还有溃疡，其表面有淡黄色凝乳状附着物；肠系膜淋巴结水肿；肝脏有散在性或弥漫性的针头大的坏死灶。

4. 确诊　须作病原学和血清学检查。

（二）治疗

（1）可应用土霉素、磺胺二甲基嘧啶等抗菌药物治疗。

（2）根据病情适时进行对症治疗。

（三）预防

搞好平时的卫生防疫工作。预防接种可用兔沙门氏菌灭活苗。

七、兔波氏杆菌病

兔波氏杆菌病是由支气管败血波氏杆菌引起的一种传染病。

（一）诊断要点

1. 流行特点　各种年龄的兔都易感染，一年四季均可发生，但多发生于春、秋季节。感染途径主要是呼吸道。

2. 症状

（1）鼻炎型　病兔表现为打喷嚏，鼻流浆液性或黏液性鼻液，鼻黏膜潮红。

（2）支气管肺炎型　病兔精神不振，体温升高，食欲减退，咳嗽，呼吸加快，鼻流黏液脓性鼻液，肺部听诊可听到罗音和捻发音。病兔日渐消瘦。

3. 尸体解剖变化　支气管肺炎型的尸体消瘦，支气管黏膜充血，管腔内积有多量泡沫状黏液，甚至有稀脓液；肺脏有小面积实变和数量不等的脓疱；肝脏表面散在黄豆大至蚕豆大的脓疱。

4. 确诊 须作病原学和血清学检查。

（二）治疗

（1）应用庆大霉素、链霉素、四环素、磺胺嘧啶等药物治疗。

（2）根据病情适时进行对症治疗。

（三）预防

搞好平时的卫生防疫工作。预防接种可用兔波氏杆菌单价或多价灭活菌苗。

八、兔葡萄球菌病

兔葡萄球菌病是由金黄色葡萄球菌引起的一种传染病。

（一）诊断要点

1. 流行特点 各种年龄的兔都可感染发病，一年四季均可发生。感染途径主要是皮肤伤口、消化道。

2. 症状

（1）兔脓毒败血症型 仔兔出生 2～6 天，在多处皮肤上出现粟粒大、白色的脓疱，多数病兔在 2～5 天内呈现败血病死亡。

（2）仔兔急性肠炎型 全窝仔兔发病，表现精神萎顿，甚至昏睡，腹泻，肛门四周毛绒潮湿，腥臭。

（3）脚皮炎型 病兔脚掌下的皮肤上发生红斑、脱毛、化脓，继而破溃形成经久不愈的溃疡。病兔不愿走动，食欲减退，消瘦。

（4）转移性脓毒血症型 病兔头、颈、背、腿部的皮下、肌肉或内脏器官形成脓肿，病兔表现食欲减退，消瘦。尸体剖检时可在皮下、肌肉、内脏、关节等处发现脓肿或化脓。

3. 确诊 须作病原学检查。

（二）治疗

（1）可应用卡那霉素、红霉素、青霉素、庆大霉素、四环素等治疗。

（2）对化脓创、皮下脓肿可施行外科疗法。

（三）预防

搞好平时的卫生防疫工作。预防接种可用金黄色葡萄球菌灭活苗。

九、土拉杆菌病

土拉杆菌病又称野兔热，是由土拉热弗朗西斯氏菌（革兰氏阴性细菌）引起的人、家畜和家禽的一种传染病。

（一）诊断要点

1. 流行特点 兔、牛、马、驴、绵羊、猪、火鸡、鸡等均可感染发病。感染途径是消化道、呼吸道、皮肤、黏膜，吸血节肢动物如螨、蜱、蝇、蚤、蚊、虱等是传播本病的媒介。

2. 症状 部分病兔常不表现明显症状而迅速死亡。而大部分病兔的病程较长，表现体温升高，消瘦，衰弱，鼻腔黏膜发炎，体表淋巴结（颌下、颈下、腋下、腹股沟淋巴结等）肿大。

3. 尸体解剖变化 淋巴结肿大，有的呈现化脓性炎症变化；脾、肝、肾充血、肿大，有时有白色、灰白色坏死灶。

4. 确诊 须作病原学和血清学检查。

（二）治疗

链霉素最为有效，其次是土霉素等。兽医必须注意自身

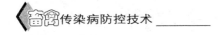

防护。

（三）预防

搞好平时的卫生防疫工作。预防接种可用土拉杆菌弱毒菌苗。

十、兔伪结核病

兔伪结核病是由伪结核耶尔森氏杆菌（革兰氏阴性细菌）引起的哺乳动物、禽类和人的一种传染病。

（一）诊断要点

1. 流行特点　各种年龄的兔都易感染，但多发生于青年兔和成年兔。多见于秋末至春末，而夏季少见。感染途径是消化道、皮肤伤口、呼吸道，也可通过交配传染。

2. 症状

（1）急性败血型　病兔精神沉郁，体温升高，食欲废绝，呼吸困难，很快死亡。

（2）慢性型　病兔呈现食欲减退，长期下痢，精神萎顿，衰弱，逐渐消瘦；结膜发炎，流黏液脓性分泌物；腹部触诊可感到肿大的肠系膜淋巴结和蚓突。

3. 尸体解剖变化

（1）急性败血型　肌肉呈暗红色，肝、脾、肾淤血肿胀，肺和气管黏膜出血。

（2）慢性型　蚓突肥厚肿大呈香肠状，浆膜下有大量的灰白色干酪样小结节；回盲部的圆小囊肿大，浆膜下有散在性结节；肠系膜淋巴结肿大，有白色坏死灶；肝、脾、肾、肺有白色坏死灶，中间有干酪样物。

4. 确诊　须作病原学和血清学检查。

（二）治疗

应用链霉素、四环素、卡那霉素、磺胺类药物，并配合对症治疗，可减少死亡。

（三）预防

搞好平时的卫生防疫工作。预防接种可用兔伪结核多价灭活菌苗和弱毒菌苗。

十一、兔魏氏梭菌病

兔魏氏梭菌病是由 A 型或 E 型魏氏梭菌引起兔的一种急性传染病。

（一）诊断要点

1. 流行特点　各种年龄的兔都易感染，但多见于 1～3 月龄的兔。一年四季均可发生，但以冬春季多见。感染途径主要是消化道和伤口。

2. 症状　发病急，病兔精神沉郁，食欲废绝，腹泻，排带血色、胶冻样或黑色、褐色的稀粪或水样粪，有特殊腥臭味。

3. 尸体解剖变化　胃底部黏膜脱落并有大小不一的溃疡；小肠充气，大肠内充满黑色稀粪，肠黏膜充血或出血；肝脏质地变脆；膀胱内有血样尿液。

4. 确诊　须作病原学检查。

（二）治疗

病初可用抗魏氏梭菌高免血清，每千克体重 2～3 毫升皮下或肌肉注射，并配合对症治疗。

（三）预防

搞好平时的卫生防疫工作。预防接种可用兔魏氏梭菌灭活菌苗，兔魏氏梭菌性肠炎类毒素，兔出血症、巴氏杆菌、魏氏梭菌三联苗。

十二、兔大肠杆菌病

兔大肠杆菌病是由多种血清型的致病性大肠杆菌引起的一种传染病。

（一）诊断要点

1. 流行特点　主要发生于初生和断乳前的仔兔。一年四季均可发生，当气候骤变和饲养条件变化时发病较多。感染途径主要是消化道。

2. 症状　病兔精神沉郁，体温正常或稍低于正常，食欲减退或废绝，流涎，磨牙，腹泻，排黄色水样粪，而有的病兔则排两头尖的干粪，均带有黏液，病兔腹部膨胀，四肢下部发凉。

3. 尸体解剖变化　胃充满多量液体和气体，回肠和结肠内有胶样黏液，黏膜充血或出血。有的病例的肝脏和心脏有小点坏死灶。

4. 确诊　须作病原学检查。

（二）治疗

（1）可应用链霉素、庆大霉素、大蒜酊等药物。
（2）根据病情适时进行对症治疗。

（三）预防

搞好平时的卫生防疫工作。预防接种可用本场、本地分离到的大肠杆菌制成氢氧化铝甲醛菌苗进行预防注射，10～20 日龄兔肌肉注射 1 毫升，母兔在怀孕初期肌肉注射 1～2 毫升，对初生兔有较好的预防效果。

十三、兔李氏杆菌病

李氏杆菌病是由单核细胞增生李斯特氏杆菌引起的一种散发性人畜共患传染病。

（一）诊断要点

1. 流行特点 各种年龄的兔都可感染发病，但幼兔比成兔更易感染，一年四季均可发生。感染途径是消化道、呼吸道、眼结膜和皮肤伤口，也可由吸血昆虫叮咬传播。

2. 症状

（1）急性型 病兔精神萎顿，体温升高，食欲废绝，咳嗽，鼻腔流浆液性、黏液性鼻液。1～2 天死亡。

（2）神经型 病兔咬肌痉挛，全身震颤，运动失调，作转圈运动，头颈偏向一侧。怀孕母兔还可发生流产。

3. 血液学检查 白细胞分类计数时，单核细胞比例增高，可达 30％～50％。

4. 尸体解剖变化

（1）急性型 心肌、肝、肾、脾有散在或弥漫性针头大的灰白色或淡黄色坏死点；肠系膜淋巴结肿大；肺水肿和出血性梗死。

（2）神经型 脑膜和脑组织充血、水肿。

5. 确诊 须作病原学和血清学检查。

（二）防制

参看猪李氏杆菌病。

十四、兔绿脓假单孢菌病

兔绿脓假单孢菌病又称兔绿脓杆菌病，是由绿脓假单孢菌（革兰氏阴性细菌）引起的一种传染病。

（一）诊断要点

1. 流行特点 绿脓假单孢菌广泛存在于土壤、空气和水中，在人畜的肠道、呼吸道、皮肤上也普遍存在。各种年龄的兔均可感染发病，不合理地应用抗生素预防或治疗兔病可诱发本病的发生。感染途径主要是消化道、呼吸道和伤口。

2. 症状 病兔精神沉郁，体温升高，食欲减退或废绝，腹泻，排血样便，呼吸困难，约 24 小时左右死亡。

3. 尸体解剖变化 十二指肠、空肠黏膜出血，胃和肠内有血样液体；脾脏肿大，呈樱桃红色；肺有点状出血。

4. 确诊 须作病原学检查和动物接种。

（二）治疗

（1）可应用多黏菌素、新霉素、庆大霉素、链霉素、四环素等药物进行治疗。

（2）根据病情适时进行对症治疗。

（三）预防

搞好平时的卫生防疫工作。预防接种可用绿脓假单孢菌单价或多价灭活菌苗。

十五、兔泰泽氏病

兔泰泽氏病是由毛样芽孢杆菌（革兰氏阴性细菌）引起的一

种传染病。

(一) 诊断要点

1. 流行特点　各种年龄的兔均易感染，但以 6～12 周龄的兔发病最多。感染途径主要是消化道。

2. 症状　发病急，病兔精神沉郁，食欲废绝，腹泻、排水样粪。12～48 小时死亡。

3. 尸体解剖变化　回肠、盲肠、结肠浆膜充血，黏膜、黏膜下层水肿、出血和纤维素渗出；肝脏和心肌有白色坏死灶。

4. 确诊　须作病原学和血清学检查。

(二) 治疗

(1) 可应用土霉素、四环素、强力霉素等药物进行治疗。
(2) 根据病情适时进行对症治疗。

(三) 预防

目前尚无可供预防接种用的菌苗，应搞好平时的卫生防疫工作。

十六、兔坏死杆菌病

坏死杆菌病是由坏死杆菌引起的各种哺乳动物和禽类的一种传染病。

(一) 诊断要点

1. 流行特点　各种年龄的兔都易感，而幼兔比成年兔易感性高。感染途径是损伤的皮肤、黏膜和消化道。

2. 症状　病兔精神不振，体温升高，食欲减退或废绝，流涎。唇部、口腔黏膜和齿龈等处发生肿块或溃疡，口臭。在下颌、面部、颈部、胸前、腿部、四肢关节等部位也常发生坏死性

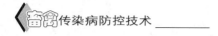

炎症或脓肿、溃疡。经2～3周后死亡。

3. 尸体解剖变化 病变部位有脓性或干酪样物质，淋巴结肿大或坏死，在肝、脾、肺、肾等脏器也可见到坏死灶。

4. 确诊 须作病原学检查和动物接种试验。

(二)治疗

（1）可应用土霉素、磺胺二甲基嘧啶等药物进行治疗。
（2）局部可用1%高锰酸钾液冲洗后，涂抹抗生素软膏。

(三)预防

搞好平时的卫生防疫工作，对伤口应及时处置。

十七、兔密螺旋体病

兔密螺旋体病又称兔梅毒病，是由密螺旋体引起的一种传染病。

(一)诊断要点

1. 流行特点 由于本病主要通过交配传播，因此发病兔主要是成年兔，幼兔发病者较少。感染途径是生殖道和伤口。

2. 症状 公兔龟头肿胀，阴茎水肿，阴囊水肿，皮肤呈糠麸样。母兔的阴唇及肛门的皮肤、黏膜发红、肿胀，形成粟粒大的结节和水疱，随病程发展，肿胀部和结节出现渗出物，形成红紫色、棕色痂皮，当把痂皮剥下时，露出边缘不整齐的、稍凹下的溃疡。本病一般没有明显的全身症状。

3. 确诊 须作病原学和血清学检查。

(二)治疗

（1）可应用新胂凡纳明和青霉素进行治疗。

（2）局部可用青霉素软膏或碘甘油涂擦。

（三）预防

搞好平时的卫生防疫工作。严禁用病兔、可疑兔配种，对外伤应及时处理。

主要参考文献

［1］张敏主编．兽医培训实用指南．北京：中国农业出版社，2006

［2］裴耀卿语释．司牧安骥集．北京：中国农业出版社，2004

［3］宣长和，王亚军，邵世义等主编．猪病诊断彩色图谱与防治．北京：中国农业科学技术出版社，2005

［4］甘孟候，杨汉春主编．中国猪病学．北京：中国农业出版社，2005

［5］刘秀梵主编．兽医流行病学．2版．北京：中国农业出版社，1999

图书在版编目（CIP）数据

畜禽传染病防控技术/齐守军编著 . —北京：中国农业
出版社，2007.12（2017.3 重印）
（基层兽医人员指导丛书）
ISBN 978-7-109-12376-2

Ⅰ. 畜…　Ⅱ. 齐…　Ⅲ. 畜禽－传染病防治　Ⅳ. S855

中国版本图书馆 CIP 数据核字（2007）第 177077 号

中国农业出版社出版
（北京市朝阳区麦子店街 18 号楼）
（邮政编码 100125）
责任编辑　郭永立　黄向阳

————————————

三河市君旺印务有限公司印刷　　新华书店北京发行所发行
2017 年 3 月河北第 4 次印刷

————————————

开本：850mm×1168mm　1/32　　印张：12
字数：295 千字
定价：25.00 元
（图书出现印刷、装订错误，请向出版社发行部调换）